YONGDIAN XINXI CAIJI XITONG
GUZHANG CHULI JI ANLI FENXI

用电信息采集系统故障处理及案例分析

国网宁夏电力有限公司培训中心　编

中国电力出版社
CHINA ELECTRIC POWER PRESS

内 容 提 要

为提升供电企业用电信息采集运行维护员工的技能水平，使用电信息采集数据质量提高，同期线损数据保证精准，编者对用电信息采集系统现场应用实际存在的问题进行梳理总结，以典型案例形式从故障描述、原因分析、故障处理方法和步骤、经验总结四个方面进行分析后编写成书。

本书共 11 章，主要内容包括用电信息采集系统基础知识、采集设备简介、采集运维闭环管理、移动作业终端运维以及各类典型案例分析及练习题。书中详细列举了用电信息采集系统常见故障及解决方法，并对采集系统技术的展望及功能拓展进行了编写，该书对未来用电信息采集系统的技术研究具有很好的参考实用价值。

本书可供电力营销台区经理，从事装表接电、用电检查、采集运维等工作的员工培训学习使用。

图书在版编目（CIP）数据

用电信息采集系统故障处理及案例分析/国网宁夏电力有限公司培训中心编. —北京：中国电力出版社，2019.10

ISBN 978-7-5198-3611-5

Ⅰ. ①用… Ⅱ. ①国… Ⅲ. ①用电管理－管理信息系统－故障修复－案例 Ⅳ. ①TM92

中国版本图书馆 CIP 数据核字（2019）第 184496 号

出版发行：中国电力出版社
地　　址：北京市东城区北京站西街 19 号（邮政编码 100005）
网　　址：http://www.cepp.sgcc.com.cn
责任编辑：薛　红（010-63412346）
责任校对：黄　蓓　闫秀英
装帧设计：张俊霞
责任印制：石　雷

印　　刷：北京博图彩色印刷有限公司
版　　次：2019 年 10 月第一版
印　　次：2019 年 10 月北京第一次印刷
开　　本：787 毫米×1092 毫米　16 开本
印　　张：12.5
字　　数：286 千字
印　　数：0001—2000 册
定　　价：52.00 元

编　写　人　员

主　编　胡晓耘　王富对

参　编　朱　静　叶　赞　杨晓旺　田　瑞

潘丽娟　张　磊　王晨曦　侯　峰

韩世军　王稼睿　王乐乐　关海亮

宝慧青　吴　丹

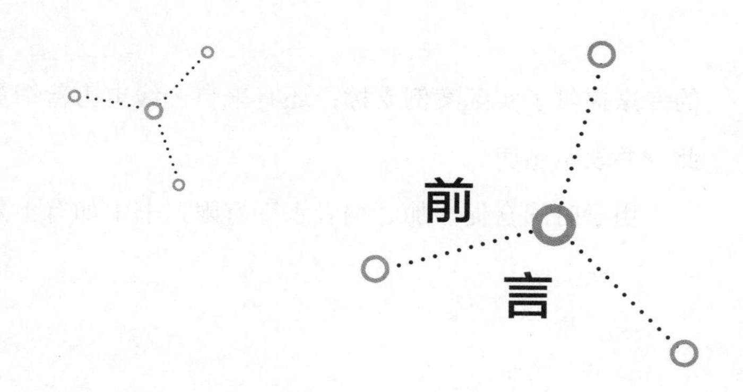

前言

为促进“三型两网”建设，加快打造具有全球竞争力的世界一流能源互联网企业的战略部署，加快泛在电力物联网的建设，实现多个系统、多源数据的互通共享，为客户服务提供统一高效快捷的数据平台支撑，形成“一体化联动”的能源互联网生态圈，“一站式服务”的智慧能源综合服务平台。国家电网有限公司用电信息采集系统已全面深化应用，进入营配调贯通、PMS 系统、同期线损深化应用的阶段。现阶段增供促销、降损增效、提高工作质效，是电力营销工作的重要任务，而营销业务系统应用融汇贯通、基础数据完整并实时准确、现场采集设备安全稳定运行是有力的支撑环节。目前采集运维专业员工技术参差不齐，现场、系统常见故障处理不当的问题时有发生，导致用电信息采集数据质量异常波动，同期线损数据质量下降。

本书主要内容包括用电信息采集系统、设备简介、采集运维闭环管理、移动作业终端运维等四章基础知识，以及采集系统常见共性故障、系统档案、通信信道、电能表故障、远程充值与采集关联问题等七章案例解析内容，案例章节以逐个列举典型案例的形式为主框架，案例从故障描述、原因分析、故障处理方法和步骤、经验总结等方面进行全面解析，详细列举了用电信息采集系统常见故障及解决方法。案例章节附有一定数量的练习题，使读者及时巩固所学章节知识。

编写本书旨在给采集运维一线员工提供指导和帮助，成为现场常用的工具书和采集运维典型问题的解析指南，以期提升采集运维员工现场处理采集异常的技能水平。该书可推广应用于电网公司各地市、县公司及乡镇供电所，对未来用电信息采集系统的技术研究具有一定的参考和实用价值。

在编写过程中，得到了国网宁夏电力有限公司培训中心（党校）领导的大力支持和同事的全力协作；国网宁夏电力有限公司银川、中卫、固原供电公司部分现场工作经验丰富的专家提供了实际案例支撑；还有来自一线电力营销员工提供的工作经验和宝贵意见。在此一并表示感谢。

由于时间仓促，加之编者水平有限，书中如有不妥之处，请读者赐教！

编　者

2019 年 7 月

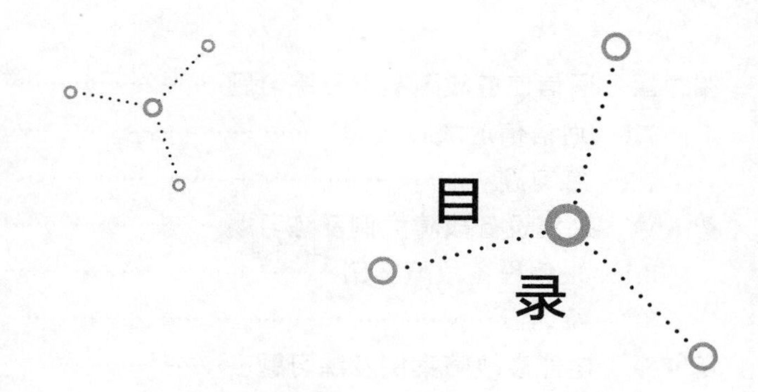
目
录

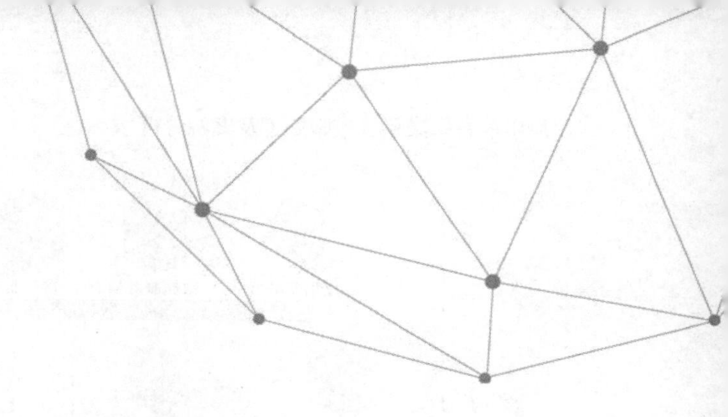

用电信息采集系统基础知识

1.1 概　　述

电力用户用电信息采集系统是对电力用户的用电信息进行采集、处理和实时监控的系统，实现用电信息的自动采集、计量异常监测、电能质量监测、用电分析和管理、相关信息发布、分布式能源监控、智能用电设备的信息交互等功能。系统具有用户多、数据量大、采集实时性高、数据处理能力强、组网复杂等特点。

1.2 物 理 架 构

根据国家电网有限公司《电力用户用电信息采集系统设计导则：技术方案设计导则》，采集系统主站采用全省集中方式部署，各地市供电公司、县供电公司只安装软件客户端，通过网络访问主站系统，不再建立数据存储、应用软件等内容。

目前用电信息采集系统主要由主站、远程通道、本地信道及单元三部分构成，如图1-1 所示。主站是系统的管理中枢，负责命令下发、终端管理、数据管理与控制，以及系统运行维护管理和系统接口等。远程通道是实现主站与采集终端、采集终端与电能表之间的上、下行通信纽带，是负责将用户电能量信息进行传输的通道，当前用电信息采集系统上行通道主要有 GPRS 无线公网、北斗卫星通信信道以及光纤通信信道等，下行通道主要有 RS485 全双工差分信号通信、中低压电力线载波通信、微功率无线通信等方式。本地信道及单元是实现电能表数据采集和交流采集的终端设备，主要负责接收主站的采集和参数下发命令，并按照任务要求将电能表的电量及负荷信息中继至采集主站，目前用电信息采集系统采集终端类型主要有：专变电力负荷采集终端、集中抄表终端和厂站采集终端。

工作时，主站服务器下发操作命令，经由前置机编码后将命令转发至上行通信通道，采集终端从通信网络中获取命令帧，解码后进行相应的命令操作，并将操作的结果经由通信信道反馈至主站系统。

采集系统中接入六种类型用户：大型专变用户（100kVA 及以上）、中小型专变用户（100kVA 以下）、三相一般工商业用户、单相一般工商业用户、居民用户、公用配变考核计量点。

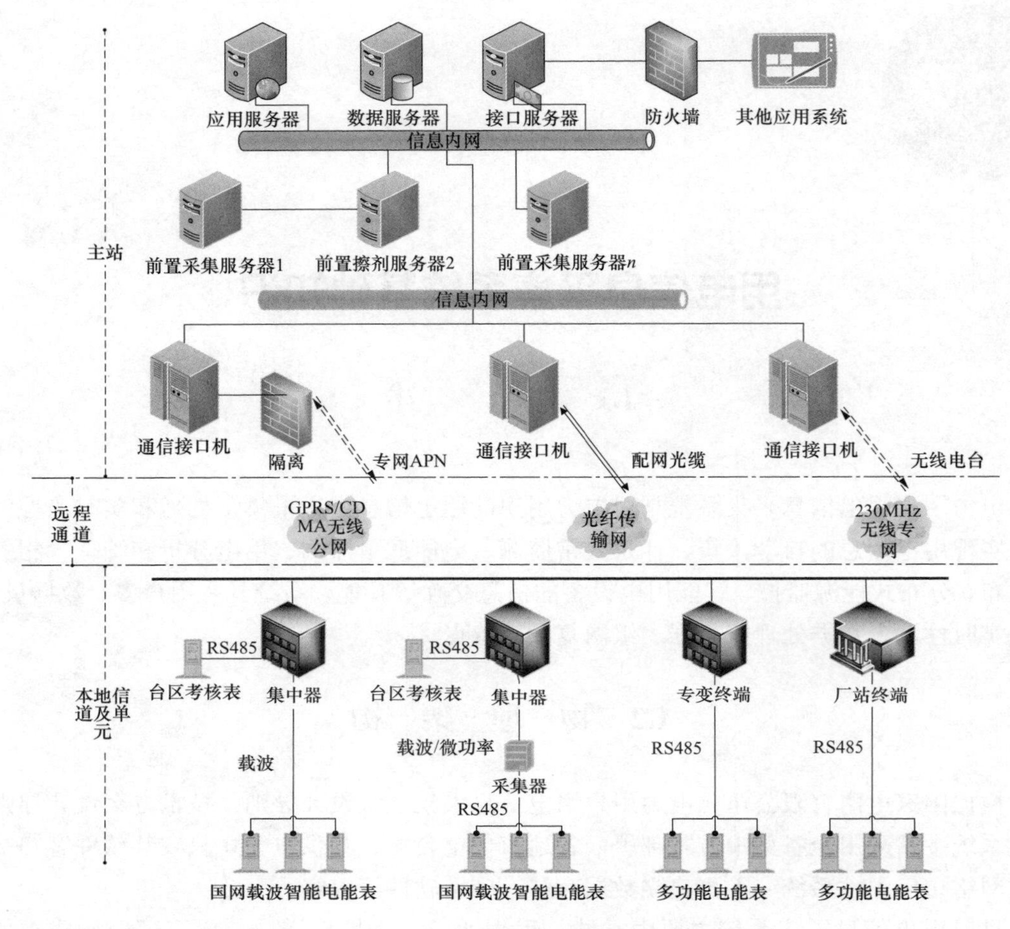

图 1-1　用电信息采集系统物理架构

1.3 逻 辑 架 构

用电信息采集系统在逻辑方面分为主站层、通信层以及采集层三个层次，如图 1-2 所示。

1.3.1　主站层

主站层是整个系统的管理中心，主要包括数据采集、数据管理、基本功能及扩展功能等。基本功能主要覆盖了营销业务应用的电能信息采集业务，包括采集点设置、数据采集管理、运行管理、现场管理、辅助功能、公共查询等，用电信息采集系统还可以提供营销业务应用之外的扩展功能，如配电业务管理、线损变损分析、电量统计、决策分析、增值服务等功能。

1.3.2　通信层

通信层主要指远程通信层，远程通信层为主站层与采集层之间数据交互提供通信信道，可采用 230MHz 无线专网、无线公网、光纤专网。

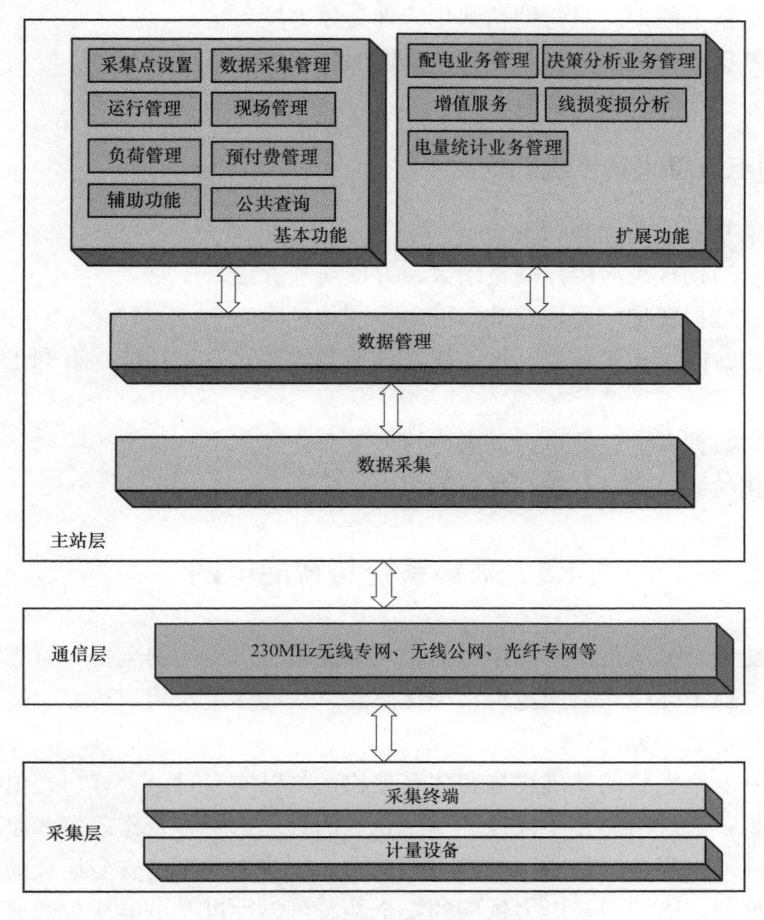

图 1-2　用电信息采集系统逻辑架构

1.3.3　采集层

采集层利用集中器、采集器等采集设备，通过本地通信信道对计量设备的信息进行采集和监控。本地信道主要包括电力线载波、微功率无线、RS485 线等。

1.4　与传统抄核收模式的比较

1.4.1　传统抄核收的不足

传统抄核收模式因不能保证抄核收数据的精确性、可靠性和实时性，已不能满足国家电网有限公司（简称公司）集约化、精益化管理理念的要求，具体表现为：

（1）占用大量人力资源，效率低，数据实时性较差。

（2）抄表依托人力，企业管理压力巨大，数据质量控制乏力。

（3）无有效技术制约手段，电费回收存在较高风险。

（4）供售电量不同期，对营销精细化管理支撑力度欠佳。

（5）无大数据支撑，电力需求侧管理难以深度开展。

（6）缴费方式单一，客户体验度低。

1.4.2 用电信息采集系统的优势

用电信息采集系统的优势如下：

（1）远程自动化抄表应用，减员增效，方便质量管控。

（2）本地、远程费控应用，有效降低电费回收风险。

（3）馈线、台区线损统计，计量装置在线监测等深化应用功能，有利于提高营销精益化管理水平。

（4）基于大数据深度开展电力需求侧管理工作。

（5）多元化的缴费方式可提高客户的用电体验度。

1.5 采集系统与智能电网

智能电网能够充分满足用户的电力需求，确保电力供应的安全性、可靠性和经济性，保证电能质量，保护环境，适应电力市场化发展，从而实现对用户可靠、经济、清洁、互动的电力供应和增值服务。

智能电网是一个完整的基础设施和体系架构，可以实现对电力客户、电力资产、电力运营的持续监视，通过信息化手段提高电网企业的管理水平、工作效率和服务水平。随着经济社会的发展，世界各国的电网规模不断扩大，影响电力系统安全运行的不确定因素和潜在风险随之增加，而用户对电力供应的安全性、可靠性以及电能质量的要求越来越高，电网发展所面临的资源和环境压力也越来越大，发展智能电网已成为全社会的共识。

改革开放以来，我国经济持续快速增长，经济的高速增长对于电网提出了更高要求。特高压、互联大电网、可再生能源开发、95598 优质服务等发展的同时，也会给电网系统的安全性、环保型、电网质量产生很大影响，因此公司于 2010 年首次提出开展“智能电网关键技术研究”。

作为智能电网研究的一部分，用电信息采集已取得了很大的发展。截至 2018 年 12 月底，公司已安装智能电能表 4.7 亿只，实现了公司系统 27 个网省公司所有用户的用电信息采集全覆盖、全采集和全费控目标。

由于用电信息采集直接面向社会、面向客户，是社会各界感知和体验智能电网建设成果的主要途径，因此，在智能电网中具有十分重要的地位和作用。公司以用电信息采集为基础，通过数据采集、高级量测体系、双向互动、分时电价等手段，鼓励用户参与需求响应和有序用电、改变用户用能方式，提高电能在终端能源消费中的比重，从而达到削峰填谷、改善能效、节能降耗的目的。

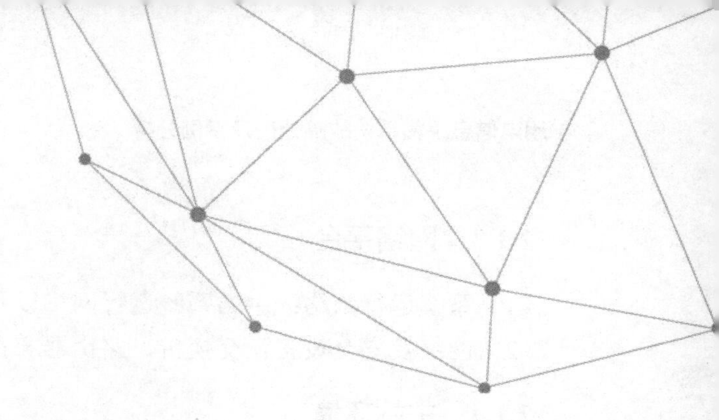

用电信息采集系统设备简介

采集设备是指远程通信连接采集系统主站，本地通信连接电能表的一种设备，同时是远程通信网的子端，也是本地通信网的主端。其作用是通过本地通信网采集电能表的各项采集设备。按应用范围不同，可分为专变采集终端、低压集中器、GPRS 表、厂站终端等。

专变采集终端一般应用于专变台区的电能表采集及控制，具有较强大控制能力。

低压集中器一般应用于公变台区的低压用户表及考核表的采集，具有较强大集中采集能力。

GPRS 表既可作为电能表使用，也可作为采集设备使用，一般应用于控制能力需求不高的专变台区，以及作为公变台区考核表使用。

厂站终端一般用于关口电能量采集。

2.1 系 统 主 站

采集系统主站是用电信息采集系统业务功能展现的载体，由主站硬件、主站软件、网络平台、主站环境等构成，负责管理系统前端设备，存储采集数据，采集数据二次处理并提供 Web 应用服务。

2.1.1 主站硬件

主站硬件包括计算机及存储设备、前置设备、其他辅助设备。

（1）计算机及存储设备：如采集服务器、通信服务器、应用服务器、数据库服务器及磁盘阵列、Web 服务器和工作站等设备。

（2）前置设备：终端服务器和 modem 池等。

（3）其他辅助设备：GPS 时钟装置、密码机等其他辅助设备。

2.1.2 主站软件

（1）系统及支撑软件：操作系统、数据库、Web 服务、备份和中间件等。

（2）系统应用软件：电力用户用电信息采集系统应用软件，含系统接口。

2.1.3 网络平台

（1）系统运行网络：主站系统运行网络以及支撑各级应用的网络。

（2）网络及安全设备：交换机、路由器和正反向隔离装置、防火墙等。

2.1.4 主站环境

（1）主站运行环境：包括运行场地、防尘防静电、供配电、空调系统、电视监控、消防系统、安全系统（门禁）等。

（2）主站监控环境：包括监控场地、监控屏幕、值班休息室等。

2.2 通信协议体系

通信技术是用电信息采集系统功能实现的重要基础，是采集系统不可缺少的重要组成部分和重要技术支持手段。为满足采集系统的业务信息传输需要，确保通信信道安全、稳定、可靠运行，制订电力用户用电信息采集通信协议，主要包括通用通信协议和其他通信协议。

2.2.1 通用通信协议

（1）Q/GDW 1376.1《电力用户用电信息采集系统通信协议　第 1 部分：主站与采集终端通信协议》。本协议规定了电力用户用电信息采集系统主站和采集终端之间进行数据传输的帧格式、数据编码及传输规则。本部分适用于点对点、多点共线及一点对多点的通信方式，适用于主站对终端执行主从问答方式以及终端主动上传方式的通信。

（2）Q/GDW 1376.2《电力用户用电信息采集系统通信协议　第 2 部分：集中器本地通信模块接口协议》。本协议规定了电力用户用电信息采集系统中集中器与本地通信模块接口间进行数据传输的帧格式、数据编码及传输规则。本部分适用于采用低压电力线载波、微功率无线通信、以太网传输通道的本地通信组网方式，适用于集中器与本地通信模块间数据交换。

（3）Q/GDW 1376.3《电力用户用电信息采集系统通信协议　第 3 部分：采集终端远程通信模块接口协议》。本协议规定了电力用户用电信息采集终端远程通信模块的接口、功能要求，以及 AT 命令集。本部分适用于响应 AT 命令的 GSM、CDMA、PSTN、各种 3G、LTE 等制式的远程通信模块，用于采集终端与远程主站通信的模块单元的控制和交互。

2.2.2 其他通信协议

（1）DLT 645—2007《多功能电能表通信协议》。本协议规定了多功能电能表与手持单元（HHU）或其他数据终端设备之间的物理连接、通信链路及应用技术规范。本协议适用于本地系统中多功能电能表与 HHU 或其他数据终端设备进行点对点的或一主多从的数据交换方式。其他具有通信功能的电能表，如单相电能表和多费率电能表，可参照使用。

（2）《电力用户用电信息采集主站与厂站终端通信协议》。本协议规定了变电站抄表主站和终端之间进行数据传输的帧格式、数据编码及传输规则。本协议作为《宁夏电力公司用电信息采集系统主站与采集终端通信协议配置说明》补充标准之一使用。2008 年，宁夏电力公司针对宁夏地区应用特点制定了《宁夏电力公司用电信息采集系统主站与采集终端通信协议配置说明》，对宁夏电力公司使用的规约项目和配置原则进行了细化和明确，指导程序设计和系统运行维护。

2.3　传输介质（信道）

用电信息采集系统信道可分为本地信道和远程信道两种，与之对应的有本地通信单元与远程通信单元。

本地通信单元类型有：低压窄带电力线载波、低压宽带电力线载波、微功率无线。

远程通信单元类型有：基于 EPON 技术的接入网设备、无线公网通信单元、230MHz 专网通信单元、中压电力线载波通信涉及设备。

2.4　采　集　终　端

用电信息采集终端是对各信息采集点用电信息采集的设备，简称采集终端。其可以实现电能表数据的采集、数据管理、数据双向传输及转发或执行控制命令。用电信息采集终端按应用场所分为厂站采集终端、专变采集终端、集中抄表终端（包括集中器、采集器）等类型。本节主要介绍厂站采集终端、专变采集终端、集中抄表终端（包括集中器、采集器）的功能、结构和分类等内容，通过学习了解采集终端的基本知识。

2.4.1　厂站采集终端

厂站采集终端是应用在发电厂和变电站的终端，可以实现电能表信息的采集储存和电能表运行工况监测，并对采集的信息进行管理和传输，以下简称厂站终端。适用范围：用于大、中、小变电站等需要进行用电检测和用电分析的场所。

2.4.1.1　结构分类

（1）机架式厂站终端。机架式厂站终端是指可安装在发电厂和变电站标准屏柜内的插板式厂站终端，可以根据需要灵活配置各种类型采集模块和通信模块，以下简称机架式终端。

（2）壁挂式厂站终端。壁挂式厂站终端是指可悬挂在发电厂和变电站标准计量屏壁上的厂站终端，以下简称壁挂式终端。

2.4.1.2　功能

（1）数据采集。采用实时采集、定时采集的方式采集电能表数据并分类存储，作为历史数据或生成事件数据供主站系统召测上传。定时采集的数据保存时应带有时标。具有脉冲量采集、状态量采集等功能。

（2）数据处理和存储。终端可对定时采集的数据进行分类处理，生成历史曲线数据、历史日数据、历史月数据。终端数据存储容量不得低于 128M，应能保证至少存储 128 个测量点 15min 采集周期电能量曲线数据 60 天，60 天的日历史数据以及 24 个月的月历史数据。支持容量扩展。

（3）参数设置与查询。终端有计时单元，计时单元的日计时误差≤±1s/d。终端可接收主站或本地手持设备的时钟召测和校时命令。

终端能由主站或本地对终端参数、通道参数、主站地址等进行设置和查询。同时终端能远程和本地设置查询电能表参数、抄表间隔、采集数据项等抄表参数。能对脉冲、遥信、告警等参数进行设置和查询。

（4）事件记录。厂站终端应能按照采集数据判断和生成事件记录，并能主动上报。包括终端停电、通信失败、电能表失压等。

（5）数据通信。

1）与表计通信。机架式终端具备不少于独立 8 路 RS485 端口，壁挂式终端具备不少于独立 4 路 RS485 端口。每路 RS485 端口至少可抄读 32 只电能表。传输速率可选用 300、600、1200、2400、4800、9600bit/s 或以上。

2）与主站通信。机架式终端应至少可支持 6 路上传通道，通道类型包括以太网络、音频专线、PSTN（不允许采用外置式转换设备）、RS485/RS232 等。其中至少支持 2 路独立网络接口。通道类型可根据实际通信条件灵活配置，以满足多个主站采集电能量的需要。

壁挂式终端设备应至少具备 3 路上传通道，通道类型包括以太网络、音频专线、PSTN、GPRS、RS485/RS232 等，其中至少支持 2 路独立网络接口。通道类型和数量可根据实际通信条件灵活配置。

终端支持以不同的通信端口和多个不同主站同时通信的功能，并可按照不同主站的召测数据命令上传相应的数据内容。

（6）数据透传。终端应能接收主站下发的电能表数据抄读指令，实时转发给接入的电能表，并将电能表的应答信息返回给主站。

（7）本地功能。具有本地显示、按键参数设置、运行状态指示、告警输出等功能。

（8）终端维护。具有终端启动、自检自恢复、终端初始化、软件远程下载、远程参数维护、断点续传、终端版本信息、数据备份（该功能选配）等功能。

2.4.2 专变采集终端

专变采集终端是对专变用户用电信息进行采集的设备，可以实现电能表数据的采集、电能计量设备工况和供电电能质量监测，以及客户用电负荷和电能量的监控，并对采集数据进行管理和双向传输。

2.4.2.1 功能

（1）数据采集：电能表数据采集、状态量采集、脉冲量采集、交流模拟量采集。

（2）数据处理：实时和当前数据、最近日末（次日零点）62 天日数据即历史日数据、最近 12 次抄表日数据即抄表日数据、月末零点（每月 1 日零点）最近 12 个月的月数据、电能质量数据统计。

（3）电能表运行状况监测：终端能够监测电能表运行状况，可监测的主要电能表运行状况有：电能表参数变更、电能表时间超差、电能表故障信息、电能表示度下降、电能量超差、电能表飞走、电能表停走、相序异常、电能表开盖记录、电能表运行状态字变位等。

（4）参数设置和查询：终端应能接收主站的时钟召测和对时命令，对时误差应不超过 5s。参比条件下，终端时钟日计时误差应≤±0.5s/d。电源失电后，时钟应能保持正常工作。终端能由主站设置 TA 变比、TV 变比和电能表常数、电压及电流越限值、功率因数分段限值、功率控制参数、预付费控制参数、终端参数、抄表参数。

（5）控制：终端的控制功能主要分为功率定值控制、电量定值控制、保电/剔除、远方控制这四大类。功率定值闭环控制根据控制参数不同分为时段功控、厂休功控、营业报停功控和当前功率下浮控等控制类型。控制的优先级由高到低是当前功率下浮控、营业报停功控、厂休功控、时段功控。电能量定值控制主要包括月电控、购电量（费）控等类型。

（6）事件记录：终端根据主站设置的事件属性按照重要事件和一般事件分类记录。每条记录的内容包括事件类型、发生时间及相关情况。

对于主站设置的重要事件，当事件发生后终端实时刷新重要事件计数器内容，记为记录，并可以通过主站请求访问召测事件记录，对于采用平衡传输信道的终端应直接将重要事件主动及时上报主站。对于主站设置的一般事件，当事件发生后终端实时刷新一般事件计数器内容，记为事件记录，等待主站查询。

终端应能记录参数变更、终端停/上电等事件。

（7）数据传输：具有与主站通信、中继转发、与电能表通信功能。

（8）本地功能：具有本地状态指示、本地维护接口、本地用户接口功能，以提供用户数据服务功能。

（9）终端维护：包括自检自恢复、终端初始化、终端登录、软件远程下载、断点续传、终端版本信息、通信流量统计、模块信息。

2.4.2.2　结构分类

专变采集终端从外形上分为Ⅰ型、Ⅱ型、Ⅲ型，较常见的是Ⅰ型和Ⅲ型；从通信方式上分为 230M 型和 GPRS 型。一般情况下Ⅰ型专变采集终端多为 230M 通信方式，Ⅲ型专变采集终端既有 230M 型也有 GPRS 型。

（1）专变采集终端Ⅰ型。

1）专变采集终端Ⅰ型交采输入端子。专变采集终端Ⅰ型交采输入端子示意图及对应标识如图 2-1 所示。

2）专变采集终端Ⅰ型液晶显示。LCD 显示主画面内容如图 2-2 所示。LCD 显示界面信息的排列位置为示意位置，可根据需要调整。

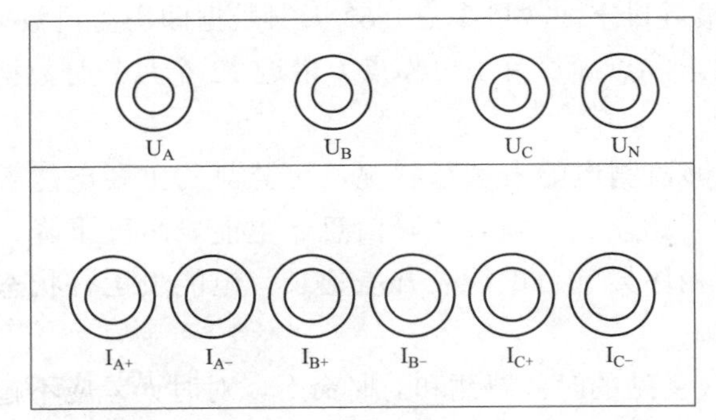

图 2-1　专变采集终端 I 型交采输入端子示意图及对应标识

0-0　　　　　　　　08：28：28

主　菜　单

1. 实时数据　　　5. 中文信息
2. 参数定值　　　6. 购电信息
3. 控制状态　　　7. 终端信息
4. 电表示数

图 2-2　LCD 显示主画面示意图

显示菜单内容见表 2-1。

表 2-1　　　　显示菜单内容表

<table>
<tr><td rowspan="8">实时数据</td><td>当前功率</td><td>当前总加组功率和当前各个分路脉冲功率</td></tr>
<tr><td>当前电量</td><td>当日电量（有功总、尖、峰、平、谷、无功总）
当月电量（有功总、尖、峰、平、谷、无功总）</td></tr>
<tr><td>负荷曲线</td><td>功率曲线</td></tr>
<tr><td>开关状态</td><td>当前开关量状态</td></tr>
<tr><td>功控记录</td><td>当前功控记录</td></tr>
<tr><td>电控记录</td><td>当前电控记录</td></tr>
<tr><td>遥控记录</td><td>当前遥控记录</td></tr>
<tr><td>失电记录</td><td>失电及恢复时间</td></tr>
<tr><td rowspan="8">参数定值</td><td>时段控参数</td><td>时段控方案及相关设置</td></tr>
<tr><td>厂休控参数</td><td>厂休定值、时段及厂休日</td></tr>
<tr><td>营业报停控</td><td>营业报停控定值、报停时间段</td></tr>
<tr><td>下浮控参数</td><td>控制投入轮次、第 1 轮告警时间、第 2 轮告警时间、第 3 轮告警时间、第 4 轮告警时间、控制时间、下浮系数</td></tr>
<tr><td>电控参数</td><td>月电控参数、购电量（费）控</td></tr>
<tr><td>电压、电流、功率阈值（K_v、K_i、K_p）</td><td>各路 K_v、K_i、K_p 配置</td></tr>
<tr><td>电能表参数</td><td>局编号、通道、协议、表地址</td></tr>
<tr><td>配置参数</td><td>行政区码、终端地址等</td></tr>
<tr><td>控制状态</td><td colspan="2">功控类：时段控解除/投入、报停控解除/投入、厂休控解除/投入、下浮控解除/投入
电控类：月定控解除/投入、购电控解除/投入、保电解除/投入</td></tr>
<tr><td>电能表示数</td><td colspan="2">电能表数据：局编号、正向有功电量总峰平谷示数，正反向无功示数、月最大需量及时间</td></tr>
<tr><td>中文信息</td><td colspan="2">信息类型及内容</td></tr>
<tr><td>购电信息</td><td colspan="2">购电单号、购前电量、购后电量、报警门限、跳闸门限 、剩余电量</td></tr>
<tr><td>终端信息</td><td colspan="2">地区代码、终端地址、终端编号、软件版本、通信速率、数传延时</td></tr>
</table>

3）专变采集终端Ⅰ型状态指示。专变采集终端Ⅰ型状态指示灯示意图如图2-3所示。

运行　一轮　二轮　三轮　四轮　功控　电控　通话　发送　接收

图2-3　专变采集终端Ⅰ型状态指示灯示意图

一轮～四轮用双色灯，其余用单色灯，具体状态指示说明如下：

运行灯红色亮——表示终端运行正常；

运行灯红色灭——表示终端运行不正常；

一轮～四轮红灯亮——表示终端相应轮次处于允许合闸状态；

一轮～四轮绿灯亮——表示终端相应轮次处于拉闸状态；

功控红灯亮——表示终端时段控、厂休控、营业报停控或当前功率下浮控至少有一种控制投入；

功控红灯灭——表示终端时段控、厂休控、营业报停控或当前功率下浮控都解除；

电控红灯亮——表示终端购电控投入；

电控红灯灭——表示终端购电控解除；

通话红灯亮——表示终端电台处于通话状态，通话最长时间为10min，终端的电台为半双工电台；

通话红灯灭——表示终端电台处于数传状态，此时不能进行通话；

接收绿灯亮、发送红灯亮——表示终端电台正处于接收数据或发送数据状态。

（2）专变采集终端Ⅱ型。

1）专变采集终端Ⅱ型液晶显示。LCD显示主画面内容如图2-4所示。LCD显示界面信息的排列位置为示意位置，可根据需要调整。

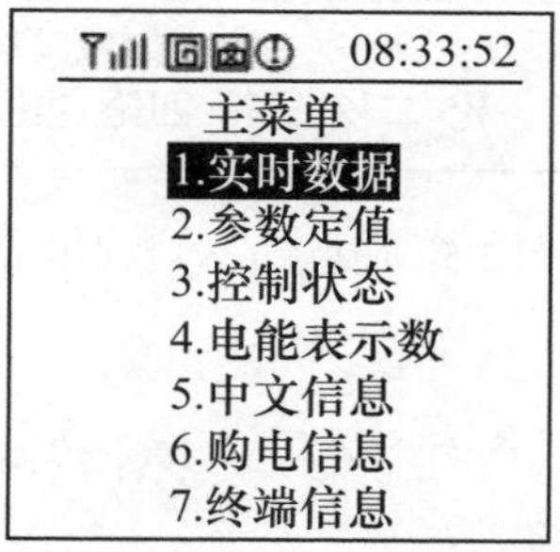

08:33:52
主菜单
1.实时数据
2.参数定值
3.控制状态
4.电能表示数
5.中文信息
6.购电信息
7.终端信息

图2-4　LCD显示主画面内容

显示主菜单内容见表2-2。

表2-2　显示主菜单内容表

实时数据	当前功率	当前总加组功率和当前各个分路脉冲功率
	当前电量	当日电量（有功总、尖、峰、平、谷、无功总） 当月电量（有功总、尖、峰、平、谷、无功总）
	负荷曲线	功率曲线
	开关状态	当前开关量状态
	功控记录	当前功控记录
	电控记录	当前电控记录

续表

实时数据	遥控记录	当前遥控记录
	失电记录	失电及恢复时间
参数定值	时段控参数	时段控方案及相关设置
	厂休控参数	厂休定值、时段及厂休日
	营业报停控	营业报停控定值、报停时间段
	下浮控参数	控制投入轮次、第 1 轮告警时间、第 2 轮告警时间、第 3 轮告警时间、第 4 轮告警时间、控制时间、下浮系数
	电控参数	月电控参数、购电量（费）控
	K_v、K_i、K_p	各路 K_v、K_i、K_p 配置
	电能表参数	局编号、通道、协议、表地址
	配置参数	行政区码、终端地址等
控制状态	功控类：时段控解除/投入、报停控解除/投入、厂休控解除/投入、下浮控解除/投入 电控类：月定控解除/投入、购电控解除/投入、保电解除/投入	
电能表示数	电能表数据：局编号、正向有功电量总峰平谷示数，正反向无功示数、月最大需量及时间	
中文信息	信息类型及内容	
购电信息	购电单号、购前电量、购后电量、报警门限、跳闸门限 、剩余电量	
终端信息	地区代码、终端地址、终端编号、软件版本、通信速率、数传延时	

2）专变采集终端Ⅱ型状态指示。

a．面板左上排状态指示灯示意图如图 2-5 所示。

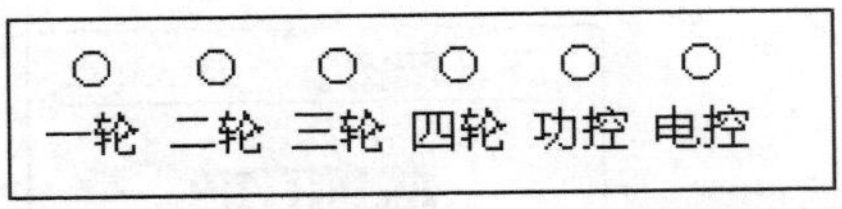

○ ○ ○ ○ ○ ○
一轮 二轮 三轮 四轮 功控 电控

图 2-5　面板左上排状态指示灯示意图

一轮、二轮、三轮、四轮：

红灯亮——表示终端相应轮次处于允许合闸状态；

绿灯亮——表示终端相应轮次处于拉闸状态。

功控：

红灯亮——表示终端时段控、厂休控、营业报停控或当前功率下浮控至少有一种控制投入；

红灯灭——表示终端时段控、厂休控、营业报停控或当前功率下浮控都解除。

电控：

红灯亮——表示终端购电控投入；

红灯灭——表示终端购电控解除。

b．面板左下排状态指示灯示意图如图 2-6 所示。

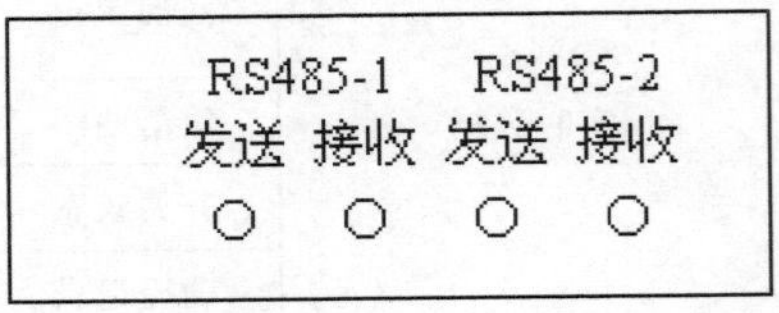

RS485-1　RS485-2
发送 接收 发送 接收
○ ○ ○ ○

图 2-6　面板左下排状态指示灯示意图

发送（RS485-1）：红灯亮——表示第 1 路 RS485 端口正处于发送数据状态；

接收（RS485-1）：红灯亮——表示第 1 路 RS485 端口正处于接收数据状态；

发送（RS485-2）：红灯亮——表示第 2 路 RS485 端

口正处于发送数据状态；

接收（RS485-2）：红灯亮——表示第 2 路 RS485 端口正处于接收数据状态。

c．面板右下排状态指示灯示意图如图 2-7 所示。

电源：红灯亮——表示通信模块处于上电状态；

网络：红灯亮——表示 GPRS 或 CDMA 射频发射；

发送：红灯亮——表示通信模块正处于发送数据状态；

接收：红灯亮——表示通信模块正处于接收数据状态。

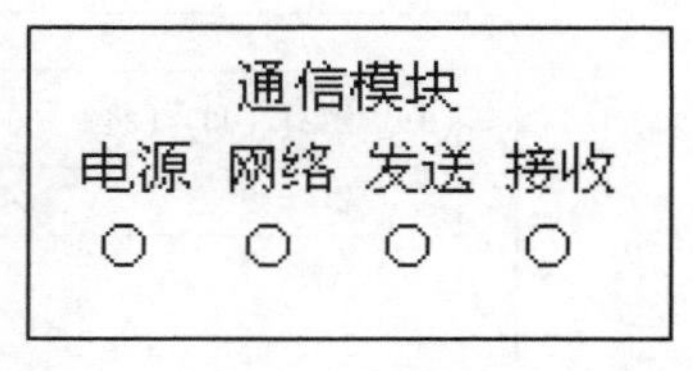

图 2-7　面板右下排状态指示灯示意图

（3）专变采集终端Ⅲ型。

1）专变采集终端Ⅲ型外观结构示意图如图 2-8 所示。

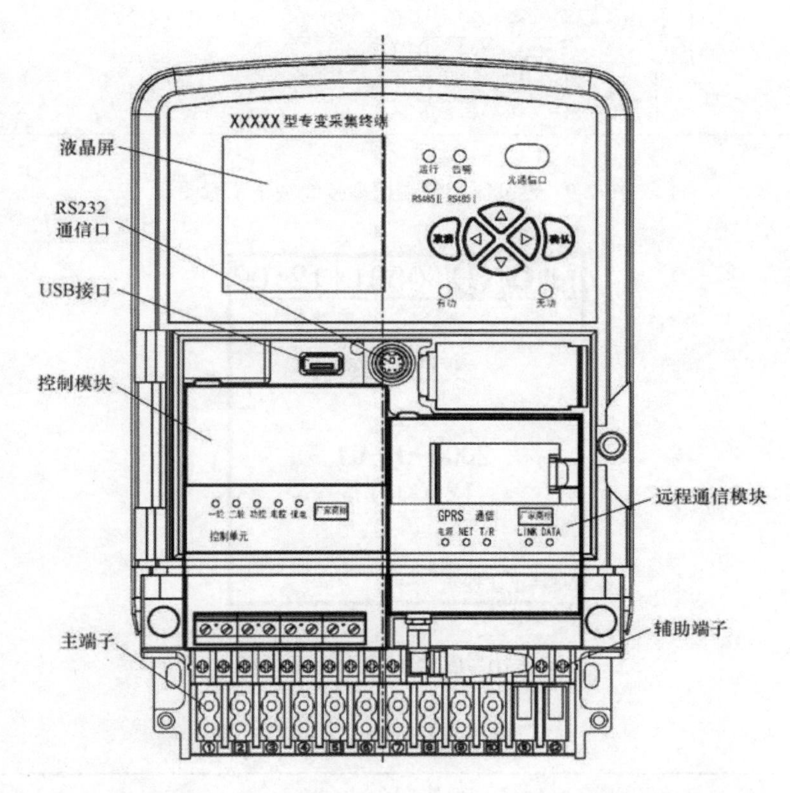

图 2-8　专变采集终端Ⅲ型外观结构示意图

2）专变采集终端Ⅲ型接线端子示意图如图 2-9 所示。

3）专变采集终端Ⅲ型液晶显示。LCD 显示主画面内容如图 2-10 所示。LCD 显示界面信息的排列位置为示意位置，可根据需要调整。

4）菜单界面：

a．顶层显示状态栏：显示固定的一些状态（不参与翻屏轮显），如通信方式、信号强度、异常告警等；

b．主显示画面：主要显示翻屏数据，如瞬时功率、电压、电流、功率因数等内容；

c．底层显示状态栏：显示终端运行状态，如任务执行状态、与主站通信状态等。

5）顶层菜单各符号含义。顶层状态各符号含义见表 2-3。

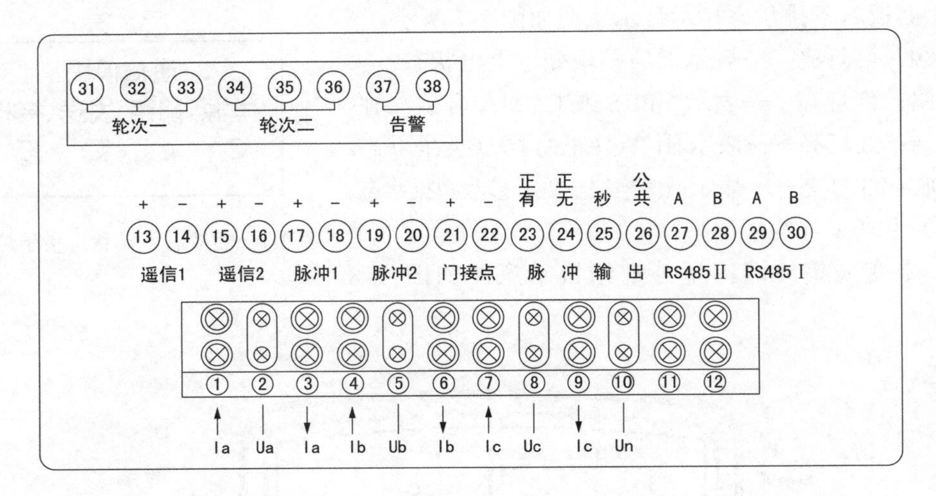

图 2-9　专变采集终端III型接线端子示意图

图 2-10　LCD 显示主画面内容

表 2-3　　顶层状态各符号含义

符号	含义
(信号强度图标)	信号强度指示，最高是 4 格，最低是 1 格。 当信号只有 1～2 格时，表示信号弱，通信不是很稳定。信号强度为 3～4 格时信号强，通信比较稳定
G	通信方式指示： G 表示采用 GPRS 通信方式； S 表示采用 SMS（短消息）通信方式； C 表示 CDMA 通信方式； L 表示有线网络
(!)	异常告警指示，表示终端或测量点有异常情况。当终端发生异常时，该标志将和异常事件报警编码轮流闪烁显示
00	事件编号
0001	表示第几号测量点数据

6）菜单规范说明。专变采集终端Ⅲ型显示分成三类：轮显模式、按键查询模式、按键设置模式。其中按键查询模式和按键设置模式需要操作人员按键操作。当终端显示处于轮显模式时，按任意键可以进入按键操作方式，非轮显模式下终端显示主菜单界面如图2-11所示。

各个模式的功能说明如下：

a．轮显模式。终端在默认情况下，可按选择的内容逐屏轮显，轮显周期值为 8s。默认显示内容为：当前功率、电压、电流、功率因数、电量等（显示一次值或二次值，可设置）。

b．按键查询模式。当终端处于轮显模式时，按任意键可以进入主菜单；然后按相应的查询按键进入查询模式。

G 0001 12:00
主菜单
1实时数据
2参数定制
3控制状态
4电能表示数
5中文信息
6购电信息
7终端信息
终端正在抄表 ……

图2-11 主菜单界面示意图

当处于按键查询显示模式下时，可通过按键操作进行翻屏，显示所有未被屏蔽的内容。停止按键 1min 后，终端恢复原显示模式。

c．按键设置模式。当终端处于轮显模式时，按任意键可以进入主菜单；然后按照设置按键进入设置模式。

当处于按键设置显示模式下时，可设置与主站通信参数、测量点运行参数、密码、时间等参数。停止按键 1min 后，终端恢复原显示模式。

进入设置模式需要密码。菜单设置密码可修改，出厂默认为 ASCII 字符“000000”。

显示主菜单内容见表2-4。

表2-4　　显示主菜单内容表

实时数据	当前功率	当前总加组功率和当前各个分路脉冲功率
	当前电量	当日电量（有功总、尖、峰、平、谷、无功总） 当月电量（有功总、尖、峰、平、谷、无功总）
	负荷曲线	功率曲线
	开关状态	当前开关量状态
	功控记录	当前功控记录
	电控记录	当前电控记录
	遥控记录	当前遥控记录
	失电记录	失电及恢复时间
	交流采样信息	电压、电流、相角、功率因素、正向有功无功功率、反向有功无功功率
参数定值	时段控参数	时段控方案及相关设置
	厂休控参数	厂休定值、时段及厂休日
	报停控参数	报停控定值、起始时间、结束时间、控制投入轮次
	下浮控参数	控制投入轮次、第1轮告警时间、第2轮告警时间、控制时间、下浮系数
	月电控参数	控制投入轮次、本月累计用电量、月电控电量定值、月电控定值浮动系数

续表

参数定值	K_v、K_i、K_p	各路 K_v、K_i、K_p 配置
	电能表参数	局编号、通道、协议、表地址
	配置参数	行政区码、终端地址等
控制状态	功控类：时段控解除/投入、报停控解除/投入、厂休控解除/投入、下浮控解除/投入 电控类：月定控解除/投入、购电控解除/投入、保电解除/投入	
电能表示数	电能表数据：局编号、正向有功电量总峰平谷示数，正反向无功示数、月最大需量及时间	
中文信息	信息类型及内容	
购电信息	购电单号、购电方式、购前电量、购后电量、报警门限、跳闸门限、剩余电量	
终端信息	行政区域代码、终端地址、软件版本	

7）专变采集终端Ⅲ型状态指示。

a．终端本体指示灯说明。

运行灯——运行状态指示灯，红色，灯常亮表示终端主 CPU 正常运行，但未和主站建立连接，灯亮一秒灭一秒交替闪烁表示终端正常运行且和主站建立连接。

告警灯——告警状态指示，红色，灯亮一秒灭一秒交替闪烁表示终端告警。

RS485Ⅰ——RS485Ⅰ通信状态指示，红灯闪烁表示模块接收数据；绿灯闪烁表示模块发送数据。

RS485Ⅱ——RS485Ⅱ通信状态指示，红灯闪烁表示模块接收数据；绿灯闪烁表示模块发送数据。

b．远程无线通信模块状态指示灯说明。状态指示灯示意图如图 2-12 所示。

电源 NET T/R LINK DATA

图 2-12 远程无线通信模块状态指示灯示意图

状态指示灯说明：

电源灯——模块上电指示灯，红色，灯亮表示模块上电，灯灭表示模块失电；

NET 灯——通信模块与无线网络链路状态指示灯，绿色；

T/R 灯——模块数据通信指示灯，红绿双色，红灯闪烁表示模块接收数据，绿灯闪烁表示模块发送数据；

LINK 灯——以太网状态指示灯，绿色，灯常亮表示以太网口成功建立连接；

DATA 灯——以太网数据指示灯，红色，灯闪烁表示以太网口上有数据交换。

c．远程 230 电台通信模块状态指示灯说明。

状态指示灯示意图如图 2-13 所示。

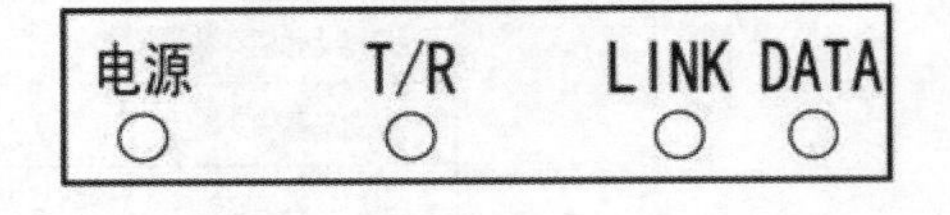

图 2-13 230 电台通信模块状态指示灯示意图

状态指示灯说明：

电源灯——模块上电指示灯，红色，灯亮表示模块上电，灯灭表示模块失电；

T/R 灯——模块数据通信指示灯，红绿双色，红灯闪烁表示模块接收数据，绿灯闪烁表示模块发送数据；

LINK 灯——以太网状态指示灯，绿色，灯常亮表示以太网口成功建立连接；

DATA 灯——以太网数据指示灯，红色，灯闪烁表示以太网口上有数据交换。

d．远程 PSTN 通信模块状态指示灯说明。状态指示灯示意图如图 2-14 所示。

状态指示灯说明：

电源灯——模块上电指示灯，红色，灯亮表示模块上电，灯灭表示模块失电；

CD 灯——通道指示灯，绿色，灯亮表示通话链路建立，灯灭表示通话链路断开；

电源　CD　T/R　LINK　DATA

图 2-14　远程 PSTN 通信模块状态指示灯示意图

T/R 灯——模块数据通信指示灯，红绿双色，红灯闪烁表示模块接收数据，绿灯闪烁表示模块发送数据；

LINK 灯——以太网状态指示灯，绿色，灯常亮表示以太网口成功建立连接；

DATA 灯——以太网数据指示灯，红色，灯闪烁表示以太网口上有数据交换。

图 2-15　远程光纤通信模块状态指示灯示意图

e．远程光纤通信模块状态指示说明。状态指示灯示意图如图 2-15 所示。

状态指示灯说明：

电源灯——模块上电指示灯，红色，灯亮表示模块上电，灯灭表示模块失电。

PON 灯——光纤模块注册指示灯，绿色，灯亮一秒灭一秒交替闪烁表示模块正在注册，灯常亮表示模块注册成功。

LOS 灯——光纤模块光路连接指示灯，红色，灯常亮表示光路不通，灯熄灭表示接收到光源。

DATA 灯——光纤模块与本体通信指示灯，红绿双色灯，当光纤模块与本体之间采用串口通信时，红色闪烁表示模块接收数据，绿色闪烁表示模块发送数据；当光纤模块与本体之间采用以太网通信时，绿色常亮表示以太网成功建立连接，红色闪烁表示终端与模块之间有数据交换。

f．控制模块状态指示灯说明。状态指示灯示意图如图 2-16 所示。

状态指示灯说明：

轮次灯——轮次状态指示灯，红绿双色，红灯亮表示终端相应轮次处于拉闸状态，绿灯亮表示终端相应轮次的跳闸回路正常，具备跳闸条件，灯红一秒绿一秒交替闪烁表示控制回路开关接入异常，灯灭表示该轮次未投入控制；

图 2-16　控制模块状态指示灯示意图

功控灯——功控状态指示灯，红色，灯亮表示终端时段控、厂休控或当前功率下浮控至少一种控制投入，灯灭表示终端时段控、厂休控或当前功率下浮控都解除；

电控灯——电控状态指示灯，红色，灯亮表示终端购电控或月电控投入，灯灭表示终端购电控或月电控解除；

保电灯——保电状态指示灯，红色，灯亮表示终端保电投入，灯灭表示终端保电解除。

2.4.3 集中抄表终端

集中抄表终端：用于低压客户用电信息的采集，包括集中器、采集器。集中器是指收集各采集器或电能表的数据，并进行处理储存，同时能和主站或手持设备进行数据交换的设备。采集器是用于采集多个或单个电能表的电能信息，并可与集中器交换数据的设备。

2.4.3.1 集中器功能

（1）数据采集：采用实时采集、定时自动采集、自动补抄等方式采集电能表数据，具有状态量采集、交流模拟量采集功能。

（2）数据管理和储存：分类储存日冻结数据、抄表日冻结数据、曲线数据、历史月数据等。曲线冻结数据密度最小冻结时间间隔为 1h。

（3）重点用户监测：集中器应能按要求选定某些用户为重点用户，按照采集间隔1h 生成曲线数据。

（4）电能表运行状况监测：监视电能表运行状况，电能表发生参数变更、时钟超差或电能表故障等状况时，按事件记录要求记录发生时间和异常数据。

（5）公变电能计量：当集中器配置交流模拟量采集功能，计算公变各电气量时，应能实现公变电能计量功能，计量并存储正反向总及分相有功电能、最大需量及发生时刻、正反向总无功电能，有功电能计量准确度不低于 1.0 级，无功电能计量准确度达到 2.0 级。

（6）参数设置和查询：集中器应有计时单元，计时单元的日计时误差≤±0.5s/d。集中器可接收主站或本地手持设备的时钟召测和对时命令。设置集中器采集周期、抄表时间、采集数据项等。

（7）事件记录：集中器应能根据设置的事件属性，将事件按重要事件和一般事件分类记录。事件包括终端参数变更、抄表失败、终端停/上电，电能表时钟超差等。

（8）本地功能：具有本地状态指示、本地维护接口，支持手持设备设置参数和现场抄读电能量数据，并有权限和密码管理等安全措施。

（9）终端维护：包括自检和异常记录、初始化、远程软件升级、模块信息、终端登录。

（10）电能表通信参数的自动维护：功能的触发、测量点的管理、参数变更事件的上报、电能表在集中器之间的选择和切换、无表采集器的管理。

2.4.3.2 采集器功能

（1）数据采集：采集器应能按集中器设置的采集周期自动采集电能表数据，应能采集表箱门接点的状态量。

（2）数据储存：采集器应能分类存储数据，形成总正向有功电能示值及各费率正向有功电能示值等历史日数据，保存重点用户电能表的最近 24h 整点总有功电能数据。

（3）参数设置和查询：

1）支持广播对时命令，对采集器时钟进行校时；

2）支持设置和查询采集周期、电能表通信地址、通信协议等参数，并能自动识别和适应不同的通信速率；

3）能依据集中器下发或本地通信接口设置的表地址，自动生成电能表的表地址索引表。

（4）事件记录：采集器应能记录参数变更事件、抄表失败事件、终端停/上电事件、磁场异常事件等。

（5）数据传输：数据传输功能内容如下：

1）可以与集中器进行通信，接收并响应集中器的命令，向集中器传送数据；

2）中继转发，采集器支持集中器与其他采集器之间的通信中继转发；

3）通信转换，采集器可转换上、下信道的通信方式和通信协议。

（6）本地功能：具有电源、工作状态、通信状态等指示。提供本地维护接口，支持手持设备通过红外通信口等本地维护接口设置参数和现场抄读电能量数据。本地参数设置和现场抄表应有权限和密码管理。

（7）终端维护：包括自检自恢复和终端初始化。

（8）电能表通信参数的自动维护：配合集中器实现电能表通信参数的自动维护功能。

2.4.3.3　集中器分类和类型标识代码

集中器按功能分为集中器 I 型和集中器 II 型两种型式。集中器类型标识代码分类见表 2-5。

表 2-5　集中器类型标识代码分类说明

DJ	×	×	×	×	-××××
集中器分类	上行通信信道	I/O 配置/下行通信信道		温度级别	产品代号
DJ—低压集中器	W—230MHz 专网； G —无线 G 网； C —无线 C 网； J —微功率无线； Z —电力线载波； L —有线网络； P —公共交换电话网； T —其他	下行通信信道： J —微功率无线； Z—电力线载波； L—有线网络	1～9—1～9 路电能表接口； A～W—10～32 路电能表接口	1—C1； 2—C2； 3—C3； 4—CX	由不大于 8 位的英文字母和数字组成。英文字母可由生产企业名称拼音简称表示，数字代表产品设计序号

类型标识代码为 DJ××××-××××。上行通信信道可选用 230MHz 专网、GPRS 无线公网、CDMA 无线公网、以太网、光纤通信，下行通信信道可选用微功率无线、电力线载波、RS485 总线、以太网等，标配交流模拟量输入、2 路遥信输入和 2 路 RS485 端口，温度选用 C2 或 C3 级。

（1）集中器 I 型。

1）集中器 I 型外观结构，其示意图如图 2-17 所示。

2）集中器 I 型接线端子，其主接线端子示意图如图 2-18 所示，辅助接线端子示意图如图 2-19 所示。

3）集中器 I 型液晶显示，其主界面显示示意图如图 2-20 所示。

4）菜单界面。

a．顶层显示状态栏：显示固定的一些状态（不参与翻屏轮显），如通信方式、信号强度、异常告警等；

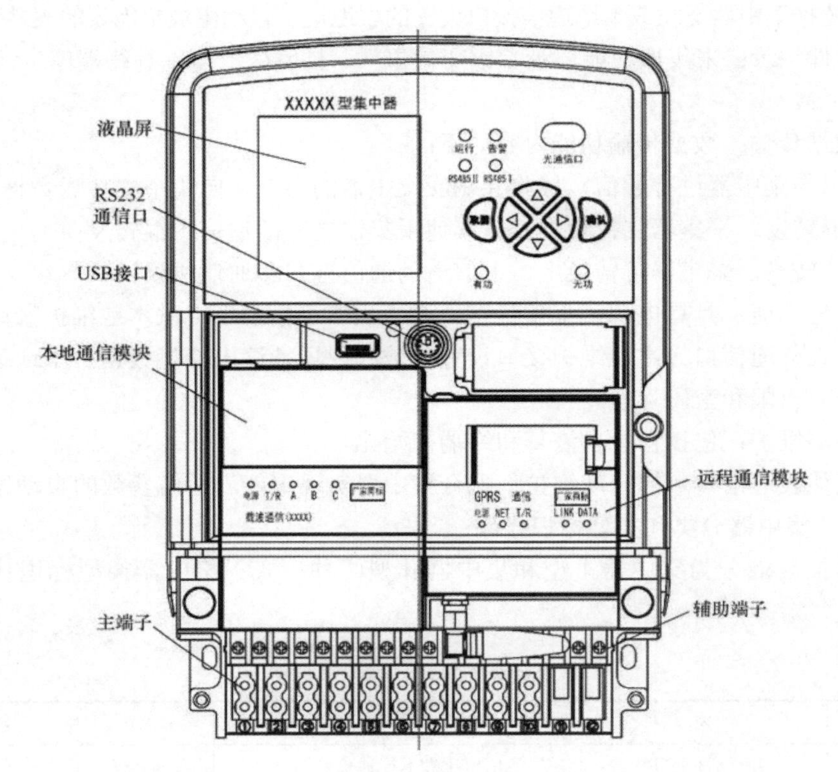

图 2-17　集中器Ⅰ型外观结构示意图

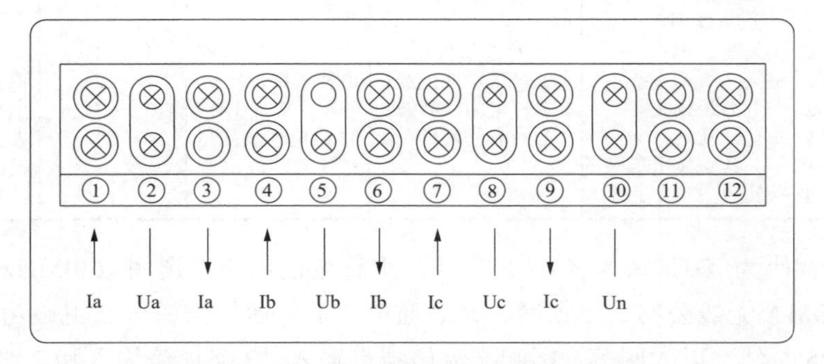

图 2-18　集中器Ⅰ型主接线端子示意图

图 2-19　集中器Ⅰ型辅助接线端子示意图

b．主显示画面：主要显示翻屏数据，如瞬时功率、电压、电流、功率因数等内容；

c．底层显示状态栏：显示集中器运行状态，如任务执行状态、与主站通信状态等。

5）顶层菜单各符号含义见表 2-6。

图 2-20　集中器 I 型主界面显示示意图

表 2-6　顶层菜单各符号含义

符号	含义
	信号强度指示，最高是 4 格，最低是 1 格。 当信号只有 1～2 格时，表示信号弱，通信不是很稳定。信号强度为 3～4 格时信号强，通信比较稳定
G	通信方式指示： G 表示采用 GPRS 通信方式； S 表示采用 SMS（短消息）通信方式； C 表示 CDMA 通信方式； L 表示有线通信方式； W 表示无线电台通信方式
!	异常告警指示，表示集中器或测量点有异常情况。当集中器发生异常时，该标志将和异常事件报警编码轮流闪烁显示
0001	表示第几号测量点数据

6）菜单规范说明。集中器 I 型显示分成三类：轮显模式、按键查询模式、按键设置模式。其中按键查询模式和按键设置模式需要操作人员按键操作的。主菜单界面示意图如图 2-21 所示。

图 2-21　主菜单界面示意图

在主菜单中通过按键选择功能菜单，然后进入功能子菜单进行相应操作。

各个模式的功能说明如下：

a．轮显模式。集中器在默认情况下，可按选择的内容逐屏轮显，轮显周期值为 8s。默认显示内容为：通信参数、抄表统计信息、功率、电压、电流、功率因数、电量等。

b．按键查询模式。当集中器处于按键查询显示模式下时，可通过按键操作进行翻屏，显示所有未被屏蔽的内容。

c．按键设置模式。当集中器处于按键设置显示模式下时，可设置与主站通信参数、测量点运行参数、密码、时间等参数。

进入设置模式需要密码，菜单设置密码可修改，出厂默认为 ASCII 字符“000000”。

显示主菜单内容见表 2-7。

表 2-7　　显示主菜单内容表

测量点数据显示	正向有功电能示值、正向无功电能示值、反向有功电能示值、反向无功电能示值、四象限无功电能示值、电压、电流、有功功率、无功功率、功率因数、正向有功需量、反向有功需量	
参数设置与查看	通信通道设置	信道类型设置、通信模式设置、通道详细设置
	电能表参数设置	测量点选择、电能表档案设置
	集中器时间设置	集中器时间设置
	界面密码设置	界面密码设置
	集中器编号	行政区域代码、集中器地址
终端管理与维护	集中器版本、页面设置、现场调试、集中器重启、数据初始化、参数初始化、载波抄表管理、手动抄表、集中器数据	

7）集中器Ⅰ型状态指示。

a．集中器本体指示灯说明。

运行灯——运行状态指示灯，红色，灯常亮表示集中器主 CPU 正常运行，但未和主站建立连接，灯亮一秒灭一秒交替闪烁表示终端正常运行且和主站建立连接。

告警灯——告警状态指示，红色，灯亮一秒灭一秒交替闪烁表示集中器告警。

RS485Ⅰ——RS485Ⅰ通信状态指示，红灯闪烁表示模块接收数据；绿灯闪烁表示模块发送数据。

RS485Ⅱ——RS485Ⅱ通信状态指示，红灯闪烁表示模块接收数据；绿灯闪烁表示模块发送数据。

b．远程无线通信模块状态指示，其示意图如图 2-22 所示。

电源　NET　T/R　LINK　DATA

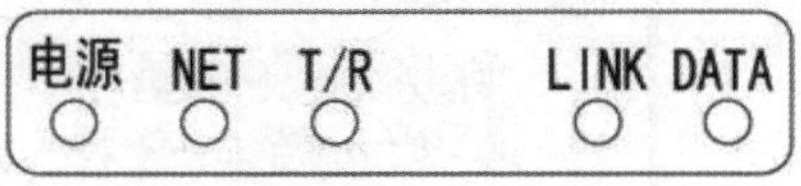

图 2-22　远程无线通信模块状态指示灯示意图

状态指示说明：

电源灯——模块上电指示灯，红色，灯亮表示模块上电，灯灭表示模块失电；

NET 灯——通信模块与无线网络链路状态指示灯，绿色；

T/R 灯——模块数据通信指示灯，红绿双色，红灯闪烁表示模块接收数据，绿灯闪烁表示模块发送数据；

LINK 灯——以太网状态指示灯，绿色，灯常亮表示以太网口成功建立连接；

DATA 灯——以太网数据指示灯，红色，灯闪烁表示以太网口上有数据交换。

c．远程光纤通信模块状态指示，其示意图如图 2-23 所示。

状态指示说明：

电源灯——模块上电指示灯，红色，灯亮表示模块上电，灯灭表示模块失电。

图 2-23　远程光纤通信模块状态指示灯示意图

PON 灯——光纤模块注册指示灯，绿色，灯以亮一秒灭一秒交替闪烁表示模块正在注册，灯常亮表示模块注册成功。

LOS 灯——光纤模块光路连接指示灯，红色，灯常亮表示光路不通，灯熄灭表示接收到光源。

DATA 灯——光纤模块与本体通信指示灯，红绿双色灯，当光纤模块与本体之间采用串口通信时，红色闪烁表示模块接收数据，绿色闪烁表示模块发送数据；当光纤模块与本体之间采用以太网通信时，绿色常亮表示以太网成功建立连接，红色闪烁表示终端与模块之间有数据交换。

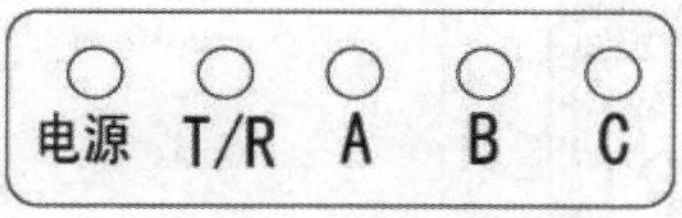

图 2-24　载波通信模块状态指示灯示意图

d．本地载波通信模块状态指示，其示意图如图 2-24 所示。

状态指示说明：

电源灯——模块上电指示灯，红色，灯亮表示模块上电，灯灭表示模块失电；

T/R 灯——模块数据通信指示灯，红绿双色，红灯闪烁表示模块接收数据，绿灯闪烁表示模块发送数据；

A 灯——A 相发送状态指示灯，绿色，灯亮表示模块通过该相发送数据；

B 灯——B 相发送状态指示灯，绿色，灯亮表示模块通过该相发送数据；

C 灯——C 相发送状态指示灯，绿色，灯亮表示模块通过该相发送数据。

e．本地微功率无线通信模块状态指示，其示意图如图 2-25 所示。

状态指示说明：

电源灯——模块上电指示灯，红色，灯亮表示模块上电，灯灭表示模块失电；

图 2-25　微功率无线通信模块状态指示灯示意图

T/R 灯——模块数据通信指示灯，红绿双色，红灯闪烁表示模块接收数据，绿灯闪烁表示模块发送数据；

NET 灯——通信模块无线网络状态指示灯，绿色。

（2）集中器Ⅱ型。

1）集中器Ⅱ型外观结构，其示意图如图 2-26 所示。

2）集中器Ⅱ型接线端子，其主接线端子示意图如图 2-27 所示。辅接线端子示意图如图 2-28 所示。

接线端子定义见表 2-8。

3）集中器Ⅱ型状态指示，其示意图如图 2-29 所示。

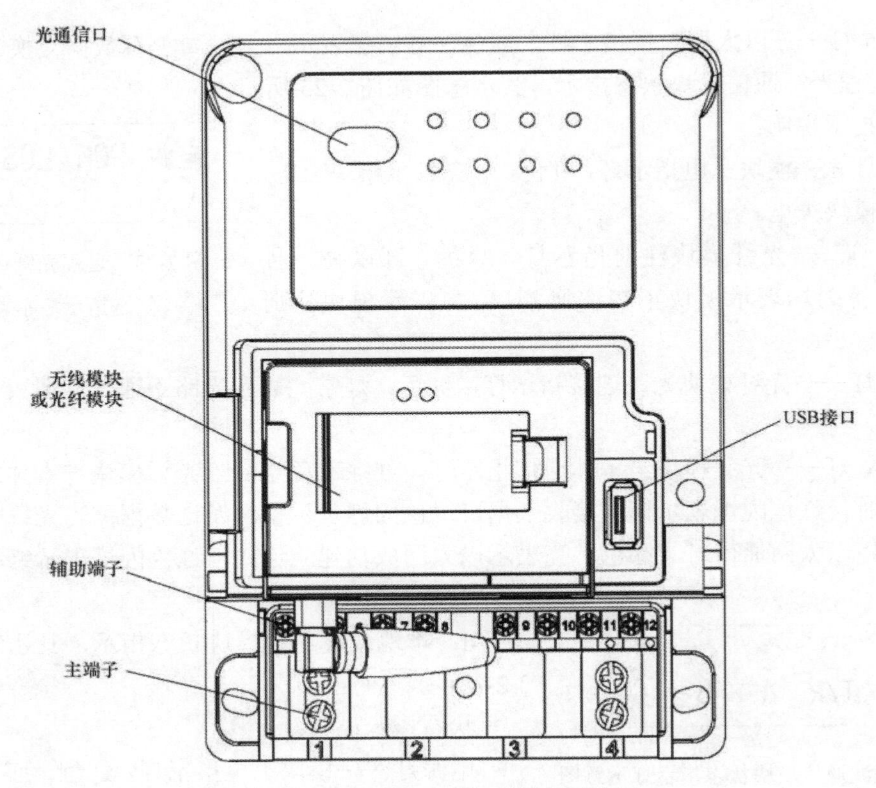

图 2-26　集中器 II 型外观结构示意图

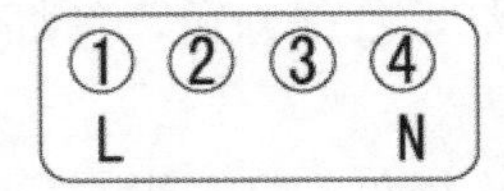

图 2-27　集中器 II 型主接线端子示意图

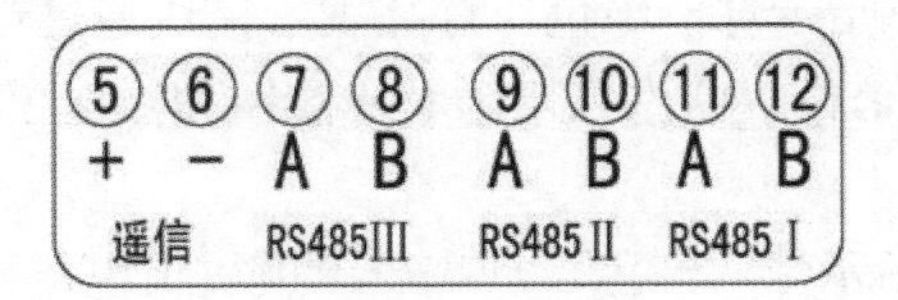

图 2-28　集中器 II 型辅接线端子示意图

表 2-8　接线端子定义表

序号	端子定义	序号	端子定义
1	L 火线端子	7	RS485 III A
2	空	8	RS485 III B
3	空	9	RS485 II A
4	N 零线端子	10	RS485 II B
5	遥信＋	11	RS485 I A
6	遥信－	12	RS485 I B

状态指示说明：

运行灯——运行状态指示灯，红色，灯常亮表示终端主CPU正常运行，但未和主站建立连接，灯亮一秒灭一秒交替闪烁表示终端正常运行且和主站建立连接；

告警灯——告警状态指示，红色，灯亮一秒灭一秒交替闪烁表示终端告警；

运行 告警 在线 信号强度
LINK DATA 远程 本地

图2-29 集中器II型状态指示灯示意图

远程灯——远程通信状态指示灯，红绿双色，红灯闪烁表示集中器远程通道接收数据，绿灯闪烁表示集中器远程通道发送数据；

本地灯——本地通信状态指示灯，红绿双色，红灯闪烁表示集中器本地通道接收数据，绿灯闪烁表示集中器本地通道发送数据；

在线灯——远程通道在线指示灯，绿色，灯亮表示集中器远程通道在线，灯灭表示集中器远程通道不在线；

信号强度灯——远程通道信号强度指示灯，红绿双色，红色灯亮时表示信号强度最差，红绿灯都亮时表示信号强度中等，绿色亮时表示信号强度最好；

LINK灯——以太网状态指示灯，绿色，灯常亮表示以太网口成功建立连接；

DATA灯——以太网数据指示灯，红色，灯闪烁表示以太网口上有数据交换。

2.4.3.4 采集器分类和类型标识代码

采集器按外型结构和I/O配置分为I型、II型两种型式，采集器类型标识代码分类说明见表2-9。

表2-9 采集器类型标识代码分类说明

DC	X	X	X	X	-××××
采集器分类	上行通信信道	I/O配置/下行通信信道		温度级别	产品代号
DC—低压采集器	W—230MHz专网； G—无线G网； C—无线C网； J—微功率无线； Z—电力线载波； L—有线网络； P—公共交换电话网； T—其他	下行通信信道： J—微功率无线； Z—电力线载波； L—有线网络	1～9—1～9路电能表接口； A～W—10～32路电能表接口	1—C1； 2—C2； 3—C3； 4—CX	由不大于8位的英文字母和数字组成。英文字母可由生产企业名称拼音简称表示，数字代表产品设计序号

建议选用类型：

a．采集器I型：类型标识代码为DC×××-××××。

上行通信信道可选用微功率无线、电力线载波、RS485线、以太网，下行信道可选用RS485线，可接入1～32路电能表，温度选用C2或C3级。

b．采集器II型：类型标识代码为DC××1×-××××。

上行通信信道可选用微功率无线、电力线载波，下行信道可选用RS485线，可接入1路电能表，温度选用C2或C3级。

（1）采集器I型

1）采集器I型外观尺寸，其整机结构示意图如图2-30所示。

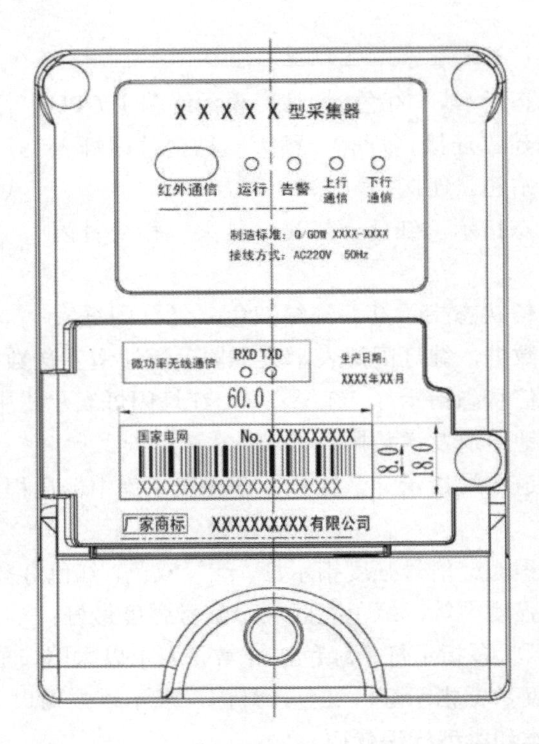

图 2-30　采集器Ⅰ型外观结构示意图

2）采集器Ⅰ型主/辅助端子，其接线图如图 2-31 所示，接线端子功能标识见表 2-10。

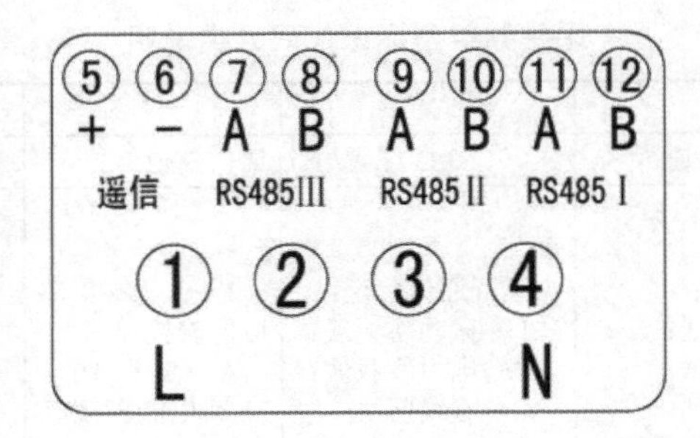

图 2-31　采集器Ⅰ型主/辅助端子接线图

表 2-10　　**接线端子功能标识**

序号	功能标识	序号	功能标识
1	L 火线端子	7	RS485 Ⅲ A
2	空	8	RS485 Ⅲ B
3	空	9	RS485 Ⅱ A
4	N 零线端子	10	RS485 Ⅱ B
5	遥信＋	11	RS485 Ⅰ A
6	遥信—	12	RS485 Ⅰ B

3）采集器Ⅰ型状态指示，其示意图如图2-32所示。

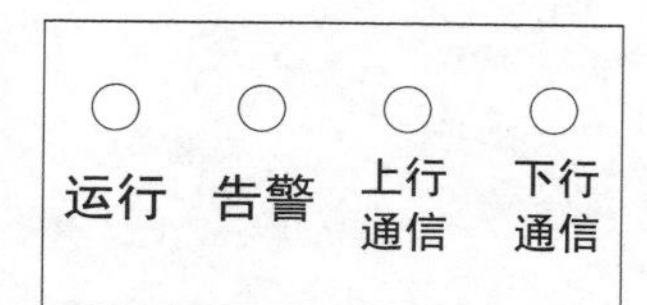

图2-32 采集器Ⅰ型状态指示示意图

终端LED状态指示灯如下：

运行灯——运行状态指示灯，红色，灯亮一秒灭一秒交替闪烁表示采集器正常运行，灯常灭表示未上电；

告警灯——告警状态指示，红色，灯亮一秒灭一秒交替闪烁表示采集器告警；

上行通信灯——上行通信状态指示灯，红绿双色，红灯闪烁表示采集器上行通道接收数据，绿灯闪烁表示采集器上行通道发送数据；

下行通信灯——下行通信状态指示灯，红绿双色，红灯闪烁表示采集器下行通道接收数据，绿灯闪烁表示采集器下行通道发送数据。

4）通信模块状态指示说明：

RXD灯——接收数据指示，红色，灯闪烁表示模块接收数据；

TXD灯——发送数据指示，绿色，灯闪烁表示模块发送数据。

（2）采集器Ⅱ型。

1）采集器Ⅱ型的外观结构，其示意图如图2-33所示。

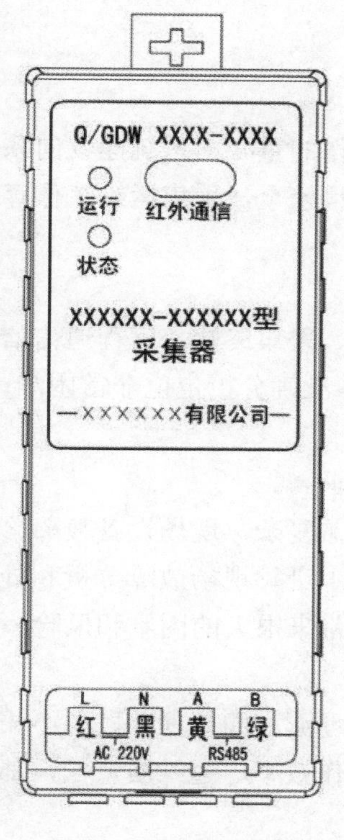

图2-33 采集器Ⅱ型外观结构示意图

2）采集器Ⅱ型接线端子功能标识：

L：对应红色线，交流220V电源L相输入；

N：对应黑色线，交流220V电源N相输入；

A：对应黄色线，RS485线A；

B：对应绿色线，RS485线B。

3）采集器Ⅱ型状态指示。

a．红外通信——红外通信口，用于采集器参数的读设和数据的读取，1200bit/s/偶校验/8位数据位/1位停止位。

b．终端LED状态指示灯如下：

运行灯——运行状态指示灯，红色，灯亮一秒灭一秒交替闪烁表示采集器正常运行，灯常灭表示未上电；

状态灯——通信状态指示灯，红绿双色，红灯闪烁表示RS485线数据正在通信，绿灯闪烁表示载波或无线数据正在通信。

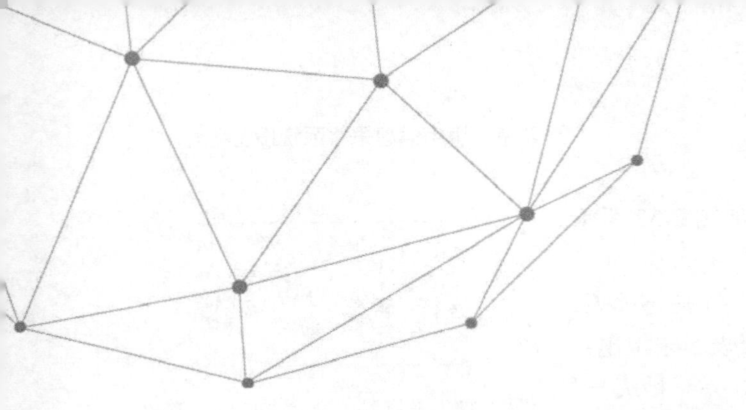

用电信息采集运维闭环管理

3.1 概　　述

随着国家电网有限公司采集全覆盖工作的逐步完成，采集工作的重心由系统建设向系统运维转换。由于计算现场业务日趋复杂，现场运维人员的工作量繁重，采集运维工作存在以下问题。

（1）故障种类复杂多样，故障分析定位困难。

用电信息采集系统涉及智能电能表、集中器、本地通信信道、采集终端、远程通信信道、采集系统等，引发的异常现象及故障原因多种多样，导致故障准确分析定位非常困难。需要有效的手段辅助采集运维人员进行故障的甄别和分析。

（2）现场设备故障诊断分析技术含量高，对运维人员技术要求高。

随着计量业务的深化应用，采集终端及智能电能表的功能日益复杂，现场设备故障诊断分析技术含量越来越高，目前现场作业人员主要凭经验从表象上进行现场故障分析和处理，存在大量的误诊断、误操作及重复性工作，给现场运维工作带来很大的困难和风险。

（3）现场故障处理缺乏有效作业规范，运维质量、效率低。

定位分析出故障后，对于同类故障及问题，不同运维人员处理流程和处理手段各不相同，相互之间无法借鉴成功经验，没有统一的作业规范，导致工作效率、运维质量低，部分异常无法一次性彻底解决。

（4）采集运维流程闭环管理正在推进过程中，故障处理过程及结果无法有效全面管控。

现场采集运维人员负责采集系统的正常运行，主要关注现场设备故障导致的采集异常或计量异常，对于现场处理时发现的疑似窃电等问题，需要其他业务部门进行处理，采集运维人员发现此问题后，仅通过电子邮件、工单、电话等方式通知相关人员，对问题分析取证及处理进度缺乏有效的手段和途径进行跟踪，缺乏运维工作的闭环管理流程，无法对现场采集运维工作进行有效管控。

为确保采集系统安全、稳定、可靠、高效运行，规范采集系统运行维护工作，充分利用采集系统采集到的数据信息及通信通道，需要建设独立的采集运维模块，对采集系统采集到的相关数据进行分析研判，采集运维人员根据系统分析出的异常进行整改，管理人员对运维人员的异常处理结果进行监督检查，实现采集运维管理水平的提升。

3.2　采集运维闭环管理功能

采集运维闭环管理模块作为用电信息采集系统的一个模块，由系统支撑、异常监控、闭环管理、知识库、现场应用、考核指标六部分组成。采集运维闭环管理处理流程如图 3-1 所示。

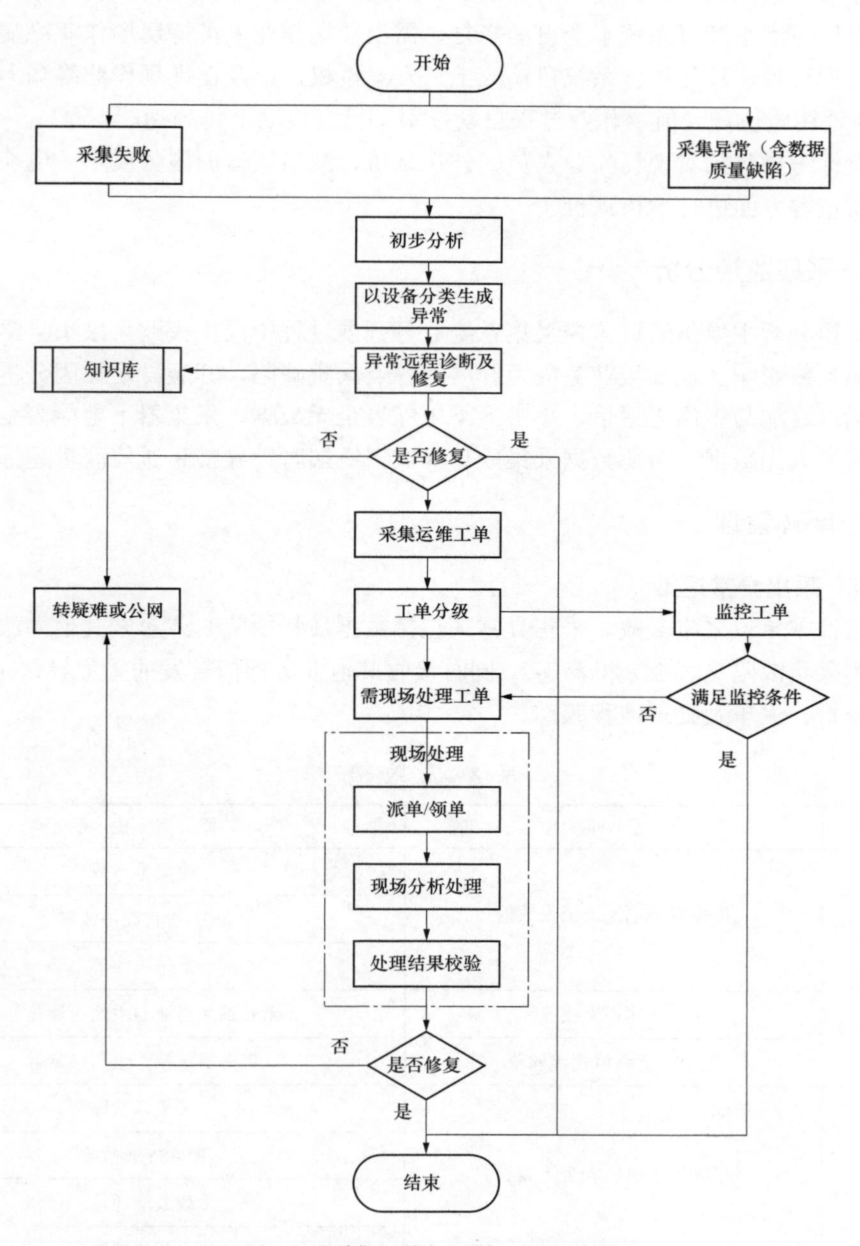

图 3-1　采集运维闭环管理处理流程

（1）异常监控建立了采集异常生成算法模型，对用电信息采集系统进行实时监控分析，及时发现采集异常；

（2）闭环管理核心是针对异常进行远程自动分析、故障原因定位、自动及时派工、及时反馈现场处理结果，并做到自动归档及考核评价等采集运维全流程的闭环管理；

（3）知识库涵盖了采集运维的典型案例、故障自诊断分析方法和修复方法，可根据现场故障现象自动匹配相关典型案例，有效指导采集异常的故障诊断及修复过程；

（4）现场应用是针对系统不能自动修复、需由现场作业人员持现场作业终端到现场进行处理的过程管理，具体包含系统自动派工、安全授权，以及在现场作业终端上实现远程接单、GIS 地图定位和导航、作业过程自动导引、日志自动上传等功能；

（5）指标考核包括对现场作业人员、外包队伍、网络运营商服务质量、电能表和采集终端产品质量等方面进行考核评价。

3.2.1 采集监控分析

采集监控分析主要是通过监控采集系统业务开展过程中采集失败、采集异常（包括数据质量缺陷）或影响其他高级业务应用开展的各类采集缺陷，开展异常原因分析。生成异常类型包括：终端与主站无通信、集中器下电能表全无数据、采集器下电能表全无数据、电能表持续多天无数据、负荷数据采集成功率低、终端时钟异常和通信流量超标。

3.2.2 闭环管理

3.2.2.1 采集异常运维

每日监控本单位采集失败、采集异常（包括数据质量缺陷）或影响其他高级业务应用开展的各类采集缺陷见表 3-1 和表 3-2，同时接收其他业务部门转发的采集异常工单，开展异常原因分析、派单及处理流程跟踪。

表 3-1　　采集失败表

异常设备	异常现象	原因说明
集中器	集中器下电能表全无数据	档案不一致
		集中器软硬件故障
		上传失败等
	终端不上线	无心跳（终端与主站无通信）
	集中器下跌值超越阈值	集中器缺相、组网异常等
采集器	采集器下电能表全无数据	采集器故障
		RS485 线故障
		载波层通信
		无线通信等
电能表	采集失败	持续 N 天无抄表数据等

表 3-2　　采集异常（包括数据质量缺陷）

采集质量缺陷类型	描　述
负荷数据采集不完整	负荷数据项缺失、点缺失
抄表数据不正确	现场电能表数据与采集数据不符、发生电量的异常偏移（发生测量点的错位）等
终端时钟异常	终端时钟和主站时钟有差异
通信流量超标	SIM 卡的流量超出限制
过零不跳	本地费控表的电费为零时，表计不跳闸停电

3.2.2.2　采集异常巡视

对现场安装的采集设备定期开展巡视，检查现场采集设备的基本信息、运行情况、箱体情况、开关控制状态等，做好记录并上传。采集设备巡视包括常规巡视和特别巡视。常规巡视可以结合用电检查、周期性核抄、现场校验等日常巡视工作同步开展；在有序用电期间，或气候剧烈变化（如雷雨、大风、暴雪）后采集终端出现大面积离线或其他异常时，开展特别巡视。

3.2.2.3　疑难问题处理

针对各类异常处理过程中发现的疑难问题，由采集运维人员进行疑难问题登记，由县、市、省逐级进行疑难问题分析并提供解决方案，采集运维人员进行问题处理，处理成功形成知识库，处理不成功，逐级上报。

3.2.2.4　批次质量问题分析

对各类异常运维处理过程中发现的批次质量问题，即出现占同批次运行终端总数 5%以上且数量大于 50 台的终端质量问题，实现问题逐级报送、问题诊断、问题处置、问题产品召回等采集设备批次质量问题闭环管理。

3.2.2.5　升级管理

因终端本身缺陷、试点工作中终端功能调整等原因开展终端升级工作，实现对终端软件版本和升级文件的统一管理，确保升级过程和升级结果的严格管控。终端版本管理适用于手持设备版本管理。

3.2.2.6　公网信号问题处理

对各类异常运维处理过程中发现的公网通信信号问题统一进行登记，建立信号问题情况表，与通信运营商协调开展信号问题处理，并跟踪问题处理结果。

3.2.2.7　专、公变停电事件上报异常处理

计量装置在线监测系统推送的专、公变终端停电事件上报异常，包括误报、漏报、延报、频报等情况，从公网信号、终端备用电池、终端软件版本等多方面分析异常产生原因，针对不同原因进行异常处理，确保停电事件及时、准确上报。

3.2.2.8　费控业务应用异常处理

对费控业务应用中出现的各类异常情况和远程停复电命令的下发情况进行跟踪分析，实现异常工单派发，安排现场消缺。

3.2.2.9 系统异动监控管理

每日监控大范围终端掉线、停电、数据采集失败或采集主站故障等系统异动情况，分析系统异动产生原因，及时进行处理，必要时启动相应的应急预案。

3.2.2.10 运维情况分析管理

每月分析本单位运维情况，形成月报，逐级上报，同时向下通报。

3.2.3 运维知识库

为了给采集运维闭环管理的故障消缺提供更好的技术支撑，提高故障自动诊断及修复能力，提升故障处理效率，全面支撑采集运维工作的正常开展，编写采集运维知识库。知识库管理包括：知识收集与形成、知识发布、知识应用和疑难问题收集等内容。

借助现代化技术手段，梳理和构建完善的知识管理体系，建立一体化、智能化、互动化的采集运维知识库，构建国网、省公司两级的知识收集、知识形成、知识共享、知识应用为一体的知识库管理体系。在国网层面统一知识库标准，为各省公司知识共享提供支撑平台；在省公司层面收集知识信息，并为国网提供知识反馈和上报。

3.2.3.1 知识收集与形成

知识收集与形成是收集采集运维过程中发生的，具有普遍性、规律性的异常问题，及其诊断并归纳总结修复办法，通过专家组审核后，完善到采集运维知识库的典型案例库、专家诊断库和故障修复库，采集运维知识库总体架构图如图 3-2 所示。

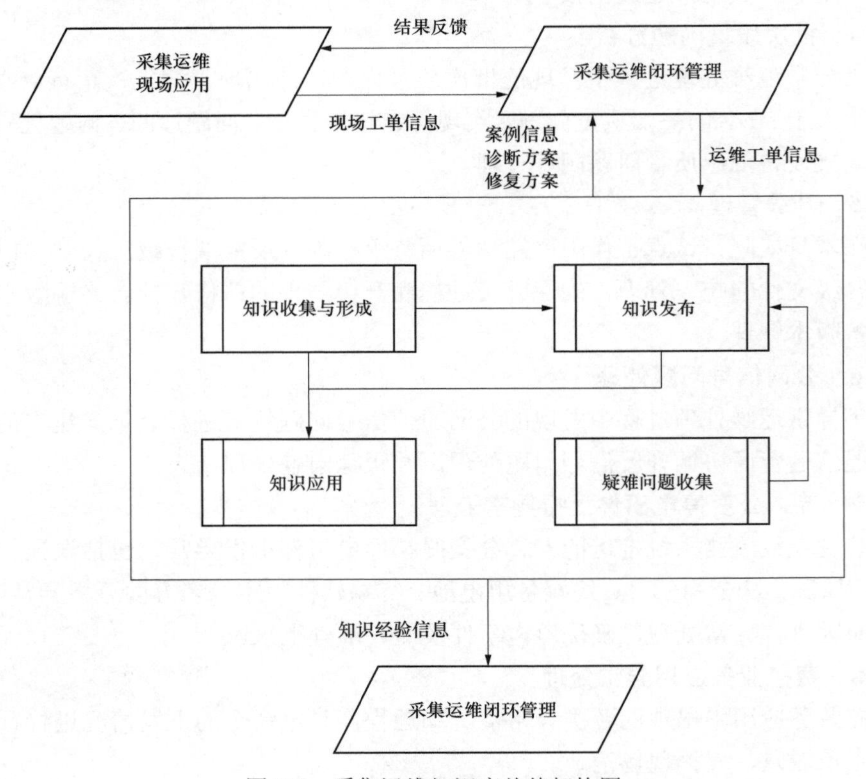

图 3-2 采集运维知识库总体架构图

知识收集的来源有以下两种方式：

（1）对已经形成知识的信息，可通过知识库模板直接添加到知识库中。

（2）对已经有解决方案的疑难问题，在地市（县）公司和省公司的疑难问题处理流程中均可发起知识收集。

国网公司知识库将各省（市）公司形成的知识按照规则进行抽取，并通过专家组审核后，形成典型案例库、专家诊断库和故障修复库。具体职责如下：

国网计量中心负责制定国网公司抽取各省（市）公司知识库数据的规则和内容，并执行统一数据抽取工作。

省（市）计量中心技术人员、地市（县）采集技术人员负责根据采集运维工作实际情况，将具有普遍性、规律性的异常问题，及其诊断和修复办法提交知识形成流程。

3.2.3.2　知识发布

知识的发布由国网计量中心统一发布，向各省（市）公司进行自动推送。国网计量中心负责管理知识库发布的全过程，包括抽取知识内容、知识库正式发布等。国网公司发布知识库后，省（市）计量中心技术人员进行确认，并对本省（市）公司知识库进行更新。

3.2.3.3　知识应用

知识应用是指在采集运维的远程异常诊断处理、远程分析处理（人工）、现场故障处理等各环节中调用知识库中的典型案例库、专家诊断库和故障修复库，以实现对各环节的应用支撑和对地市（县）采集运维人员的技术指导，运维工单完成前，将运维的故障异常、诊断方案、修复方案等信息推送给知识库，进行运维经验积累。地市（县）采集运维人员在进行现场故障处理时，利用知识库提供诊断方法及修复方法，对故障进行处理。

3.2.3.4　疑难问题收集

各省公司遇到无法解决的疑难问题，向国网计量中心上报，由国网计量中心组织专家进行诊断解决，给出解决方案，并形成知识，加入到知识库中。国网计量中心负责接收各省（市）公司上报的未解决的疑难问题，召集国网专家组制定相关诊断方案和修复方案。省（市）计量中心技术人员负责收集本省（市）公司及各地市（县）公司上报的未解决的疑难问题，登记并上报到国网计量中心。

3.2.4　现场应用管理

3.2.4.1　现场采集异常工单

现场作业人员通过手持终端接收采集异常工单，实现采集异常故障地点的自动定位、故障设备的检测、远程验证、结果记录并完成工单的上传，可采用纸质工单接收。

3.2.4.2　巡视工单管理

巡视人员接收巡视工单，携带手持设备进行现场巡视，在现场通过手持设备实现巡视地点的自动定位、巡视工作自动记录、巡视结果自动上传。对于发现的异常情况，发起对应的维护流程，可采用纸质工单接收。

3.2.4.3　手持终端管理

手持终端全过程管理，包括终端建档、发放、领用、返还、丢失、报废、统计、手持终端档案查询。

3.2.4.4 智能卡管理

智能卡全过程管理，包括智能卡建档、发放、返还、丢失、报废、统计管理。

3.2.4.5 备品备件管理

本业务是对采集运维涉及的备品备件入库、领用、退回、统计管理。

3.2.4.6 GIS 地图监控

GIS 地图监控，包括位置信息监控、异常工单监控、作业人员监控和异常情况监控。

3.2.4.7 现场作业管理

现场作业管理，包括现场补抄、现场停复电、现场充值管理、现场校时、现场电价调整、采集设备档案异常消缺管理、采集终端秘钥下装和电能表密钥下装模块。

3.2.5 考核指标

3.2.5.1 采集覆盖率

采集覆盖率指标主要是考核及评价采集建设情况，包括：全口径用户智能电能表应用率、直供直管用户智能电能表应用率、全口径用户用电信息采集覆盖率、直供直管用户用电信息采集覆盖率、全口径低压用户用电信息采集覆盖率、直供直管低压用户用电信息采集覆盖率、全口径专变用户用电信息采集覆盖率、直供直管专变用户用电信息采集覆盖率、全口径公变用户用电信息采集覆盖率、直供直管公变用户用电信息采集覆盖率、分布式电源用户用电信息采集覆盖率、城市、农村应采数与整体应采数比对情况、采集接入电能表与应采电能表数比对情况等。

3.2.5.2 采集成功率

采集成功率指标包括：自动抄表率、低压用户一次采集成功率、低压用户日采集成功率、全口径低压用户日采集成功率、直供直管低压用户日采集成功率、专变用户一次采集成功率、专变用户日采集成功率、全口径专变用户日采集成功率、直供直管专变用户日采集成功率、全口径公变用户日采集成功率、直供直管公变用户日采集成功率、分布式电源用户采集成功率、城市用户采集成功率、农村用户采集成功率。

3.2.5.3 采集数据质量

采集数据质量指标包括：数据采集完整性。

3.2.5.4 采集运行质量

采集运行质量指标包括：电能表时钟偏差发现数量、终端当前在线率、终端时钟偏差发现数量、终端时钟对时成功率。

3.2.5.5 采集运维情况

采集运维情况指标包括：采集缺陷平均消缺时长、疑难问题月处理率、远程手动处理及时率、工单运维情况、历史工单运维情况、账号平均登录时长、工单平均消缺时长、白名单占比统计、计量异常工单生成准确率、现场作业终端应用情况、知识库应用情况、远程处理成功率、异常设备率、计量异常工单派发率、计量异常工单现场处理反馈率、计量异常工单用检反馈率、计量异常处理率。远程自动处理成功率、远程手动处理成功率、远程自动处理及时率、采集异常工单派发率、采集异常工单反馈率、采集故障处理率、巡视计划完成率、设备厂商评价、程序问题终端占比、终端远程升级成功率、终端本地升级成功率、公网信号问题处理率、停电事件上报异常处理率、停电命令下发失败异常处理率、复电命令下发失败异常处理率。

3.2.5.6 采集系统应用

采集系统应用指标包括：远程费控正确率、电价参数下发成功率、低压用户费控功能实现率、低压用户费控功能应用率、专变用户费控功能实现率、专变用户费控功能应用率、四表合一采集接入情况。

3.3 采集运维闭环管理与各业务系统集成

采集运维模块的应用集成设计遵循公司总体规划和技术路线，主要涉及：与用电信息采集主站的集成、与营销业务应用的集成、与国网总部业务的集成。

根据信息集成的不同要求，采用以下不同的技术方式来实现系统之间的信息集成：

（1）实时数据信息的集成。此类数据交互实时性要求很高，且采用数据库视图（View）方式，使用方建立数据库视图，通过访问提供方数据的方式，使用方实现实时访问所需数据。

（2）非实时类数据信息的集成。此类数据交互实时性一般要求不高，一般采用建立工单表的方式，将交互数据采用异步非实时的方式转存至工单表，通过一定的间隔时间进行整表或差异数据的同步更新。

3.3.1 与用电信息采集主站的集成

为保证省采集运维模块和采集主站交互业务信息数据的一致性和及时性，参考省级计量生产调度平台和全寿命周期管理集成方式，在数据集成方面，省采集运维模块与采集系统共用一个数据库或采用 OGG 方式实时的同步采集数据库的数据，实现数据的全面共享；在应用集成方面，采用调用采集主站服务方式进行集成。

3.3.1.1 数据集成

采集运维模块需要实时的查询采集系统的数据，对采集异常数据的抽取，数据分析，诊断异常原因，发起维护工单。查询采集主站的数据主要包括：组织域、电网域、用户档案、采集档案、测量点档案、抄表结果（冻结、当前、曲线）、事件记录、异常数据及停复电工单等信息。采集运维模块与采集系统共用采集主站，通过共用数据库方式集成，集成方式如下：采集运维模块直接查询采集主站的生产库（查询库）的数据，监测异常数据，分析异常原因，发起维护流程。

3.3.1.2 服务集成

采用 Web Service 或 Web Service+中间表的方式，与采集主站进行服务集成，如图 3-3 所示。

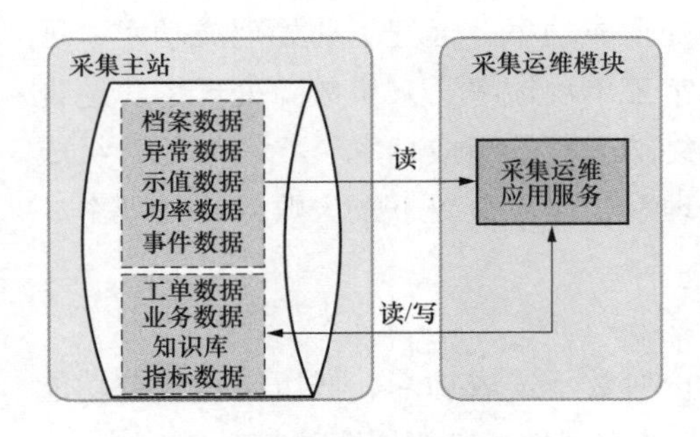

图 3-3　采集运维闭环管理模块与采集主站的集成

3.3.2　与营销业务应用系统进行数据集成

系统通过 Web Service 方式，与营销业务应用系统进行集成，营销需提供的服务有：档案查询、档案维护、终端更换、电能表更换、用电检查、营销工单进度跟踪等；采集需提供的服务有：采集异常运维、现场巡视、营销工单结束通知。

3.3.2.1　档案查询接口

采集异常或计量异常远程分析诊断时，通过接口查询营销业务应用系统中对应的档案，用于和采集档案进行比对，对于采集系统中缺失的采集器、集中器和电能表之间的关系数据，更新采集系统对应的档案。查询的档案包括：采集终端（集中器、专变终端等）、采集器、电能表及其之间的档案关系。查询接口采用 Web Service 接口实现，接口交互如图 3-4 所示。

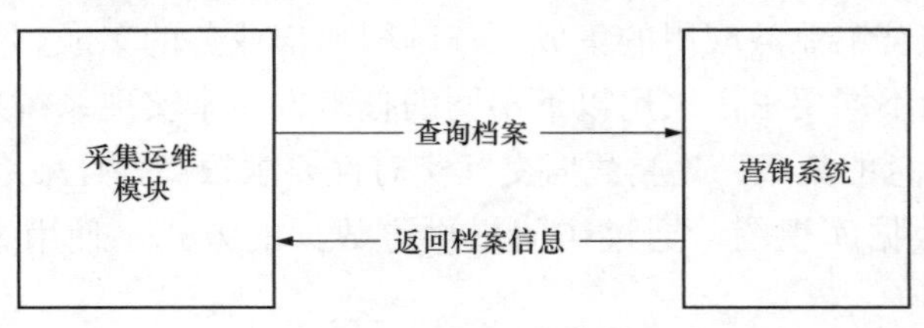

图 3-4　档案查询接口交互

3.3.2.2　终端更换接口

采集运维过程中，发现终端故障时，发起营销业务应用系统的终端更换流程，接口采用 Web Service 接口实现，接口交互如图 3-5 所示。

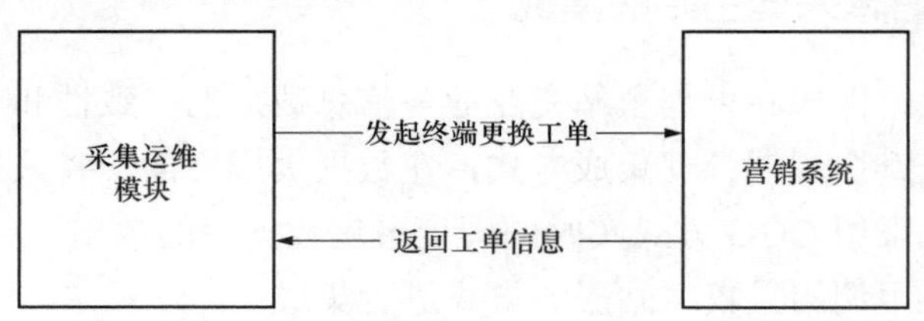

图 3-5　终端更换接口交互

3.3.2.3　电能表更换接口

采集运维过程中，发现电能表故障时，发起营销业务应用系统的电能表更换流程，接口采用 Web Service 接口实现，接口交互如图 3-6 所示。

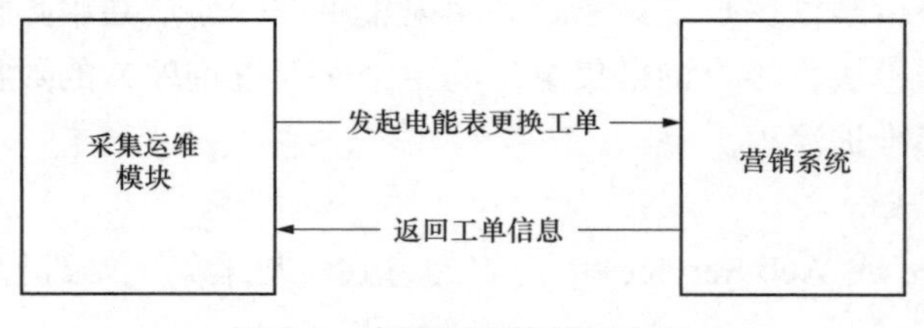

图 3-6　电能表更换接口交互

3.3.2.4　用电检查接口

采集运维人员在现场运维中，发现有窃电嫌疑或档案与现场不一致的，通知用电检查人员进行现场检查。接口采用 Web Service 接口实现，接口交互如图 3-7 所示。

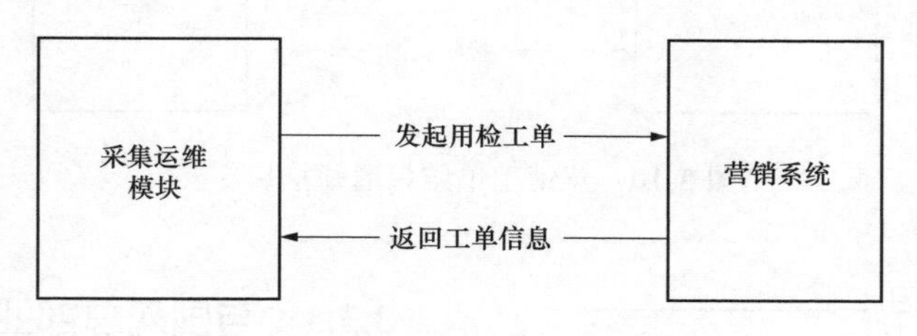

图 3-7　用电检查接口交互

3.3.2.5　营销工单进度跟踪接口

采集运维模块将工单编号发送到营销业务应用系统，营销业务应用系统查询当前工单的状态、所处环节，将信息返回采集运维模块；采集运维模块记录当前工单进度。接口采用 Web Service 接口实现，接口交互如图 3-8 所示。

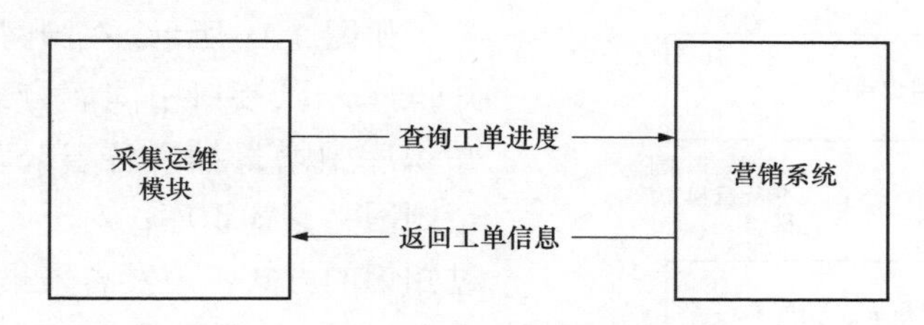

图 3-8　营销工单进度跟踪接口交互

3.3.2.6　采集异常运维接口

在营销业务应用系统中用电检查、周期性核抄、现场校验等业务进行现场巡视发现的设备异常，发起采集运维模块的采集异常运维流程。接口采用 Web Service 接口实现，接口交互如图 3-9 所示。

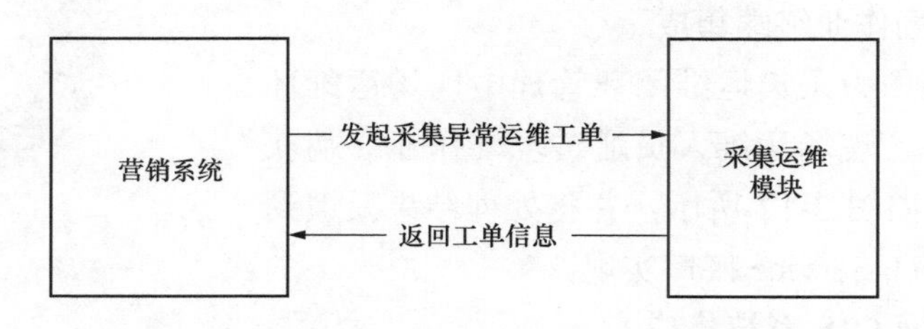

图 3-9　采集异常运维接口交互

3.3.2.7　营销工单结束通知接口

营销业务应用系统工单处理完成后，反馈处理结果到采集运维模块；采集运维模块记录当前工单进度，用于流程的闭环管理。接口采用 Web Service 接口实现，接口交互如图 3-10 所示。

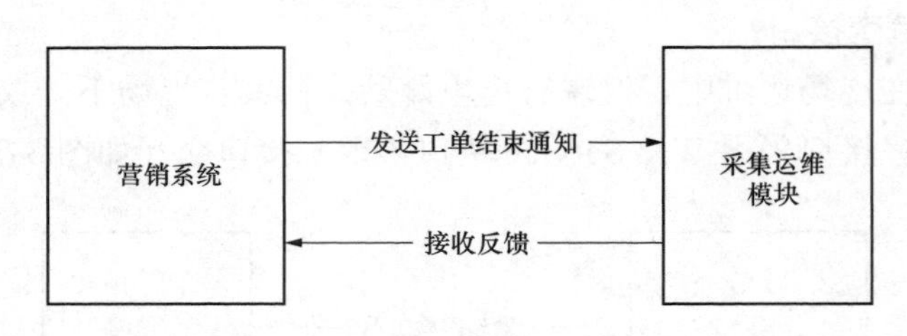

图 3-10　营销工单结束通知接口交互

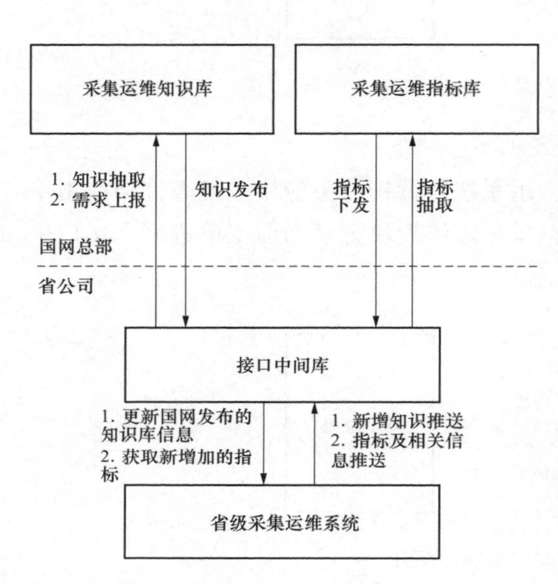

图 3-11　采集运维闭环管理与国网总部业务集成

3.3.3　与国网总部业务集成

省级采集运维模块为国网总部提供数据支撑，以满足国网总部对各省采集运维业务的业务管控和数据分析的需求。与国网总部的数据集成分为以下两个方面：

3.3.3.1　国网采集运维知识库

如图 3-11 所示，在国网总部建立采集运维知识库，以接口中间库方式，从省采集运维知识库中增量抽取各省公司知识库信息形成全国网共享知识库；对于收集的新的知识，通过知识的方式，下发省采集实现知识的共享。

3.3.3.2　国网采集运维指标库

在国网总部建立国网采集运维指标库，通过接口中间库从省级采集运维指标库抽取采集运行、采集维护、考核评价等指标及相关数据。国网总部可以根据管控需求，通过接口中间库新增加指标下发各网省进行指标统计。

3.3.3.3　与现场作业终端集成

现场作业终端作为采集运维闭环管理中现场运维环节的主要支撑设备，现场运维人员通过现场作业终端获取现场作业工单，如图 3-12 所示，并将处理结果反馈到系统；接口采用 Web Service 接口实现。

图 3-12　现场作业终端主界面

3.3.3.4　与国网 GIS 系统集成

采集运维模块通过集成 GIS 功能，根据设备的定位信息等监控工单分布情况，并辅助进行派工、人员监控等功能。采集运维模块通过数据集成、应用集成的方式，集成营销 GIS 数据。

3.4　采集运维闭环管理应用

本节将以采集运维闭环管理现场出现的异常为目标，详细介绍异常处理的流程，主要包括主站远程分析处理、派工、现场处理、消缺验证与工单提交以及系统归档。

采集运维闭环管理异常工单包括采集异常和计量异常，其中采集异常现象包括终端与主站无通信、集中器下电能表全无数据、采集器下电能表全无数据、电能表持续多天无数据，计量异常现象包括电能表示值不平、电能表飞走、电能表倒走、电压断相、电流失流、错接线等。针对不同的故障现象采用不同的处理方法，见表 3-3。

表 3-3　　常见异常现象及处理方法

<table>
<tr><th>异常类型</th><th>异常现象</th><th>故障类型</th><th>处理方法</th></tr>
<tr><td rowspan="19">采集异常</td><td rowspan="5">终端与主站无通信</td><td>采集终端不上电</td><td rowspan="5">派工直接现场处理</td></tr>
<tr><td>终端死机</td></tr>
<tr><td>终端逻辑地址错误</td></tr>
<tr><td>通信参数错误</td></tr>
<tr><td>通信模块故障</td></tr>
<tr><td rowspan="4">集中器下电能表全无数据</td><td>终端时钟错误</td><td rowspan="3">远程分析处理、修复</td></tr>
<tr><td>终端抄表参数错误</td></tr>
<tr><td>电能表时钟异常</td></tr>
<tr><td>载波模块异常（路由）</td><td>排除以上异常后，进行路由更换</td></tr>
<tr><td rowspan="10">电能表持续多天无数据</td><td>终端抄表参数错误</td><td rowspan="2">远程分析处理、修复</td></tr>
<tr><td>电能表时钟异常</td></tr>
<tr><td>电能表死机</td><td>外观识别</td></tr>
<tr><td>电能表不上电</td><td>外观识别</td></tr>
<tr><td>载波模块故障（电能表端）</td><td rowspan="2">采用采集故障识别模块进行处理</td></tr>
<tr><td>载波通信端口故障</td></tr>
<tr><td>RS485 线接线错误</td><td rowspan="3">万用表测量</td></tr>
<tr><td>RS485 线损坏</td></tr>
<tr><td>RS485 线短路</td></tr>
<tr><td>RS485 端口故障</td><td>外设测试</td></tr>
<tr><td rowspan="4">计量异常</td><td>电能表飞走</td><td>电能表飞走</td><td rowspan="4">采用远程分析处理和计量故障识别模块共同分析处理</td></tr>
<tr><td>电能表停走</td><td>电能表停走</td></tr>
<tr><td>电能表倒走</td><td>电能表倒走</td></tr>
<tr><td>电能表示值不平</td><td>电能表示值不平</td></tr>
</table>

续表

异常类型	异常现象	故 障 类 型	处 理 方 法
计量异常	其他错接线	电压错相序	采用计量故障识别模块进行处理
	其他错接线	电流错相序	
	其他错接线	A/B/C 相电流极性反	
	电压断相	电压断相	
	电流失流	电流失流	

为方便基层员工掌握异常处理流程，提升异常处理效率，以下列出采集运维闭环管理异常工单的处理流程，如图 3-13 所示。

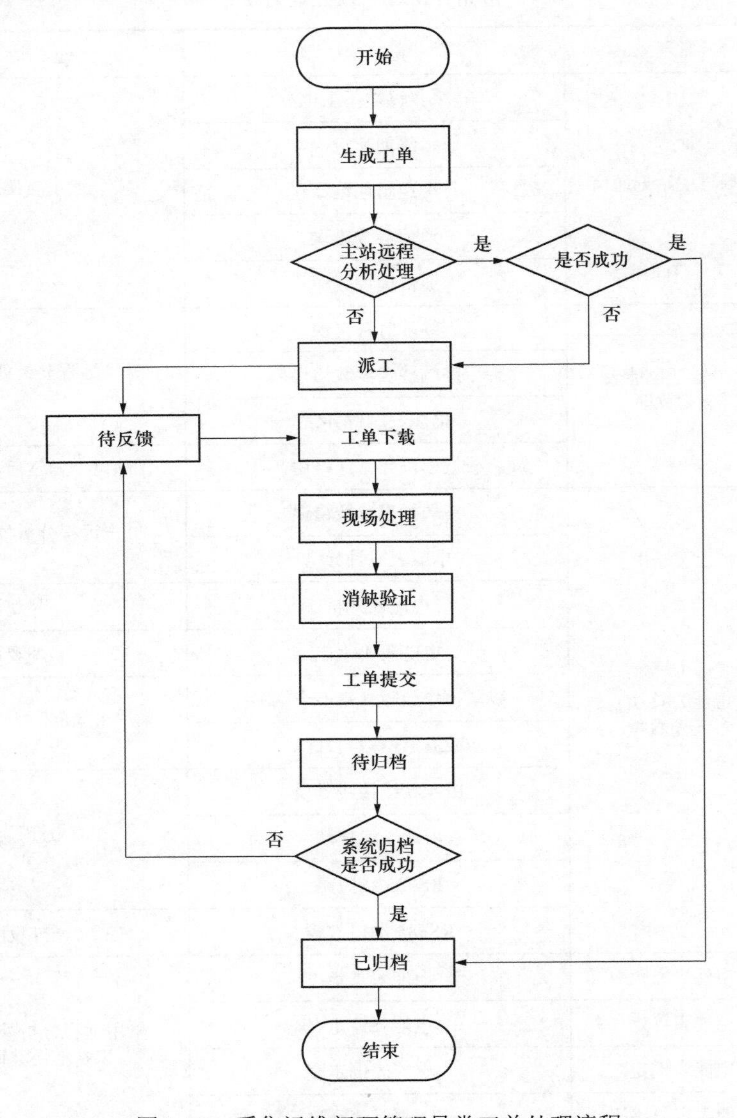

图 3-13　采集运维闭环管理异常工单处理流程

3.4.1　主站远程分析处理

根据用电信息采集故障现象甄别和处置原则，发现故障时，优先从主站侧分析查找原因，提升主站排除故障能力，降低现场工作难度和工作量。因此在遇到故障时，优先远程进行处理，既提高处理效率，降低工作难度和工作量，也节约了处理时间。登录采集运维闭环管理系统后（见图 3-14），在采集异常运维工单中，点击远程处理，进行远程诊断（见图 3-15），分别召测终端电能表或交流采样参数是否错误、终端任务是否错误、终端时钟是否错误以及电能表时钟是否异常，并根据诊断结果进行修复，修复成功后再进行诊断，系统判断该工单已处理成功并自动归档。

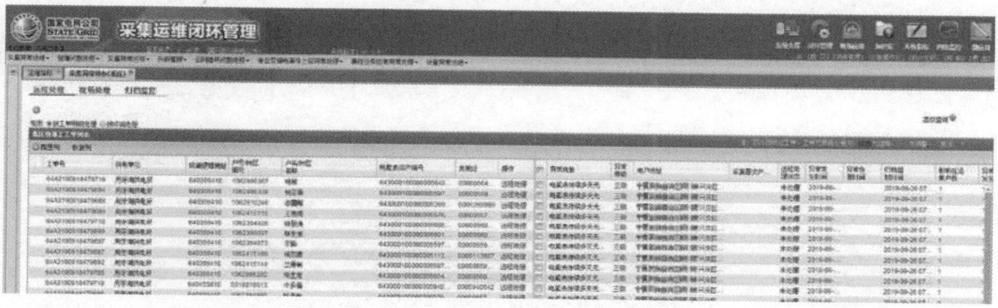

图 3-14　远程处理工单

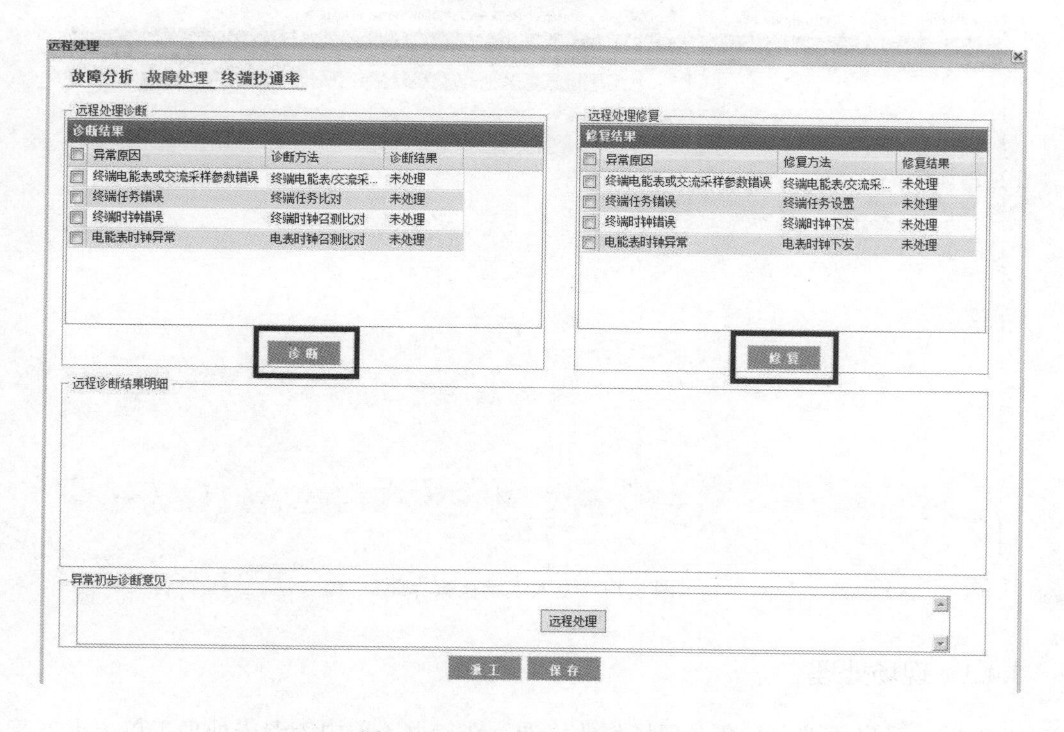

图 3-15　远程诊断以及修复工单

3.4.2　派工

远程召测时，发现终端电能表或交流采样参数、终端任务、终端时钟以及电能表时钟均正常，或者有些异常不需要远程处理时，必须派工进行现场处理，如图 3-16 所示，派工时选择相应工单并将其派工至指定人员如图 3-17 所示。

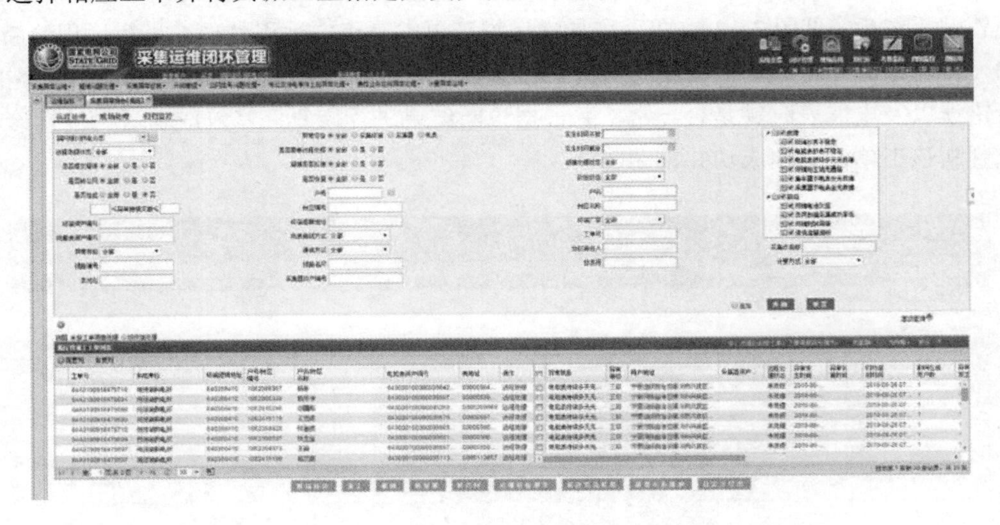

图 3-16　派工界面

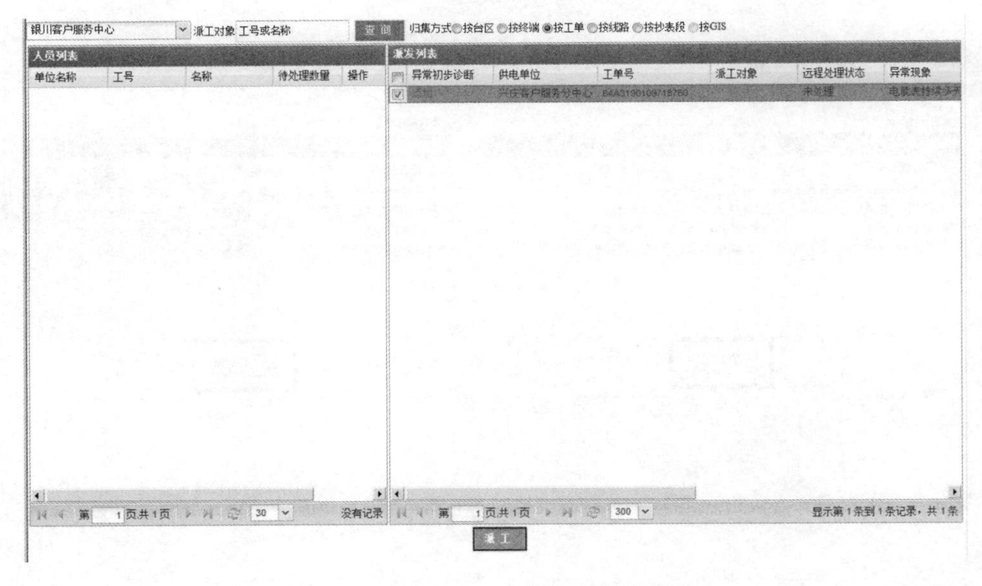

图 3-17　专人现场核查界面

3.4.3　现场处理

派工后，采集运维人员登录现场作业终端，在待办工单中查看未处理工单，点击某条工单查询工单详情。待办工单及其详情如图 3-18 所示。

采集运维人员根据工单详情到达指定的设备前，做好安全措施后开始核查。核查的内容包括直观检查（电能表是否丢失、损坏、掉电，电能表模块是否丢失、损坏、掉电，RS485 线接线是否错误等）、电能表时钟参数校验以及外设排查（SIM 卡故障检测、集中器整机检测、采集器整机检测、电能表整机检测以及模块检测等），当检查出异常原因后进行修复。核查内容如图 3-19 所示。

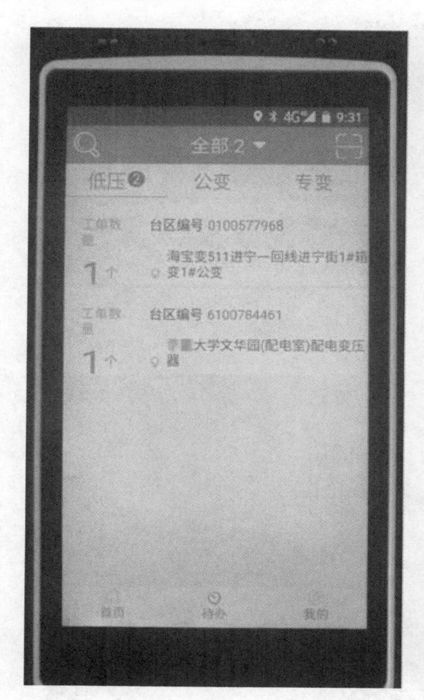

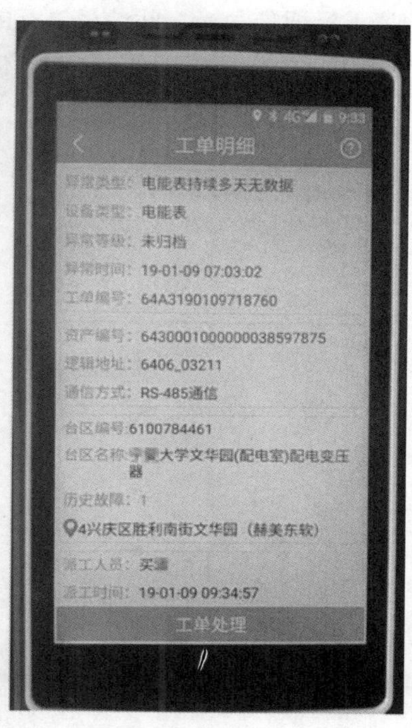

图 3-18　待办工单及其详情

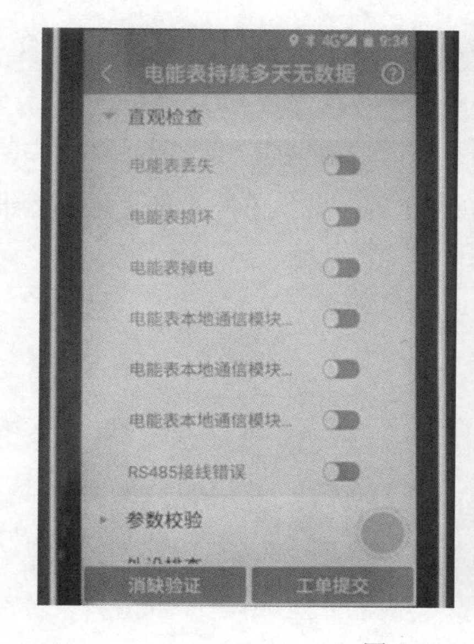

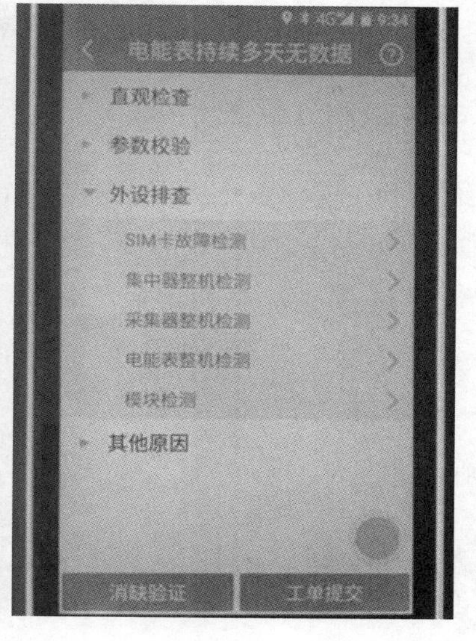

图 3-19　核查内容

3.4.4 消缺验证与工单提交

异常原因修复后，在现场作业终端中选择相应原因，并辅助以对应的照片或内容进行消缺验证和提交，如图 3-20 所示。

（1）设备死机、不上电、通信模块、RS485 线路等故障修复后须拍照。

（2）集中器上行通信故障、载波模块、RS485 线、参数类故障须消缺验证。

（3）通信端口、电能表不上电、飞走、停走、倒走、示值不平、失流、断相等表计和终端故障须“转设备更换”。

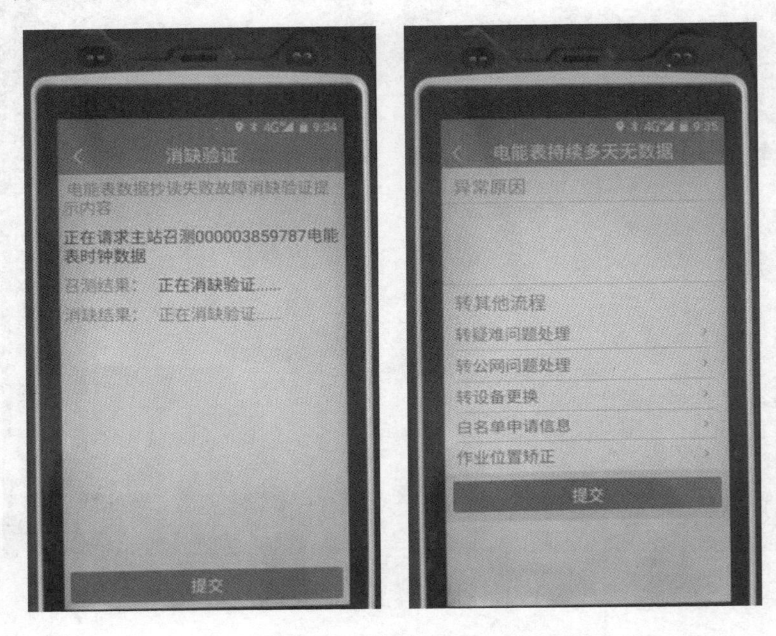

图 3-20　消缺验证和提交

3.4.5 系统归档

采集运维人员在现场作业终端中进行工单提交后，采集监控人员至采集运维闭环管理系统进行工单归档，并按照提交的内容进行相应处理。

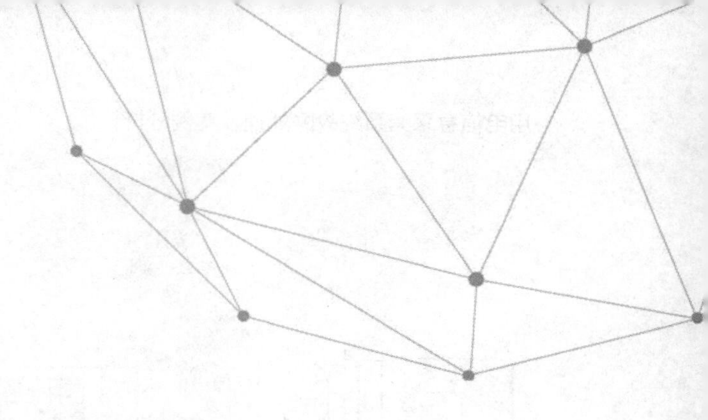

移动作业终端运维

4.1 概　　述

4.1.1 总体构架

电力营销现场移动作业终端是一种适用于电力营销相关人员现场作业的模组化便携式设备，简称现场作业终端。现场作业终端应用通过安全接入平台及内网移动应用平台通道，接收移动服务应用推送的作业任务，开展现场作业。将作业执行情况反馈到营销业务应用系统，并在作业执行过程中，实现对现场作业情况的实时监控，营销移动作业终端总体构架图如图 4-1 所示。

4.1.2 业务构架

营销移动作业终端应用功能图如图 4-2 所示，主要包括移动终端应用、平台支撑两大部分。

营销移动作业终端应用是营销移动作业数据展现及作业应用的承载平台，包括现场业扩、抄表催费、用电检查、公共功能。

平台支撑是给予监控、接口服务、消息推送、统计分析及终端管理、数据同步、应用设置及应用管理的后端支撑。包括后台服务支撑和终端服务支撑。移动终端应用、平台支撑能够实现各业务系统的集成与通信，为营销移动作业前端应用提供系统支撑。

4.1.3 安全构架

营销移动作业应用通过安全接入平台接入，并通过防火墙进行安全隔离，信息内网配置数据库服务器、应用服务器，安全构架图如图 4-3 所示。

营销移动作业终端主要采用安全 TF 卡软件、安全专控软件、加密芯片、安全接入插件等方式对终端安全进行加固，确保终端安全接入信息内网。

营销移动作业终端要通过无线 VPN（无线接入专网）与内网营销系统建立加密通信联系。

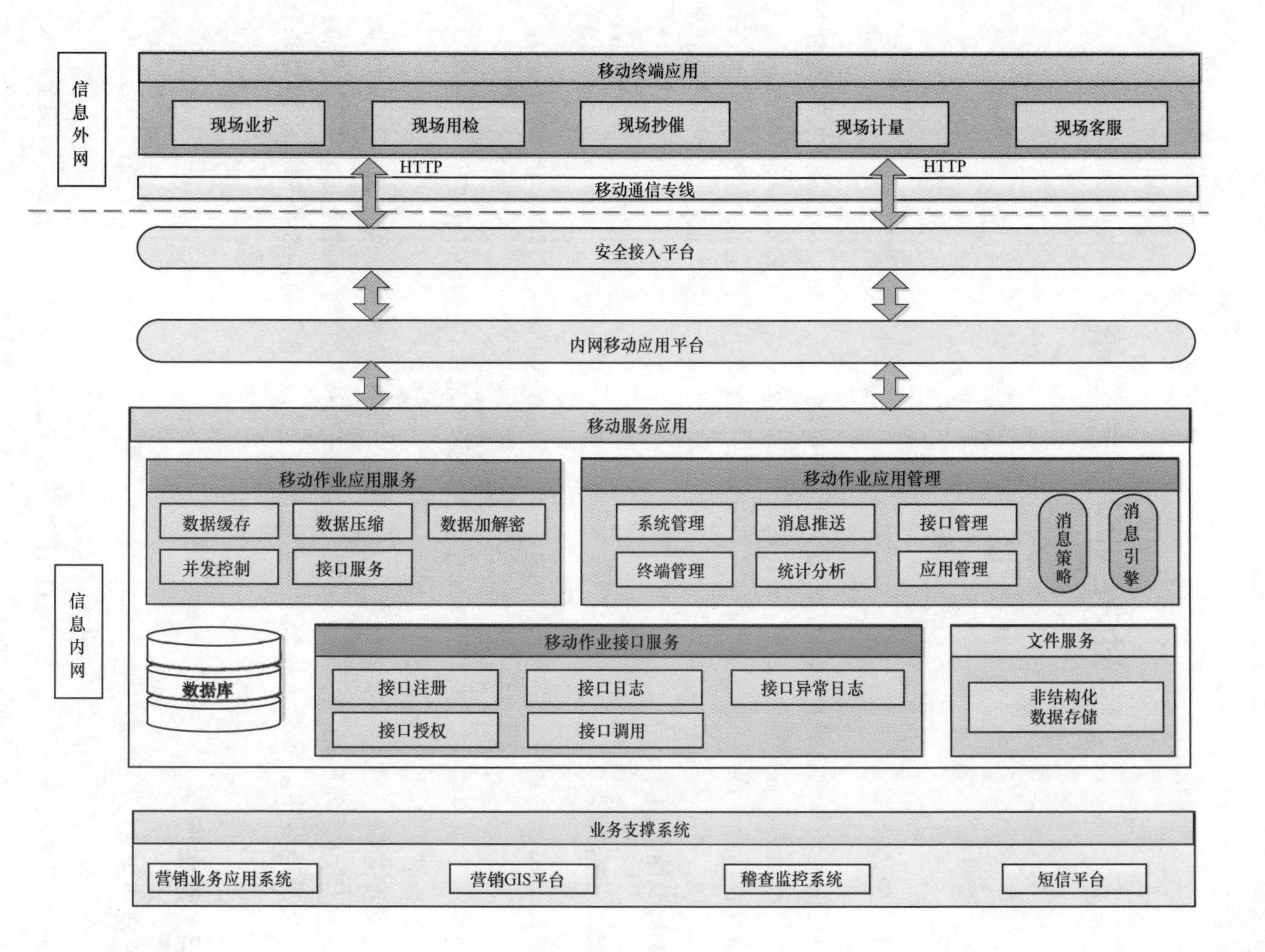

图 4-1 营销移动作业终端总体构架图

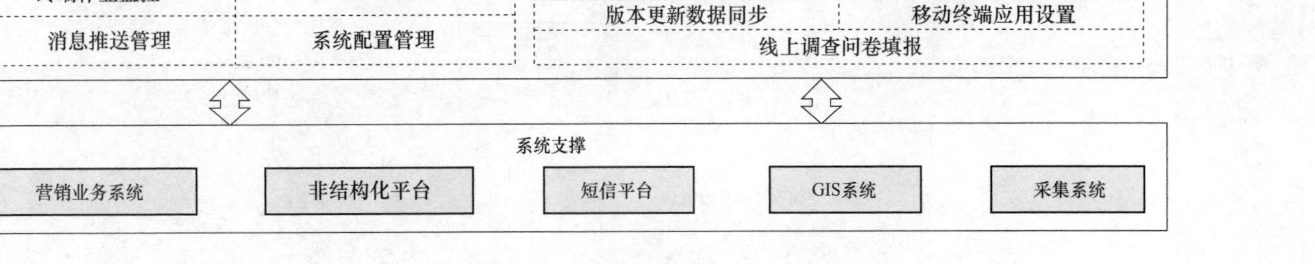

图 4-2　营销移动作业终端应用功能

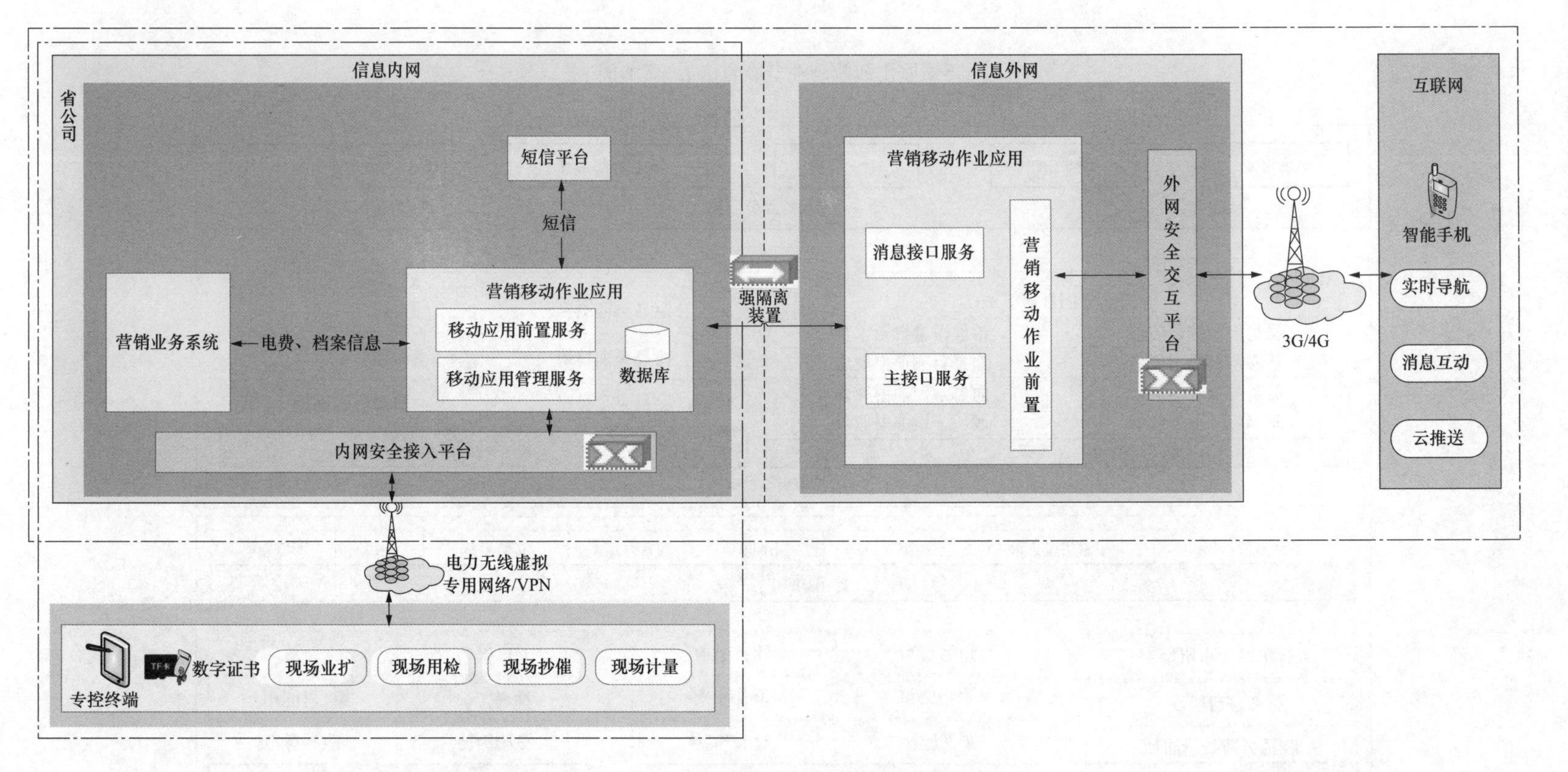

图 4-3 营销移动作业终端安全构架图

4.2 计量作业终端

计量作业终端通常称掌机、手持终端、抄表机等。计量作业终端是一种移动的数据采集掌上设备，可以对电能表、采集终端等电力设备进行操作，如图 4-4 所示。

图 4-4 计量作业终端

1986 年我国基层电力营销管理部门开始试用抄表机，解决因用户数量迅速增长及电价日益复杂引起的抄表、计算机管理人员等不足的矛盾，并且在其他领域的应用也逐渐进行尝试。

4.2.1 功能使用

（1）登录管理：计量作业终端开机后直接进入登录界面，登录时需验证密码。如果密码验证错误次数大于 6 次，计量作业终端锁定，解锁成功后才能继续登录。

（2）工单管理：支持多种操作方式从闭环管理模块下载工单数据；支持通过默认查询条件、自定义查询条件、条码扫描结果筛选工单；支持对已下载工单进行分类，并显示分类概要信息，支持查看工单明细；支持将工单处理结果及照片信息上传到闭环管理模块；支持在线抢单与在线答疑；支持将不同操作员工单执行情况进行排名并展示。

（3）现场补抄：抄读电能表内的电能量数据、需量数据以及其他所有变量和参变量数据。

（4）现场停复电：电能表的拉闸、合闸、报警、报警解除、保电等停复电操作。

（5）参数设置及校验：支持设置电能表、采集终端、农排费控终端、回路状态巡检仪等现场设备参数。

（6）密钥下装：支持更新电能表、采集终端、农排费控终端、回路状态巡检仪等现场设备内的证书和密钥。

（7）电价调整：能够正确修改电能表内电价信息。

（8）时钟设置：能够对电能表、采集终端、农排费控终端、回路状态巡检仪进行本地校时。

（9）定位及导航：支持地图数据与导航算法升级；可显示工单位置和概要信息，支持路径规划和导航；工单处理时，能快速切换到地图界面；开机状态下可以定时记录现场作业人员位置。

（10）软件升级：支持操作系统软件和应用软件的升级；具有版本管理功能，可自动检查软件是否需要更新。

（11）现场充值：在现场巡视过程中，能够记录现场环境及设备运行情况，能够根据现场巡视结果确定是否发起更换设备流程或违约窃电流程。

（12）计量装拆换：能够提示电能表、采集终端、农排费控终端、回路状态巡检仪以及互感器现场装拆步骤，按步骤采录装拆信息，采用电子封印时应将施封、拆封、换封数据写入电子封印。

（13）档案核查：能够核查现场设备相关信息与管理系统内档案信息是否一致，能够记录错误信息并反馈管理系统。

（14）消缺验证：支持通知用电信息采集系统主站进行远程召测，根据召测结果判断现场故障消缺是否完成。

4.2.2 计量终端任务来源

4.2.2.1 群组管理

如果同时有超过 10 只电能表，需要创建同一模板类型的任务，可以通过如下步骤实现：

（1）从主站资料区下载“真实电能表群组模板.xlsx”文件，并按照指定格式录入电能表信息。

（2）通过“群组管理”，将修改后的“真实电能表群组模板”文件上传到主站，如图 4-5 所示。

（3）在“任务管理”页面，针对该模板创建指定类型的任务。

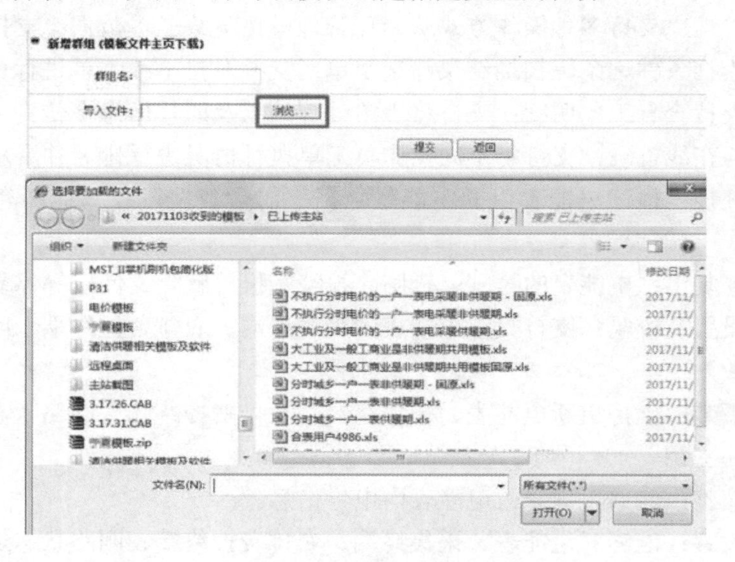

图 4-5　新增群组模板界面

4.2.2.2 创建任务

进入“任务管理--->本地任务管理--->点击增加”，如图 4-6 所示。

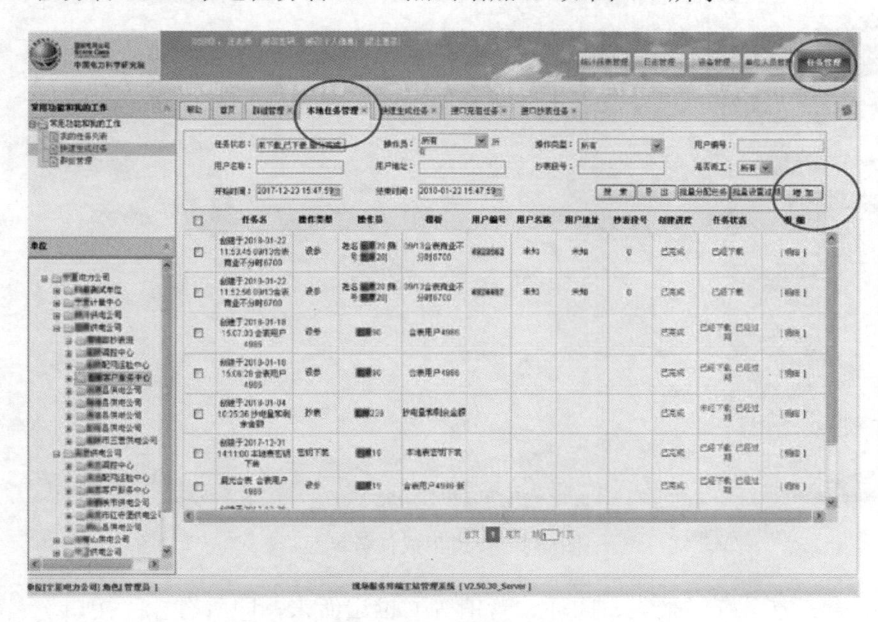

图 4-6 创建本地任务管理界面

选取模板、执行操作员、群组后提交模板，详细信息可以在选择时先查看，如图 4-7 所示。

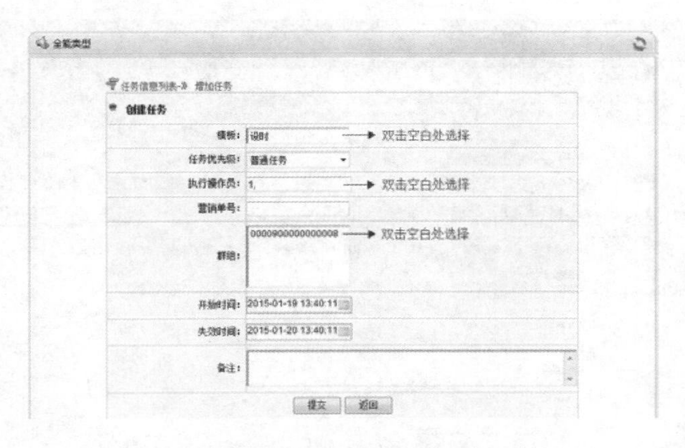

图 4-7 创建任务界面

4.2.2.3 快速生成任务

快速生成任务：进入“任务管理--->快速生成任务”，输入电能表信息、选取模板、执行操作员、群组后提交，可点击“新增”增加电能表如图 4-8 所示。

4.2.2.4 抄表任务

抄表任务来源途径：

（1）通过掌机系统创建。

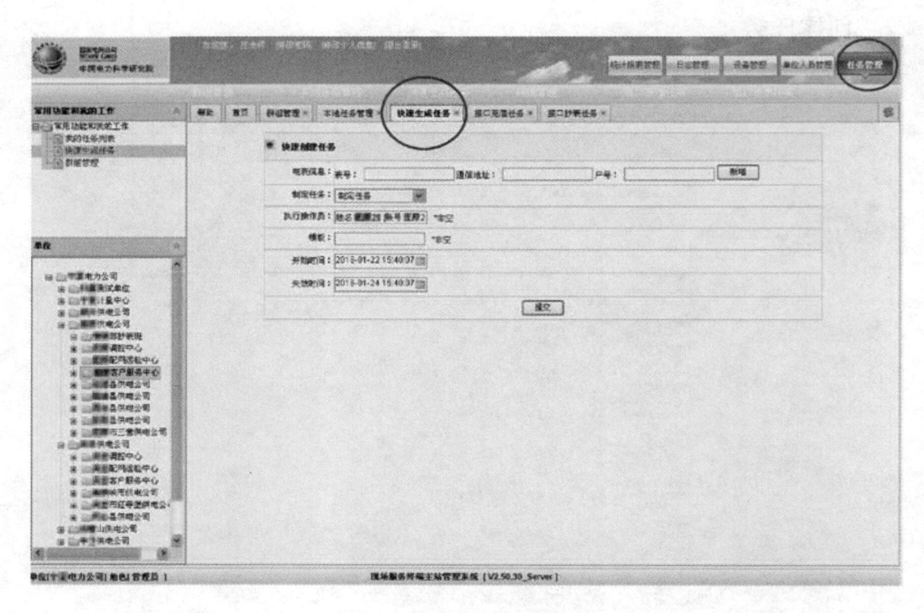

图 4-8 快速生成任务界面

（2）由第三方系统（采集、闭环、营销等）推送而来，即所有含“接口”名称的任务如图 4-9 所示。

1）点击操作员一列中的“未指定”；

2）双击选定操作员，任务分配完毕。

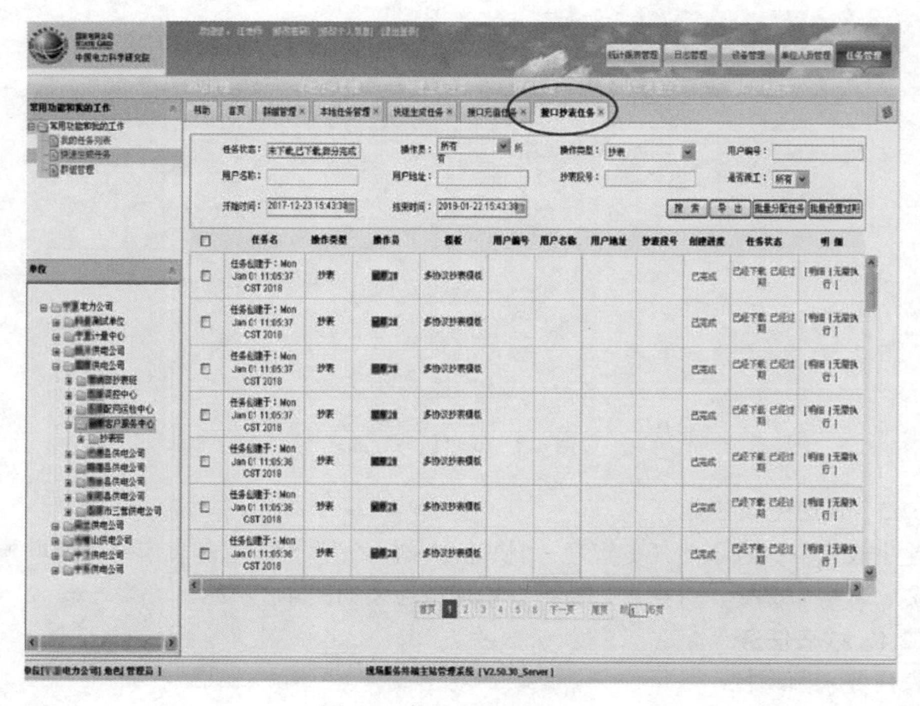

图 4-9 接口抄表任务界面

4.2.3 Ⅱ代计量作业终端操作流程

4.2.3.1 下载任务

将现场服务终端（掌机）连接电脑，然后打开“现场服务终端前置程序”显示出如图4-10、图4-11所示。

图4-10 现场服务终端图标

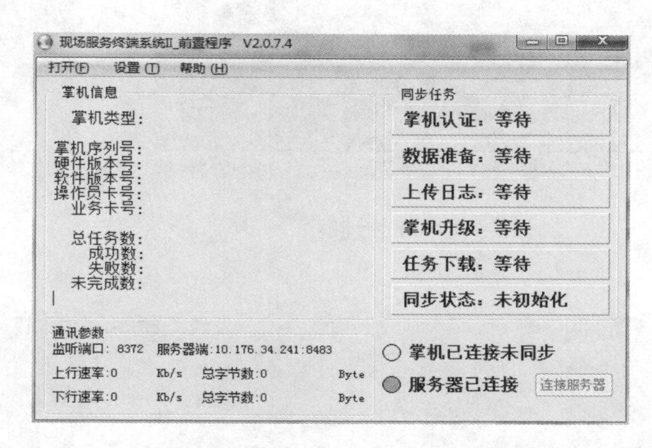

图4-11 现场服务终端桌面登录后界面

4.2.3.2 终端启动

将操作员卡及业务卡放入对应插槽内（左侧为业务卡，右侧为操作员卡），安装好电池，按终端电源键，打开终端，待终端启动后其登录界面如图4-12所示。

终端进入登录界面后，终端会自动识别终端用户，只需输入密码即可进入终端系统，界面如图4-13所示。

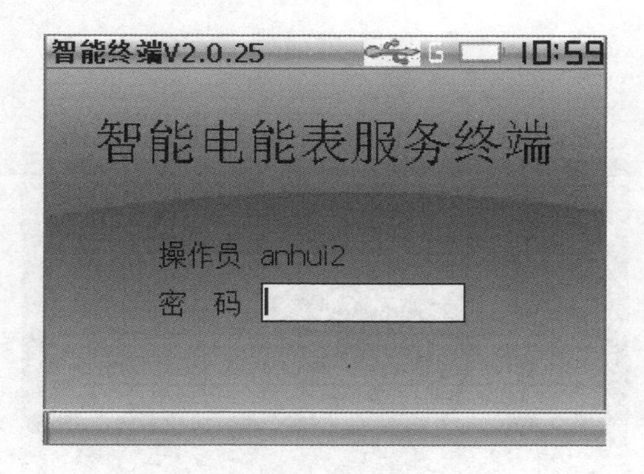

图4-12 现场服务终端待启动界面

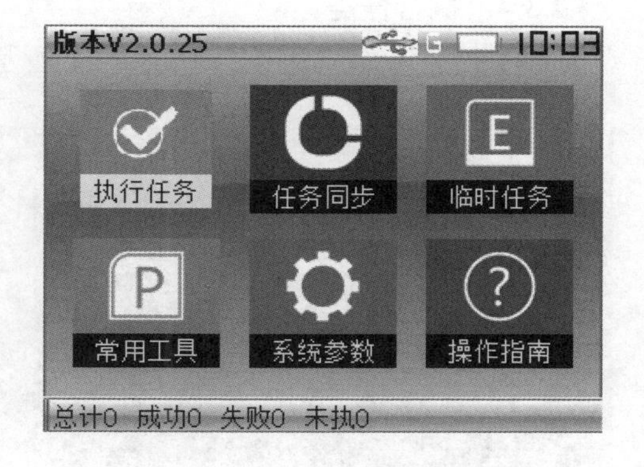

图4-13 现场服务终端系统界面

4.2.3.3 任务同步

（1）数据线连接内网电脑同步。任务同步过程如图4-14～图4-16所示。

（2）GPRS无线网络同步。GPRS同步任务时，需要设置相应参数信息，先插入GPRS SIM卡，再进入系统参数—GPRS参数设置，方向键右键选择列表：GPRS。填入对应网省公司的APN、IP地址、端口号。参数设置界面如图4-17所示，任务同步流程同数据线同步流程相同。

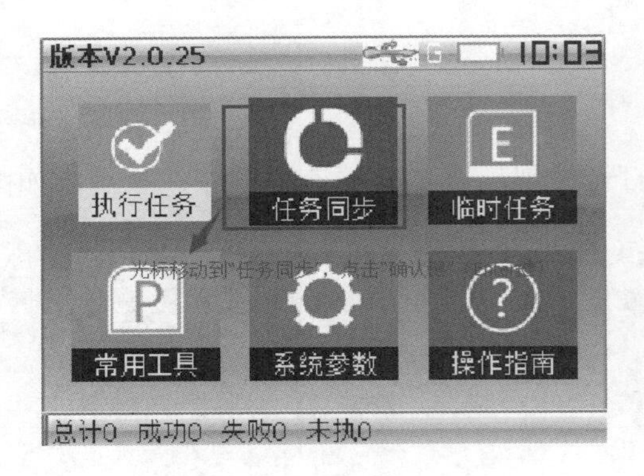

图 4-14　任务同步

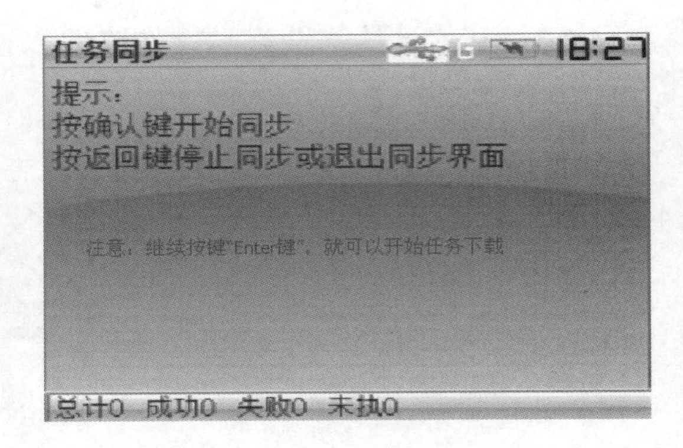

图 4-15　确认下载任务界面

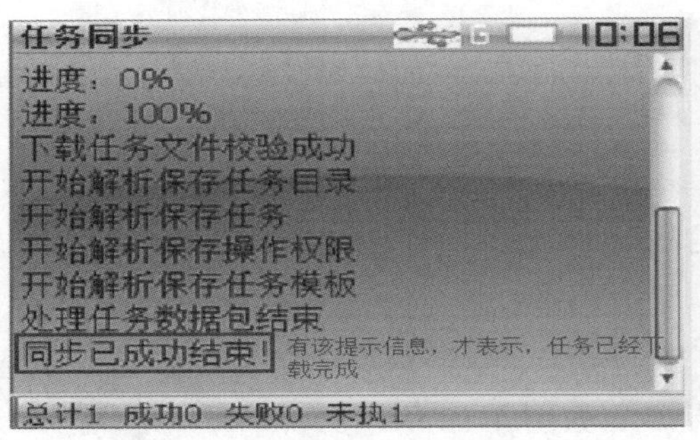

图 4-16　同步任务状态界面

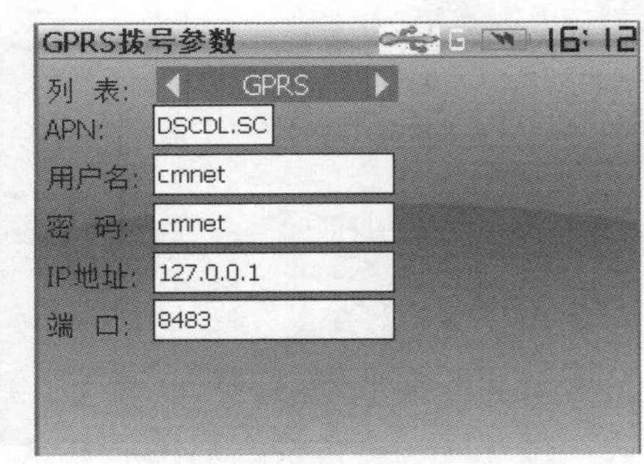

先插入 GPRS SIM 卡，再进入系统参数-GPRS 参数设置，方向键右键选择列表：GPRS。填入对应网省公司的 APN、IP 地址、端口号。

图 4-17　掌机 GPRS 参数设置界面

4.2.3.4　执行任务

执行任务的过程如图 4-18～图 4-21 所示。

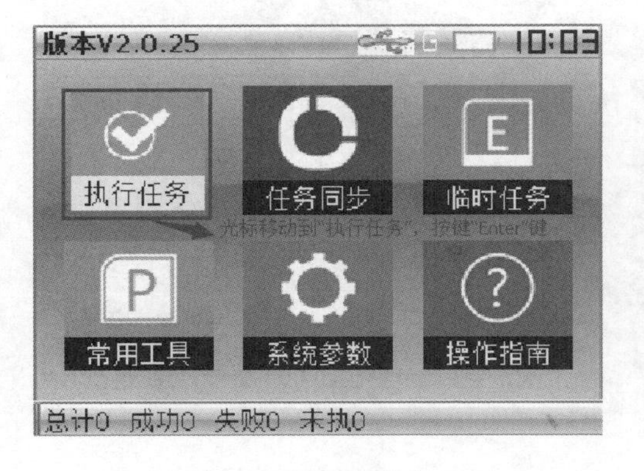

图 4-18　现场任务执行界面

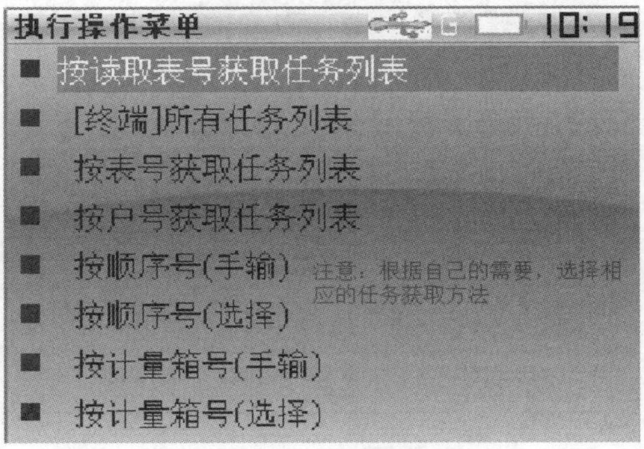

图 4-19　现场执行任务菜单

4.2.4　Ⅱ代计量作业终端常用功能

4.2.4.1　电能表信息获取

电能表信息获取界面如图 4-22 所示。

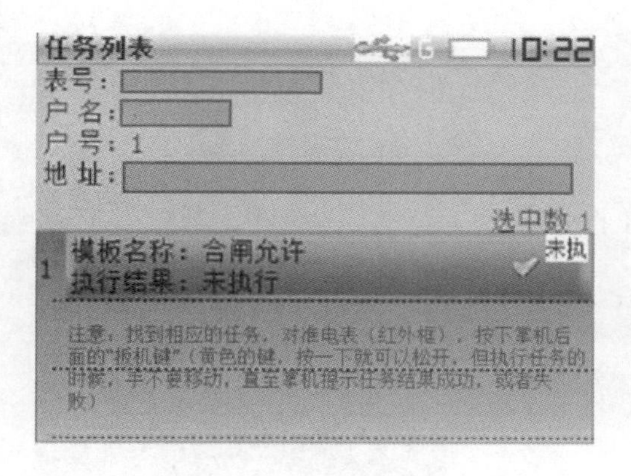

图 4-20 现场执行任务列表

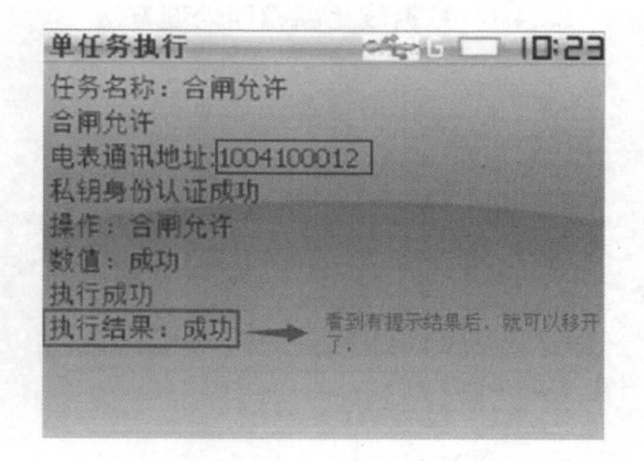

图 4-21 现场任务执行结果

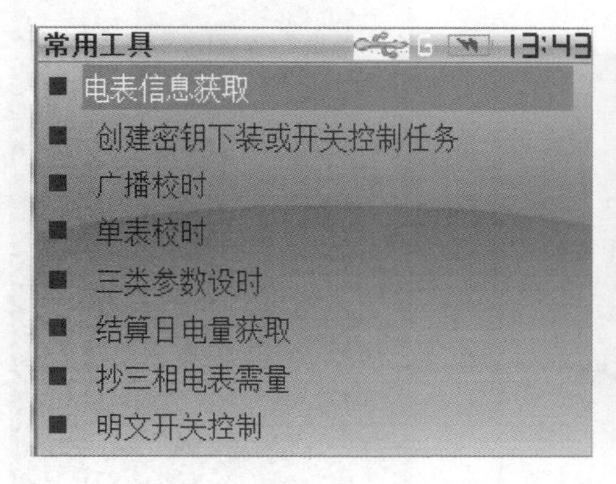

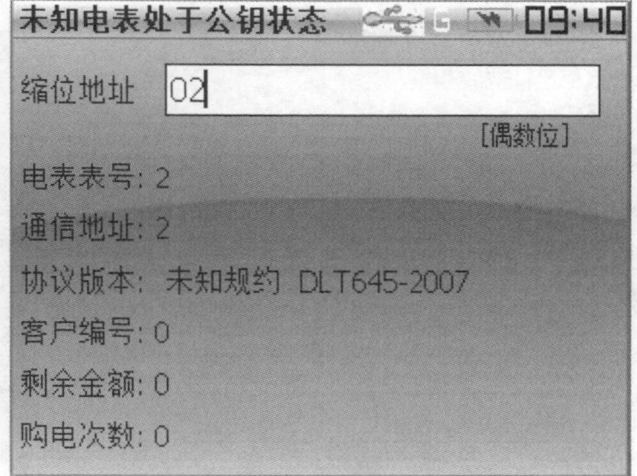

图 4-22 电能表信息获取界面

4.2.4.2 工具箱抄表

工具箱抄表可实现以下功能：抄读结算日电量、三相表需量、日冻结电量、当前费率电价、当前阶梯电价、掉电事件、开盖事件等如图 4-23 所示。

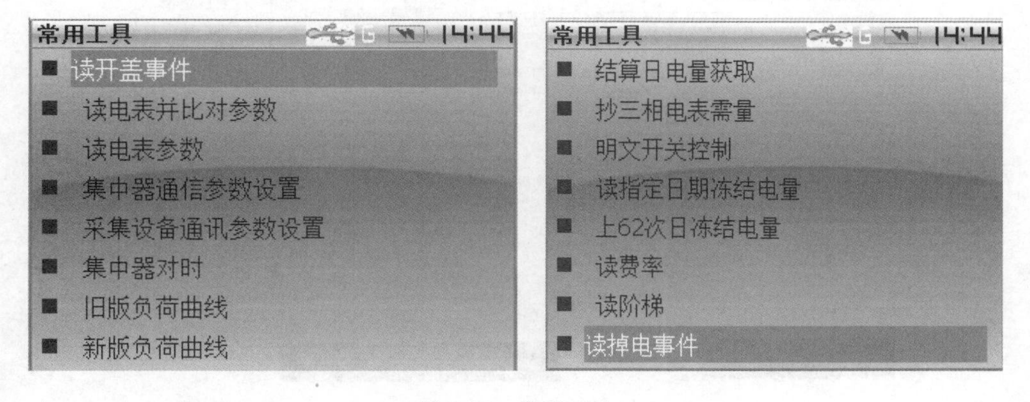

图 4-23 常用工具

4.2.4.3　数据线更新程序处理方法

更新程序或重新下载如图 4-24 所示。

4.2.4.4　上传群组失败处理方法

（1）使用 IE 浏览器访问终端管理平台。

（2）设置 IE 浏览器，并启用各个 ActiveX 控件。

（3）安装 Office 2007 以上版本办公软件。

4.2.5　Ⅳ代计量作业终端操作流程

4.2.5.1　设置 APN 系统

系统 APN 设置如图 4-25～图 4-27 所示。

4.2.5.2　开启移动数据网络

从屏幕顶部向下滑动，操作界面如图 4-28 所示。

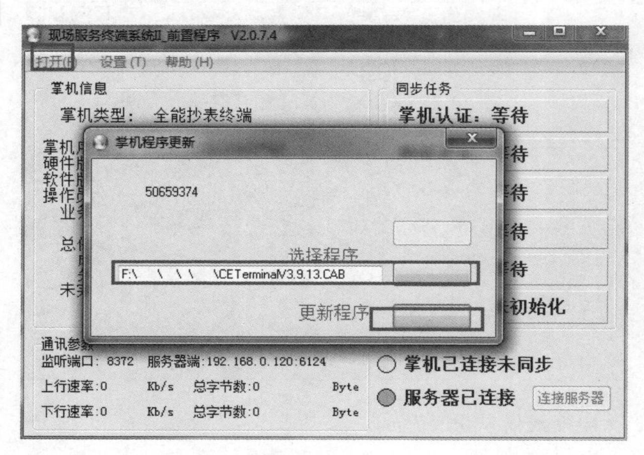

图 4-24　程序更新界面

图 4-25　系统设置界面

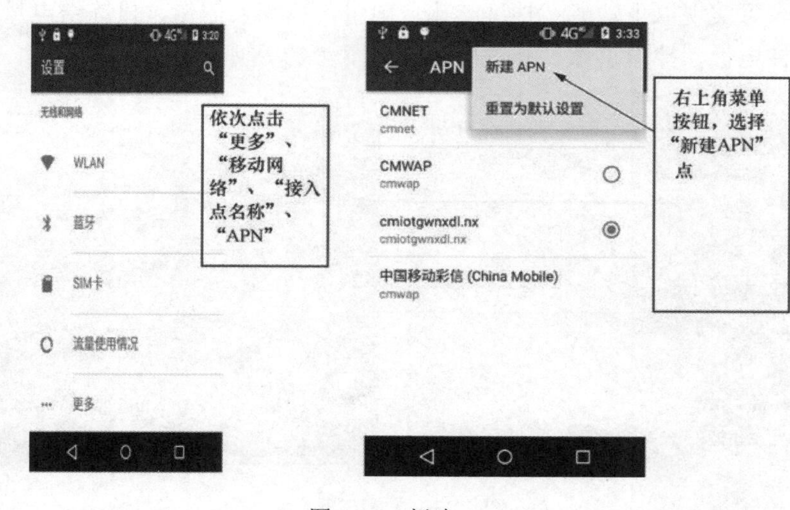

图 4-26　新建 APN

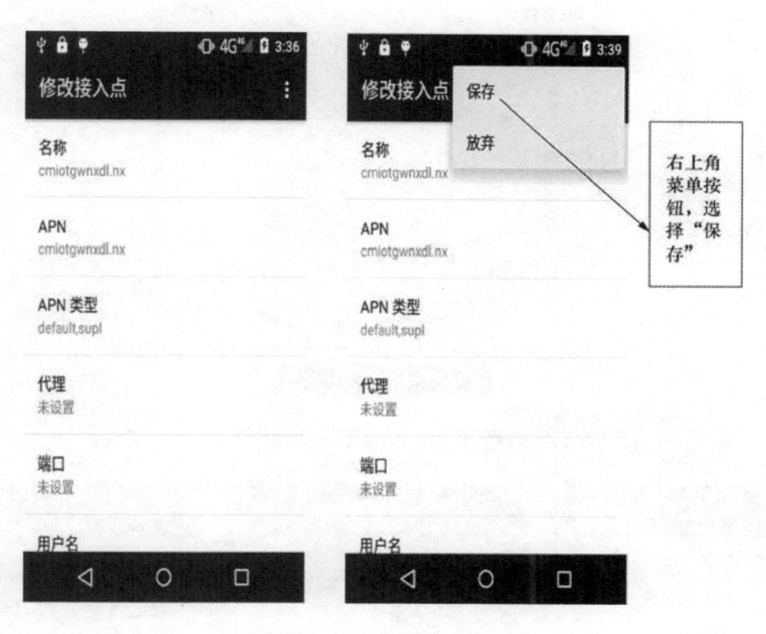

图 4-27　修改接入点信息

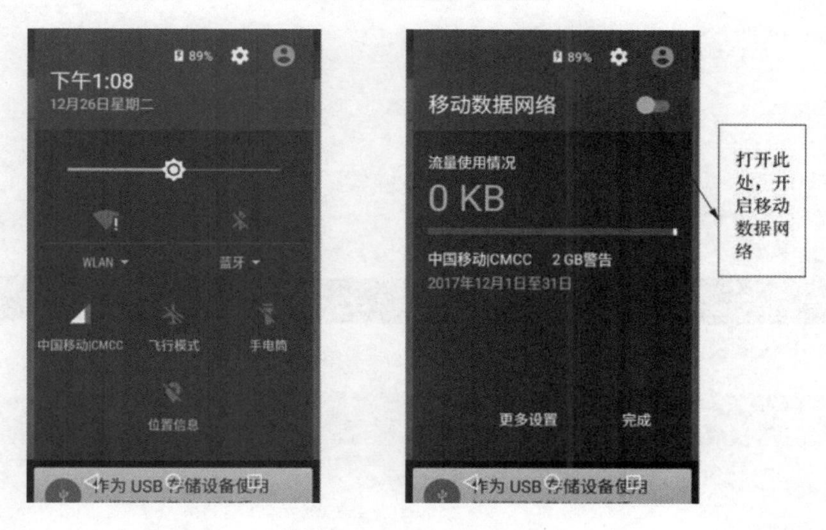

图 4-28　开启移动数据网络

4.2.5.3　登录应用程序

登录应用程序如图 4-29 所示。

4.2.5.4　设置终端网络参数

设置终端网络参数流程如图 4-30 所示。

4.2.5.5　任务同步

任务执行结束，再次以无线方式进行任务同步，将执行结果反馈给掌机主站。掌机只能通过无线方式同步任务，切记不能连接内网电脑。

任务同步流程图如图 4-31、图 4-32 所示。

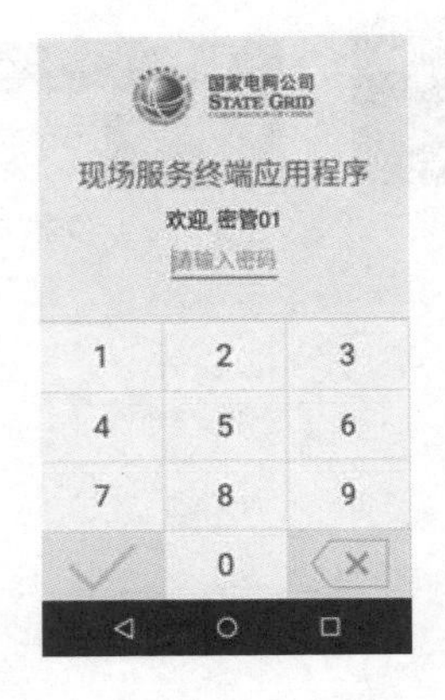

图 4-29　系统登录界面

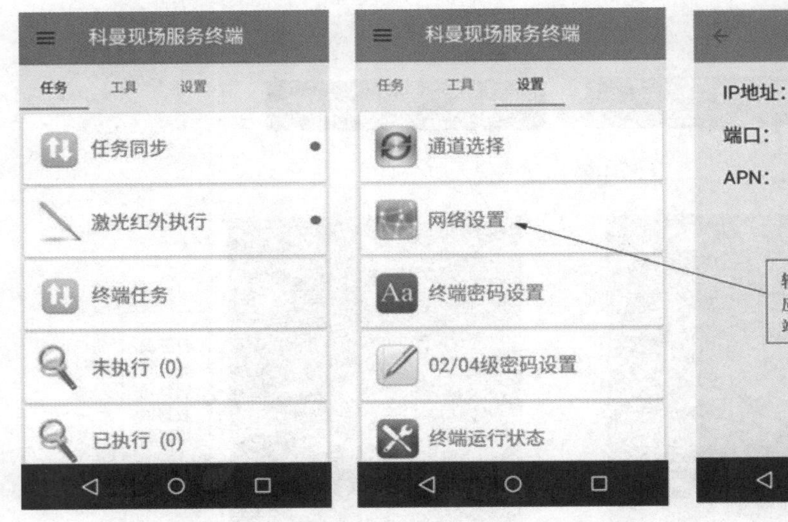

图 4-30　设置终端网络参数

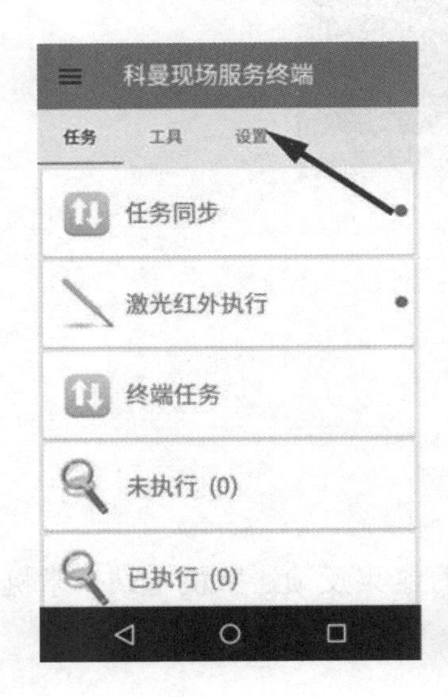

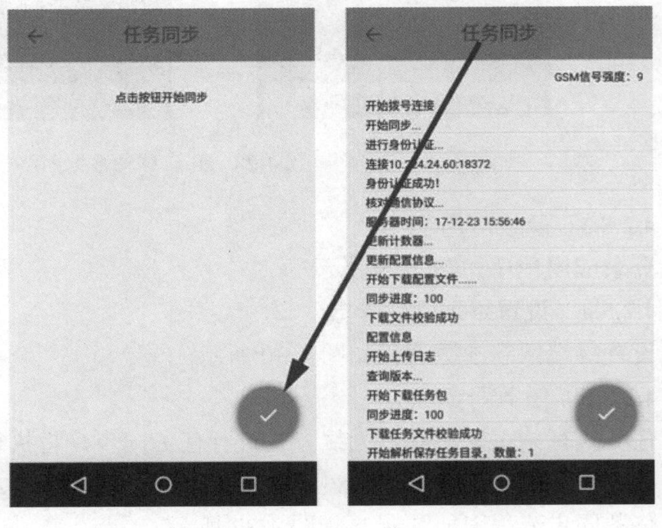

图 4-31　任务同步流程

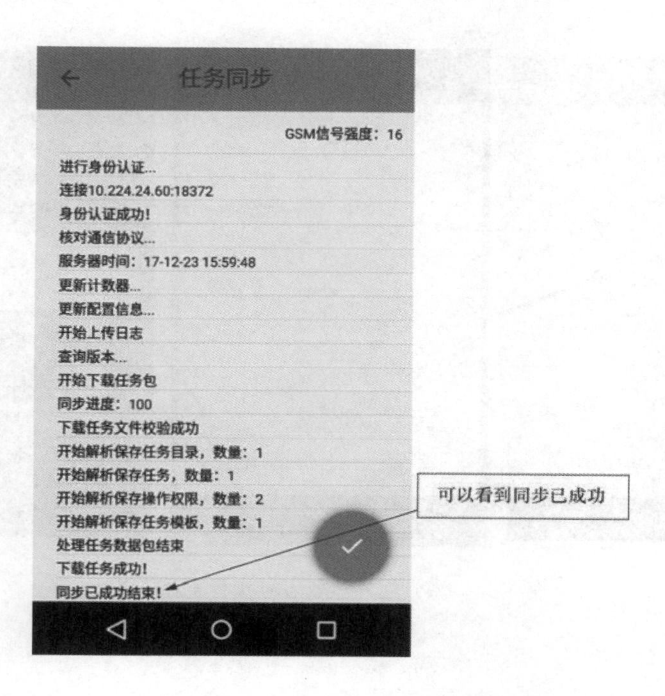

图 4-32　任务同步结果

4.2.5.6　执行任务

（1）应用现场服务终端应用程序执行指定的工作任务，如图 4-33 所示。

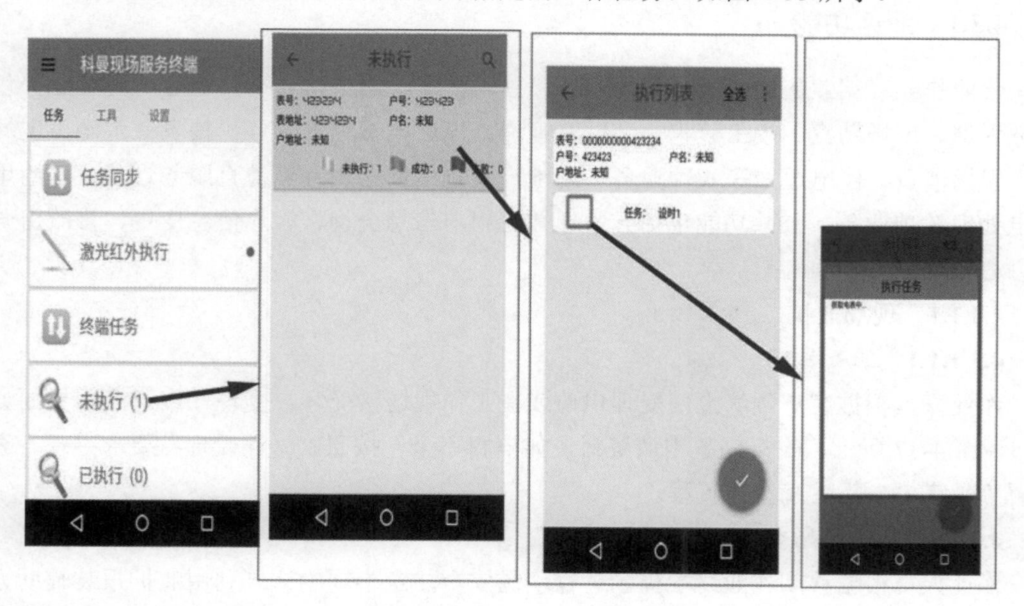

图 4-33　应用终端执行指定的工作任务

（2）应用现场服务终端应用程序以激光红外获取表号执行工作任务，如图 4-34 所示。

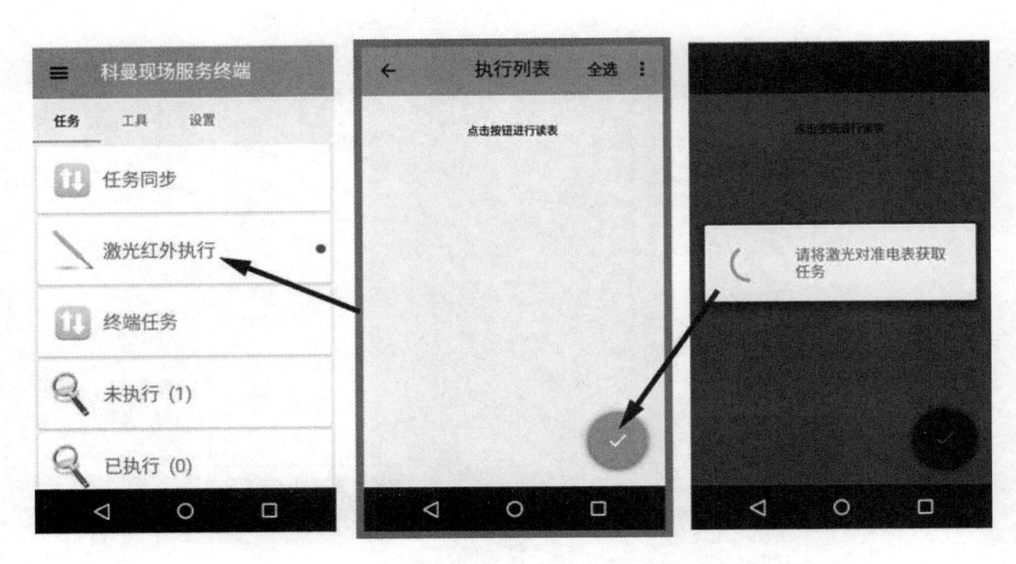

图 4-34　激光红外获取表号执行工作任务

4.3　营业作业终端

营业移动作业应用功能包括业务功能和辅助功能。

4.3.1　业务功能

营业作业终端业务功能包括现场业扩、抄表催费、用电检查三类业务。现场业扩包括业务受理、现场勘查、竣工验收、装拆表管理、停送电管理等业务。抄表催费涵盖现场抄表、现场催费、停电通知等 6 项业务。用电检查包括周期及专项检查服务管理、违约用电窃电处理 3 项业务。公共功能包括异常通知、用户信息查询、客户信息变更、修改密码、消息通知等。

4.3.1.1　现场业扩

4.3.1.1.1　业务受理

作业人员根据客户预约上门受理申请或在工作现场接受客户受理，申请流程界面如图 4-35～图 4-37 所示，收集完整申请资料，如资料不全，按照“一证受理”要求办理，客户签署“承诺书”后发起正式流程。

4.3.1.1.2　现场勘查

作业人员根据移动作业终端提示进行现场安全注意事项确认，利用业扩报装辅助方案制定功能，完成现场受电点方案、供电电源方案、计费方案、计量方案、采集方案的确定，自动生成「现场勘查单」，作业人员电子签字后，现场将数据上传到营销业务应用系统，流程图如图 4-38～图 4-41 所示。

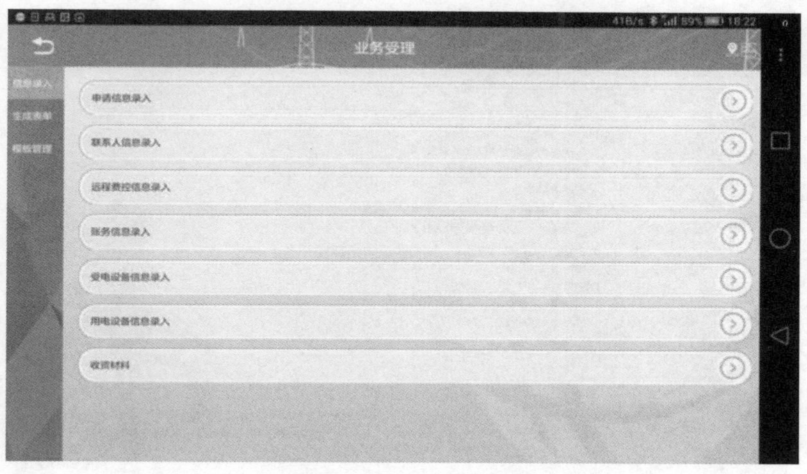

图 4-35 业务受理界面

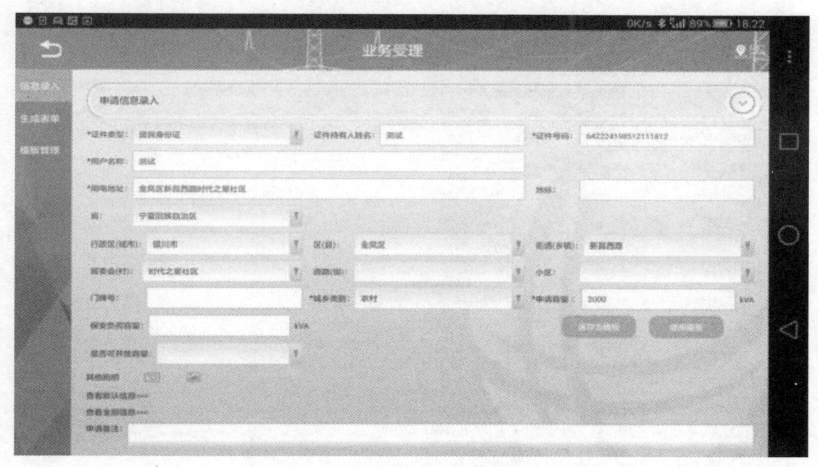

图 4-36 信息录入界面

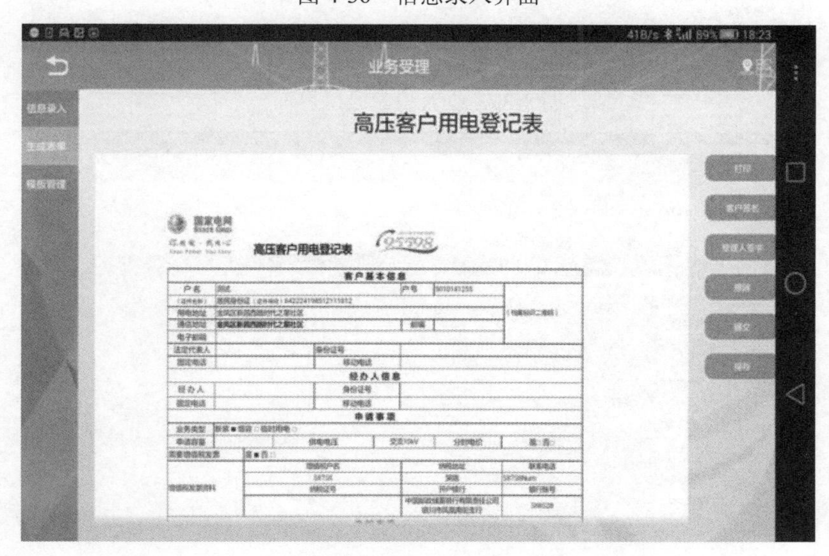

图 4-37 客户用电登记表

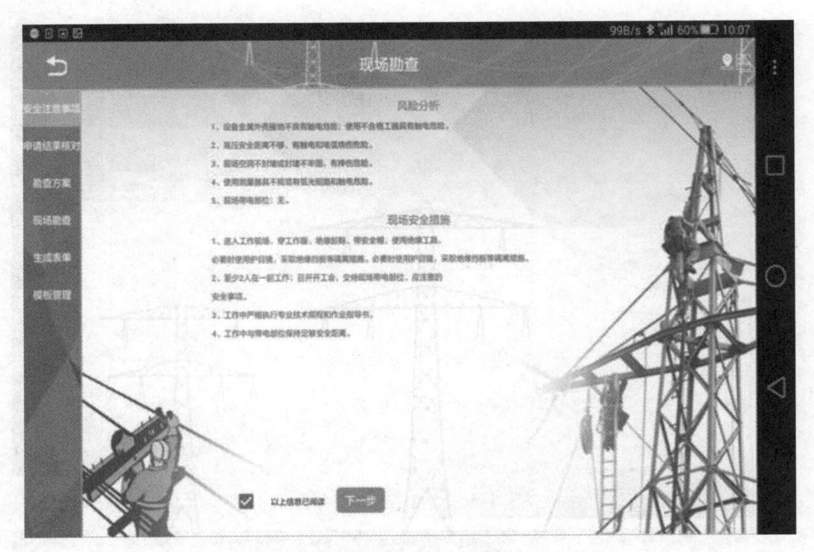

图 4-38　现场勘查界面

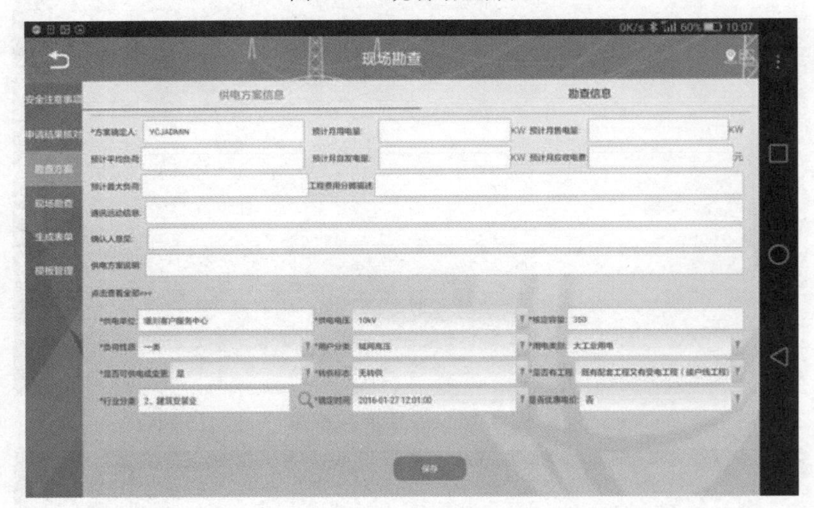

图 4-39　勘查信息录入界面

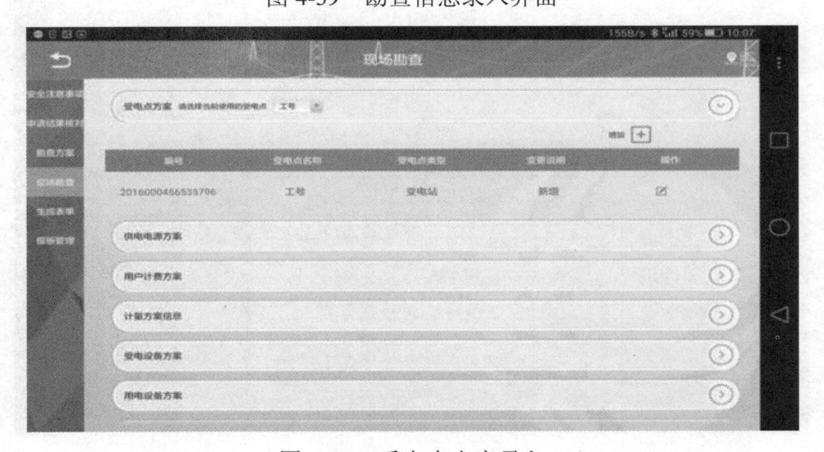

图 4-40　受电点方案录入

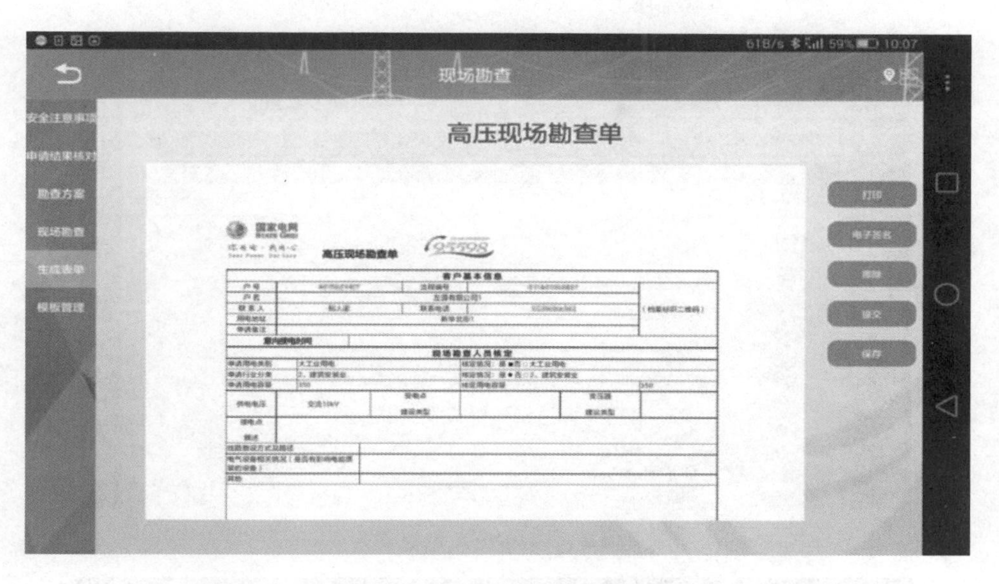

图 4-41　现场勘查单

4.3.1.1.3　竣工验收

作业人员通过移动作业终端下载装表任务信息，到达客户现场，进行现场作业。完成现场作业后，将相关资料上传至营销业务应用系统，过程流程如图 4-42～图 4-44 所示。

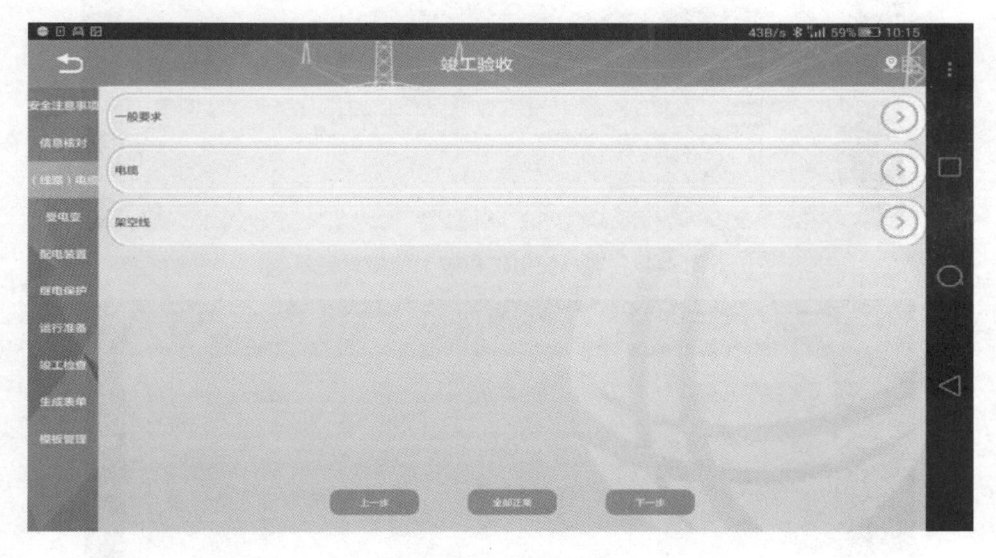

图 4-42　竣工验收界面

4.3.1.1.4　装拆表管理

作业人员通过移动作业终端下载任务信息，到达客户现场，进行计量装置和采集设备的现场安装作业。完成现场作业后，将相关资料上传至营销业务应用系统，过程流程如图 4-45～图 4-47 所示。

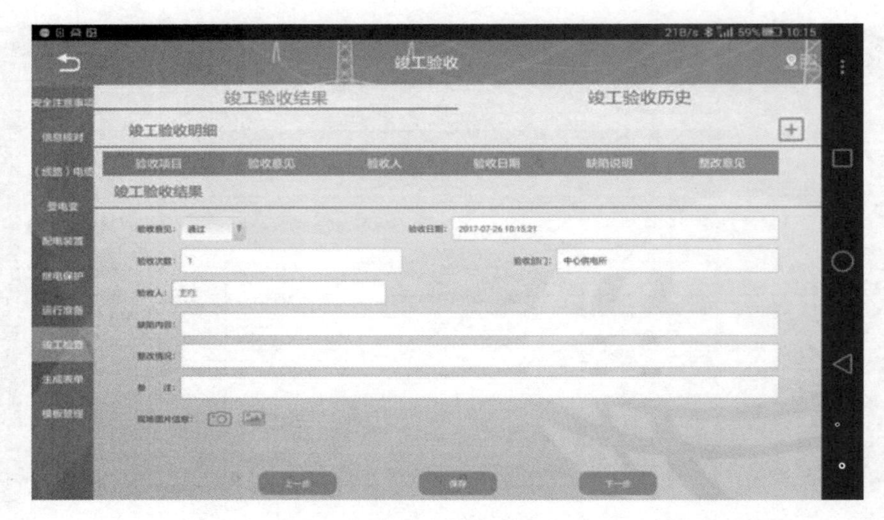

图 4-43　竣工验收结果录入

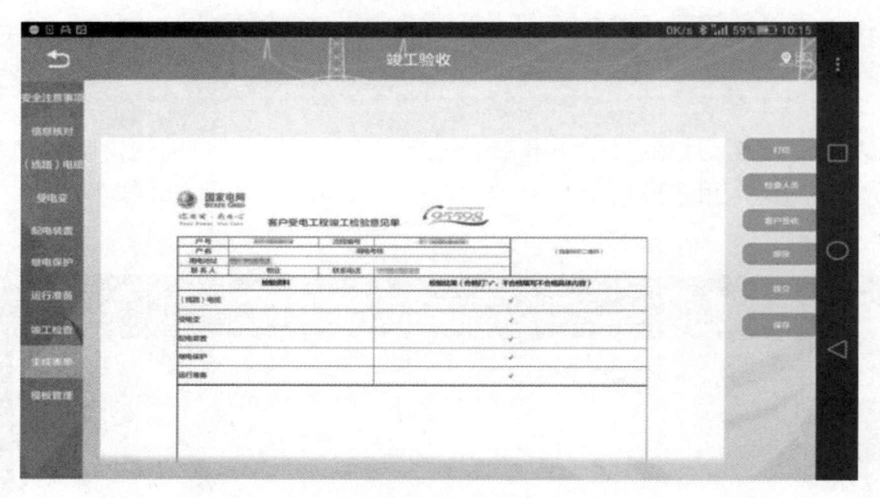

图 4-44　客户受电工程竣工检验意见单

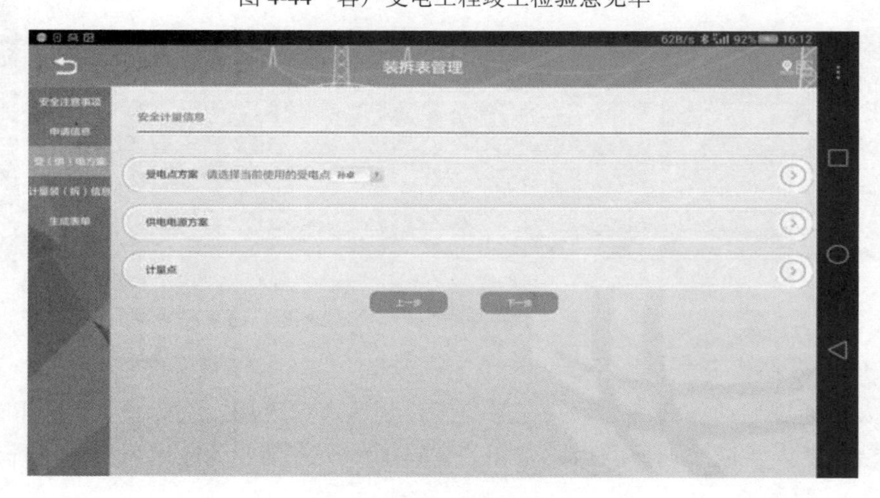

图 4-45　装拆表管理界面

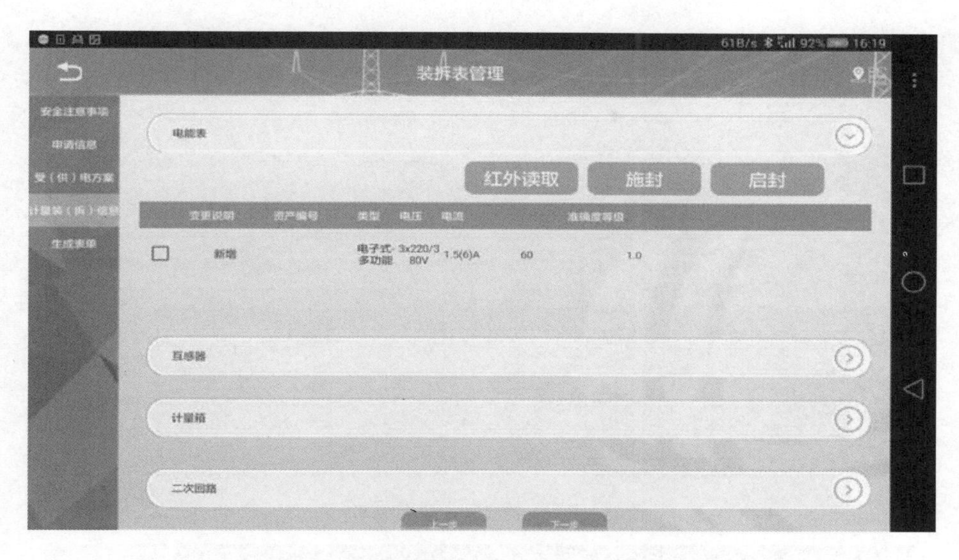

图 4-46　装拆表管理计量信息录入界面

图 4-47　电能计量装接单

4.3.1.1.5　停送电管理

作业人员通过移动作业终端下载停（送）电管理任务，组织相关人员到现场送电，进行送电前项目检查、送停电信息录入、送电后项目检查，送电完毕后生成的电子送电单、客户电子签名、检查结果同步上传到营销业务应用系统，过程流程如图 4-48、图 4-49 所示。

4.3.1.2　抄表催费

现场工作人员到达现场，开始抄表工作，通过移动作业平台红外抄表功能或手工录入的方式记录抄表数据（优先红外抄表，需进行手工录入表码时，可以根据实际情况选择是否强制现场拍照确认），过程流程如图 4-50、图 4-51 所示。

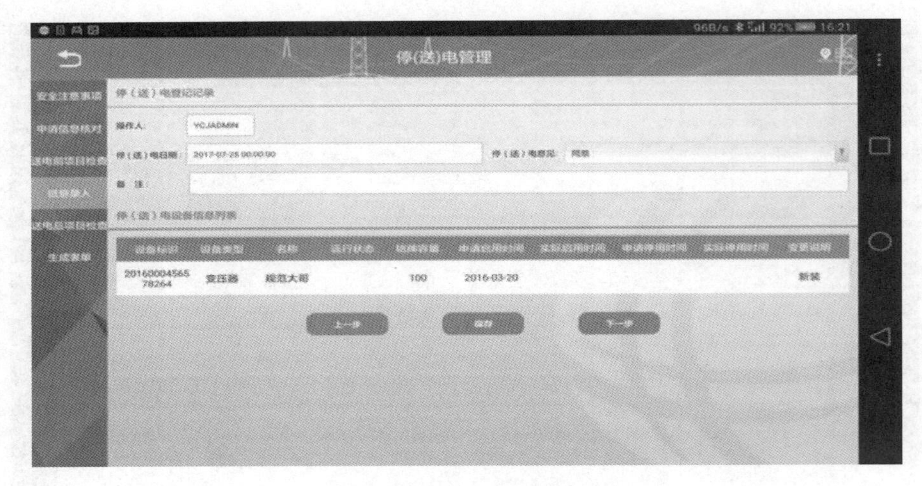

图 4-48　停送电管理界面

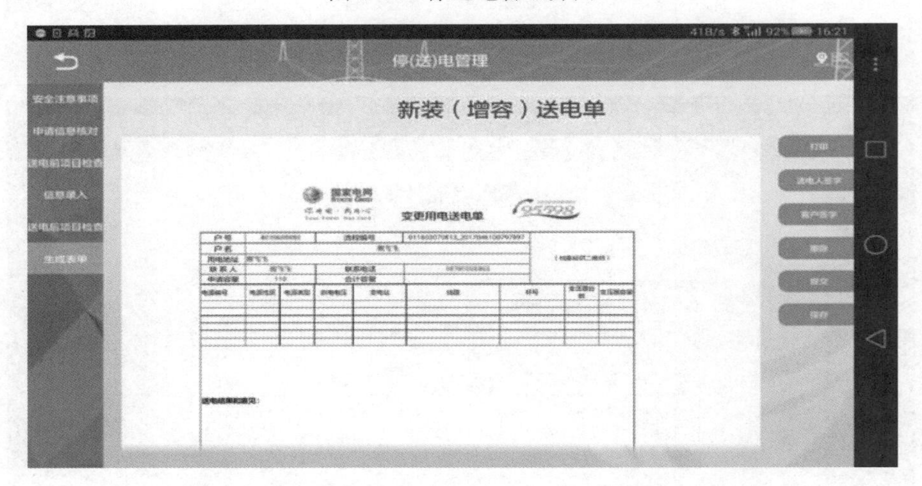

图 4-49　新装（增容）送电单

图 4-50　现场抄表任务客户信息界面

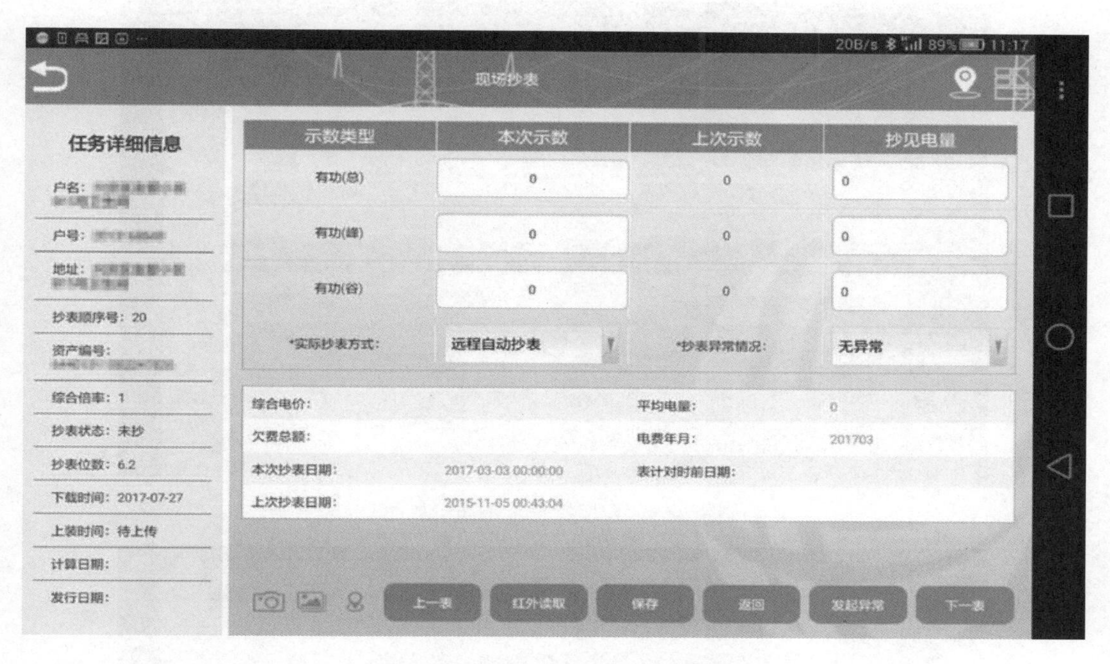

图 4-51　现场抄表任务详细信息界面

4.3.1.3　用电检查

4.3.1.3.1　周期检查

根据周期检查月计划，通过移动作业终端下载检查工单，如图 4-52～图 4-56 所示。

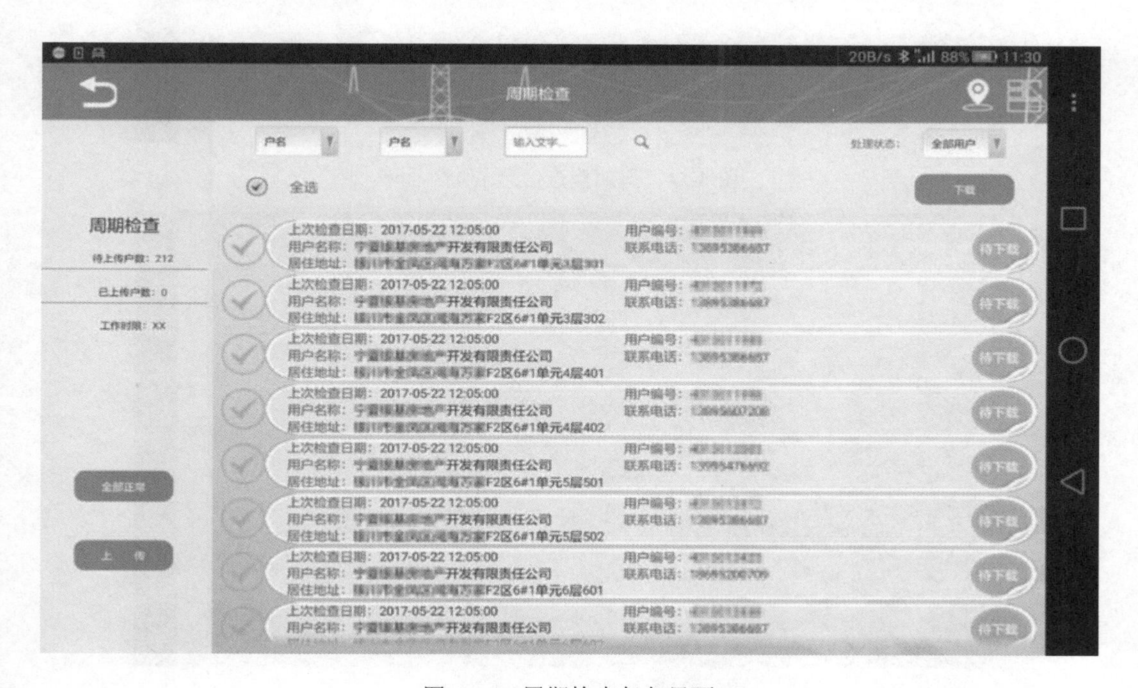

图 4-52　周期检查任务界面

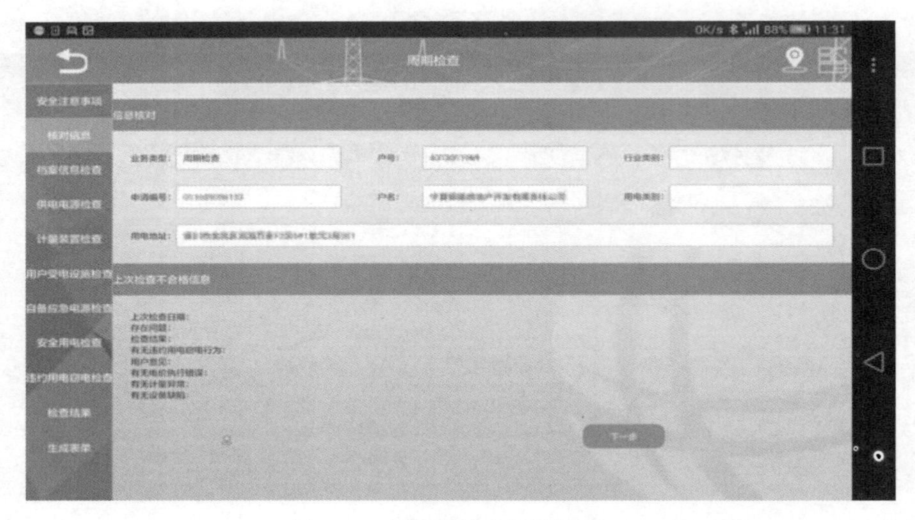

图 4-53　周期检查客户详情界面

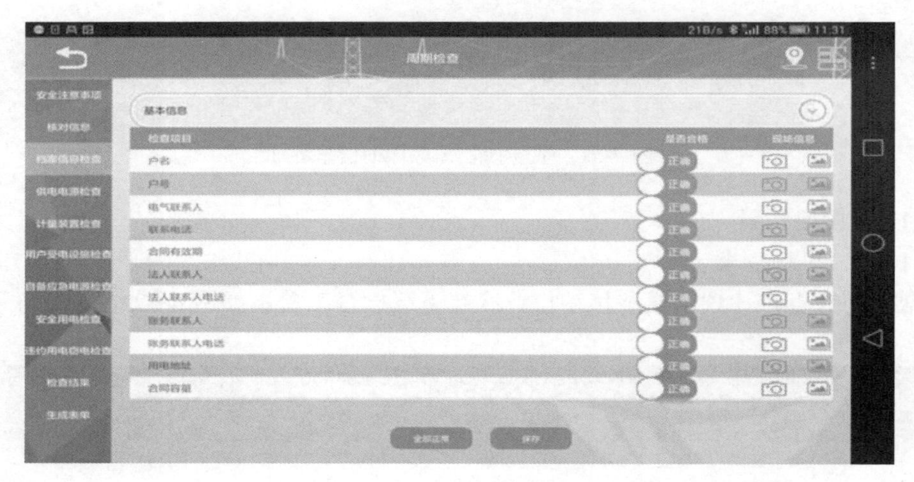

图 4-54　周期检查信息录入界面

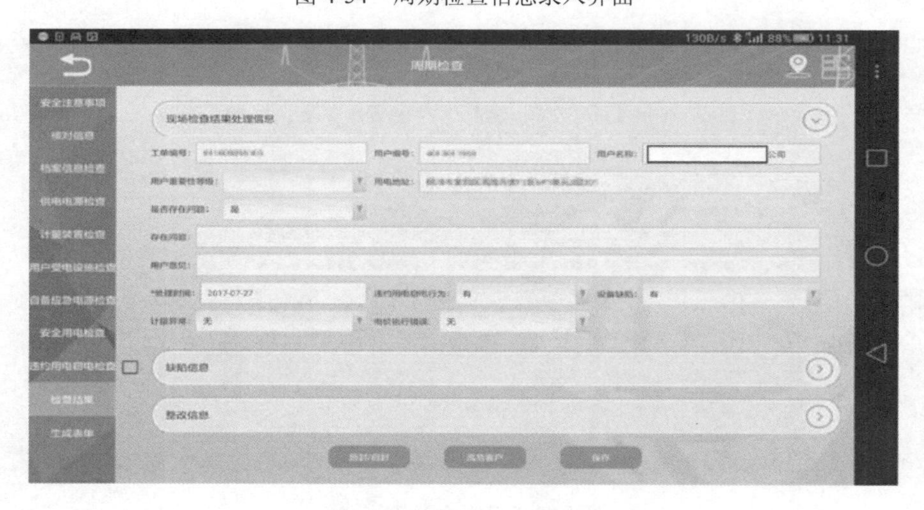

图 4-55　周期检查结果处理信息界面

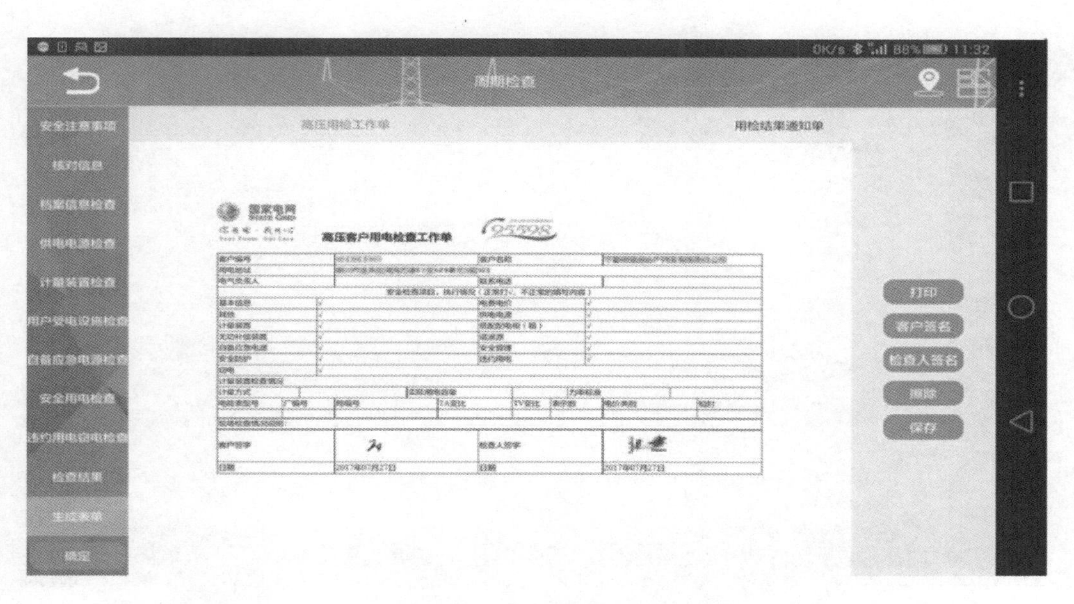

图 4-56 客户用电检查工作单

4.3.1.3.2 专项检查

根据保电检查（包括大型政治活动），季节性检查，事故检查，经营性检查，营业普查等专项检查任务，通过移动作业终端下载检查工单，如图 4-57～图 4-59 所示，携带移动作业终端前往客户现场进行现场检查，根据国家有关电力供应与使用的法规、方针、政策和电力行业标准，按照检查计划，对客户用电安全及电力使用情况进行检查服务。

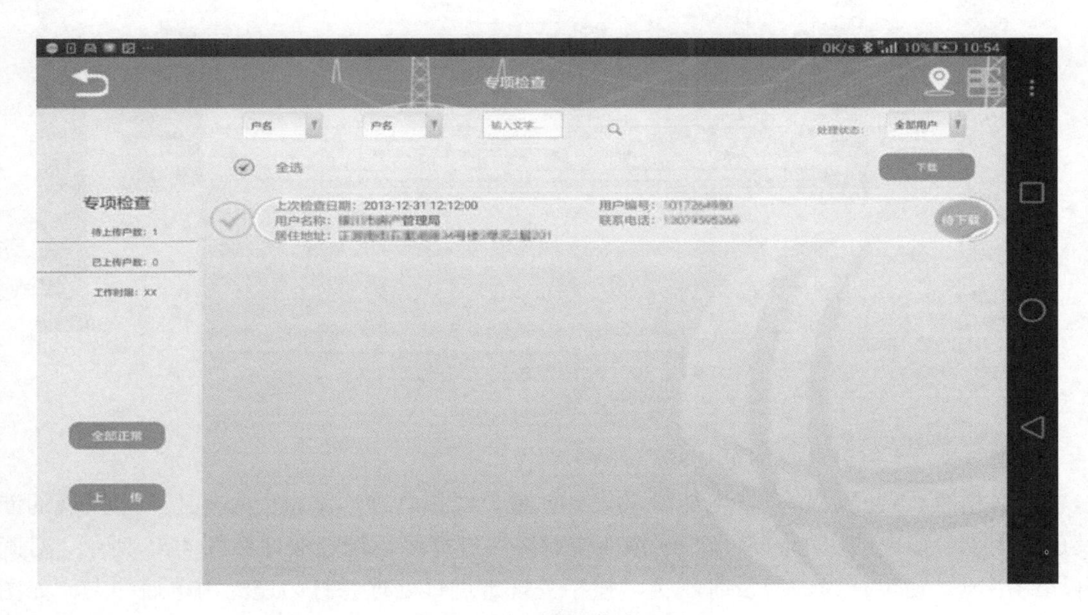

图 4-57 专项检查任务界面

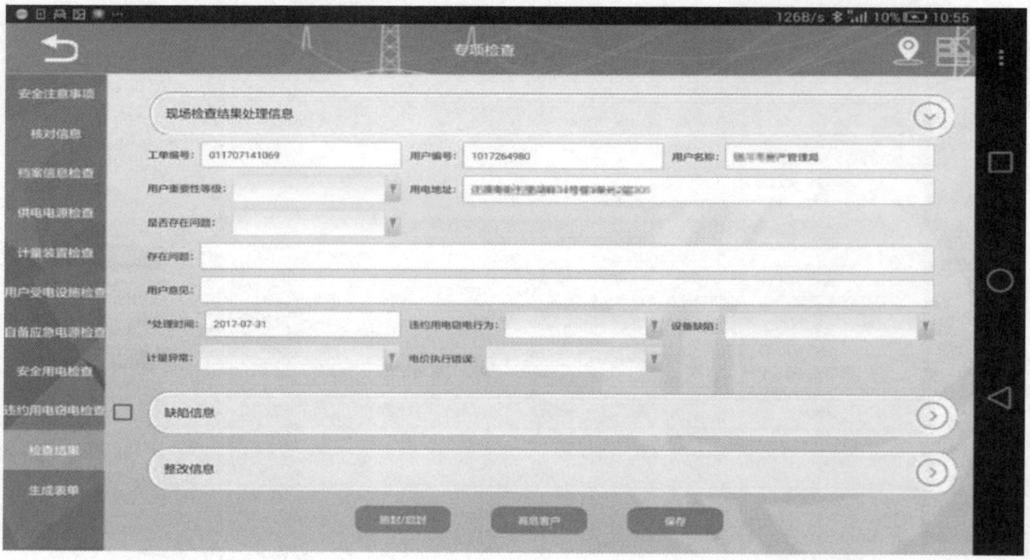

图 4-58　专项检查结果处理信息界面

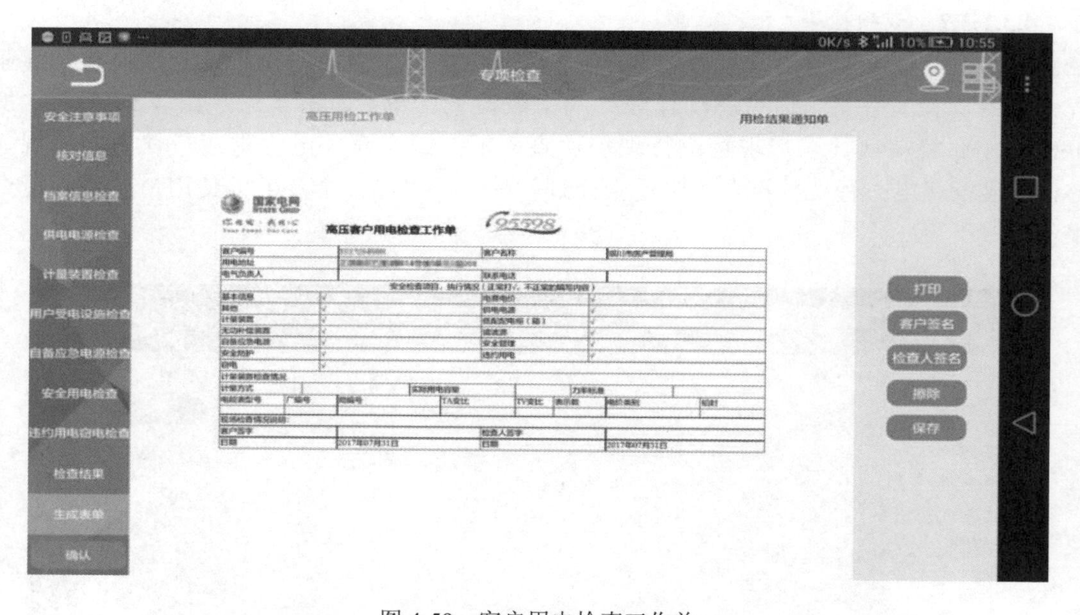

图 4-59　客户用电检查工作单

4.3.1.3.3　违约用电、窃电处理

针对稽查、检查、抄表、电能量采集、计量、线损管理、举报受理等工作中发现的涉及违约用电、窃电的用电异常，通过移动作业终端进行现场调查取证如图 4-58 所示，对确有违约用电、窃电行为的应及时制止，按相关规定进行处理并打印违约用电通知书，如图 4-60、图 4-61 所示，并请客户签字确认。

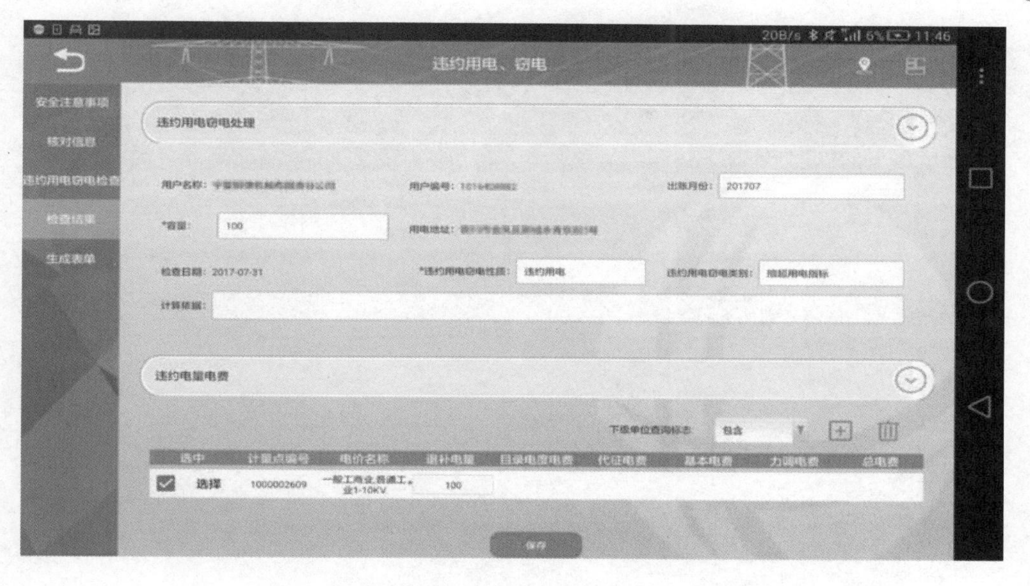

图 4-60 检查结果录入界面

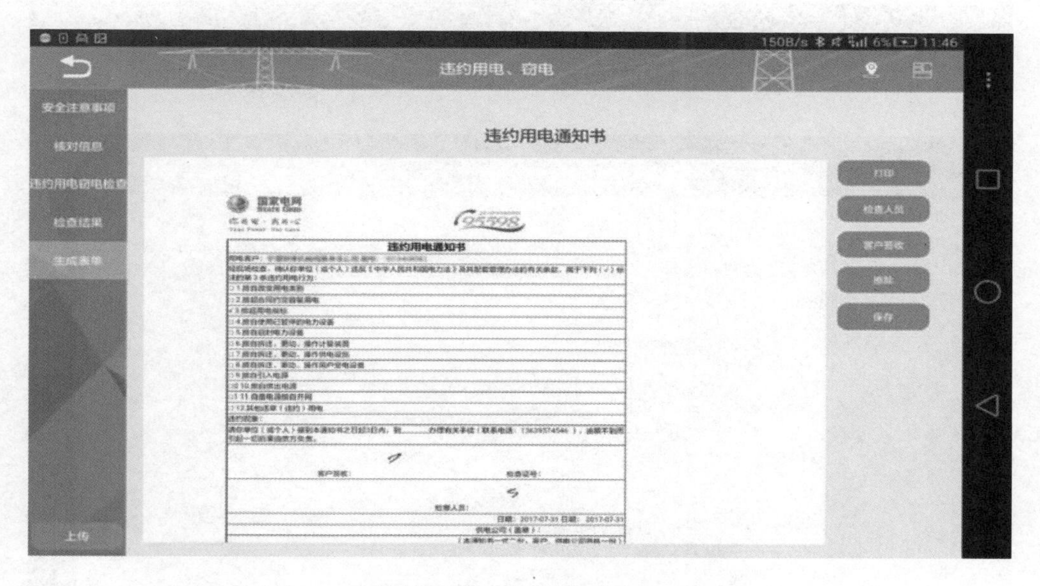

图 4-61 违约用电通知书

4.3.1.4 公共功能

4.3.1.4.1 异常通知

现场工作人员在现场工作过程中发现的异常情况，比如表计故障、表计丢失等，可发起异常流程，当处理结束后，向移动作业终端反馈处理结果，如图 4-62 所示。

4.3.1.4.2 用户信息查询

现场作业人员在现场作业时，可根据实际需要通过移动作业终端进入公共查询模块，如图 4-63 所示，输入相应的查询条件查询用户档案信息、抄表段信息等，提供现场便利服务。

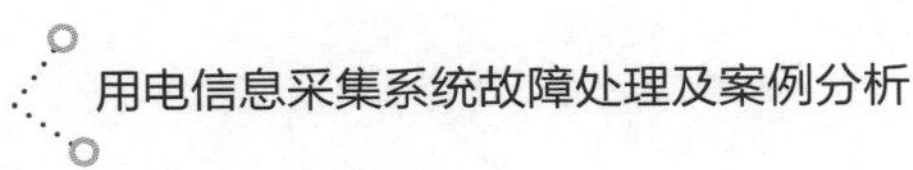

图 4-62　异常通知界面

图 4-63　信息查询界面

4.3.1.4.3　客户信息变更

现场工作人员在客户现场发现用户基本信息发生变化，与系统内信息不一致需要变更时，可在移动作业平台上当场发起「用户信息变更」，实时记录并修改常用信息，如图 4-64 所示。

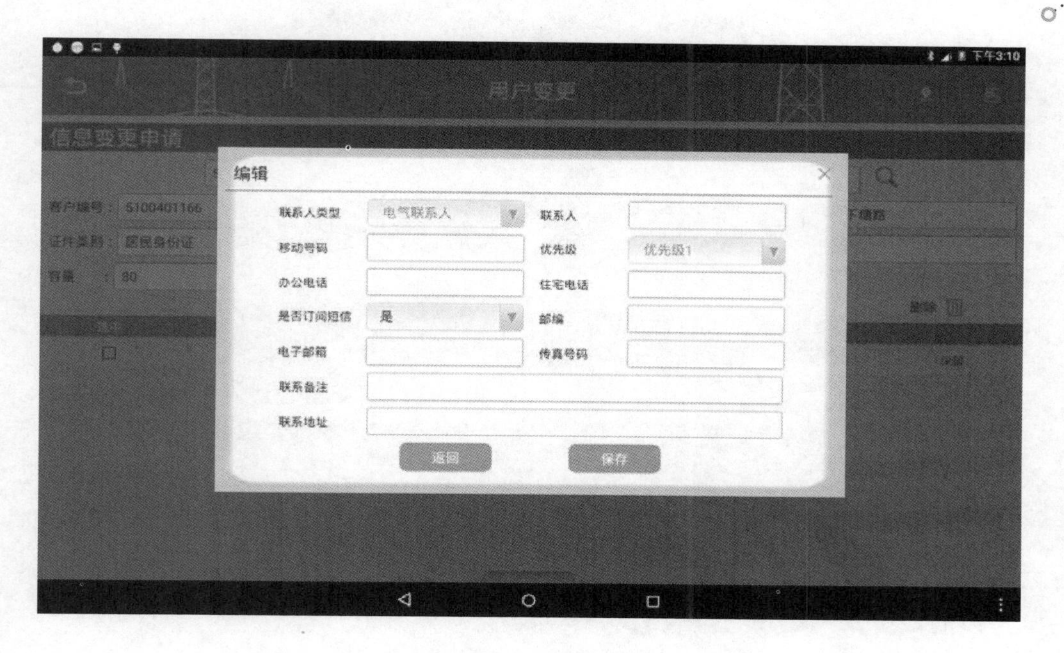

图 4-64　客户信息变更界面

4.3.1.4.4　修改密码

现场工作人员在客户现场应客户要求进行用户查询密码变更时，可在移动作业平台上进行密码重置或修改，如图 4-65 所示。

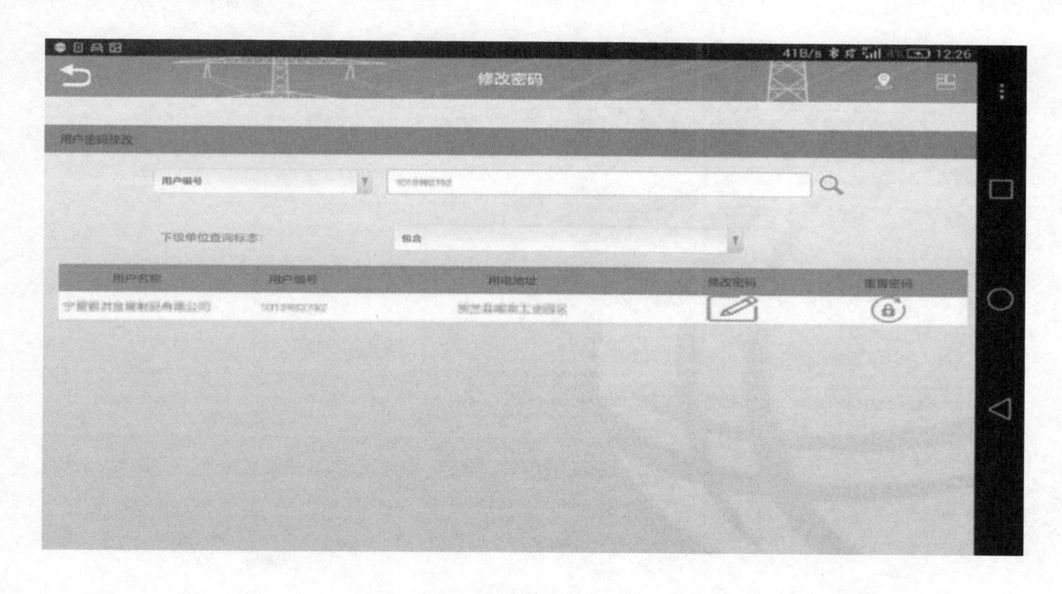

图 4-65　修改密码界面

4.3.1.4.5　消息通知

消息通知界面如图 4-66 所示。

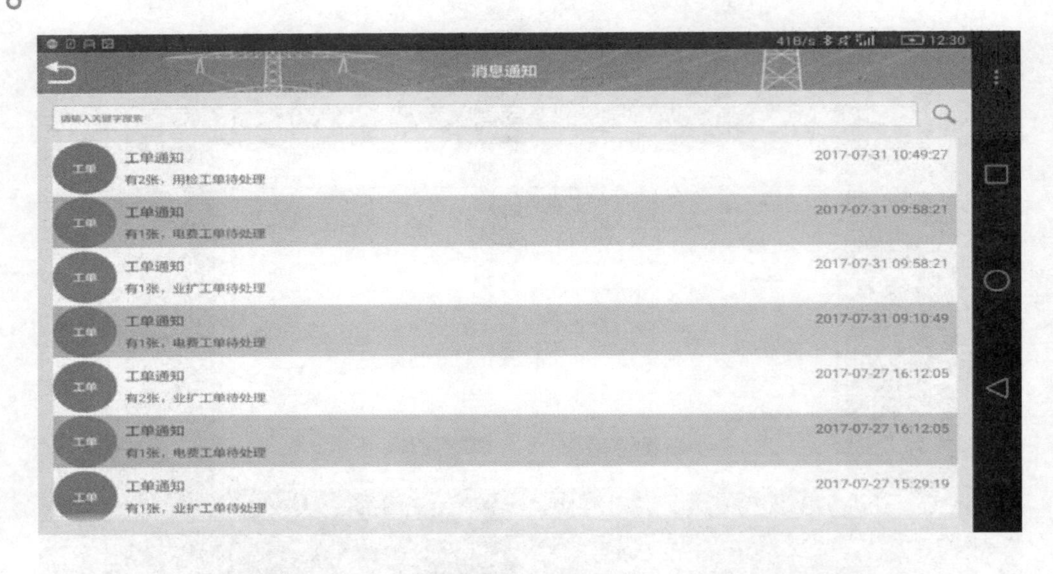

图 4-66　消息通知界面

4.3.2　辅助功能

4.3.2.1　路径导航

通过路径导航功能，定位当前所在地点和需抵达终点，由系统后台自动规划路径并推送到移动作业终端，全程导航，准确引导现场工作人员到达现场开展工作，如图 4-67 所示。

图 4-67　路径导航界面

4.3.2.2 APP 推广

本业务项为现场工作人员在现场进行电子渠道推广的入口，现场工作人员现场指导客户通过二维码扫描下载软件，完成 APP 安装和用户绑定，如图 4-68 所示。

图 4-68 APP 推广界面

4.3.2.3 知识库

建立离线知识库，如图 4-69 所示，现场工作人员可以通过搜索知识库的方式，准确回答在现场作业过程中用户提出的问题，提高服务质量。

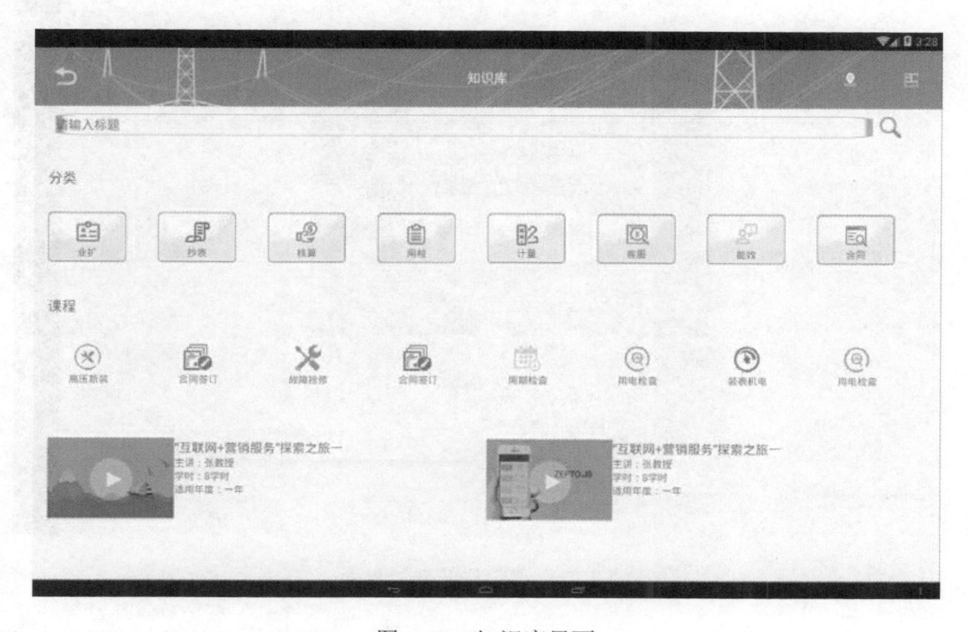

图 4-69 知识库界面

4.3.2.4 营业移动作业 APP IP 设置

在 pad 界面找到“移动作业”图标点击打开。输入账号、密码点击登录，如图 4-70～图 4-72 所示。

图 4-70 移动作业图标

登录页面，点击右下角图标，进入 IP 设置页面。

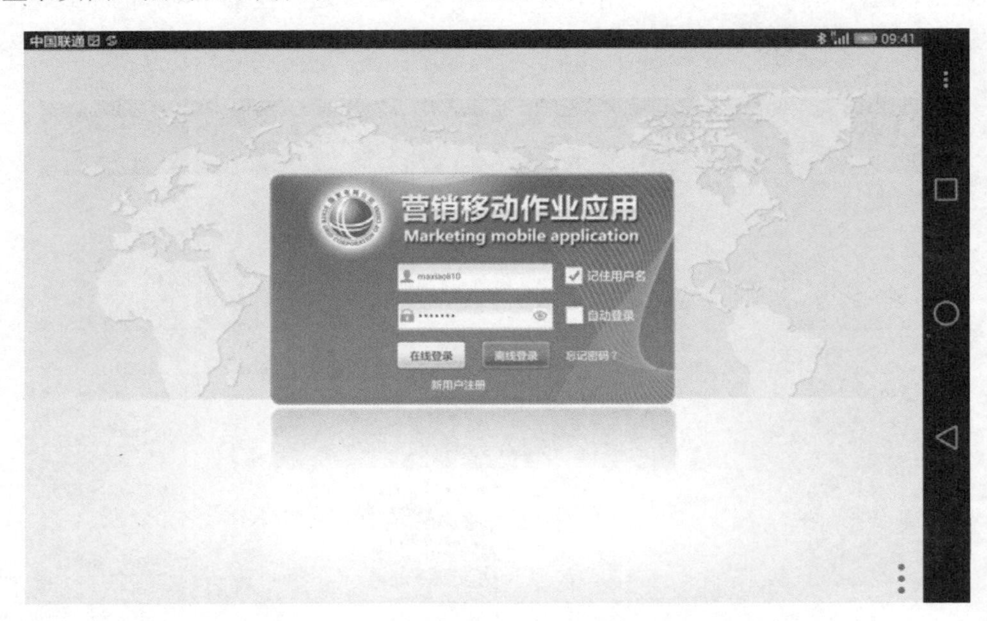

图 4-71 移动作业登录界面

前置机服务 IP、前置机端口号、消息推送 IP、端口号需根据各公司实际情况填写。

图 4-72　前置机 IP 及端口设置界面

【保存】后，进入登录页面

在系统主界面找到“业务功能”模块，点击打开。“业务功能”模块共 11 个功能，包括：远程电费充值开通、一键式换表、领表、一键式换表业务办理进度查询、日常售电、未插表重写电卡、CPU 更换电卡、购电记录查询、清零售电、首次购电、清零只补金额，如图 4-73 所示。

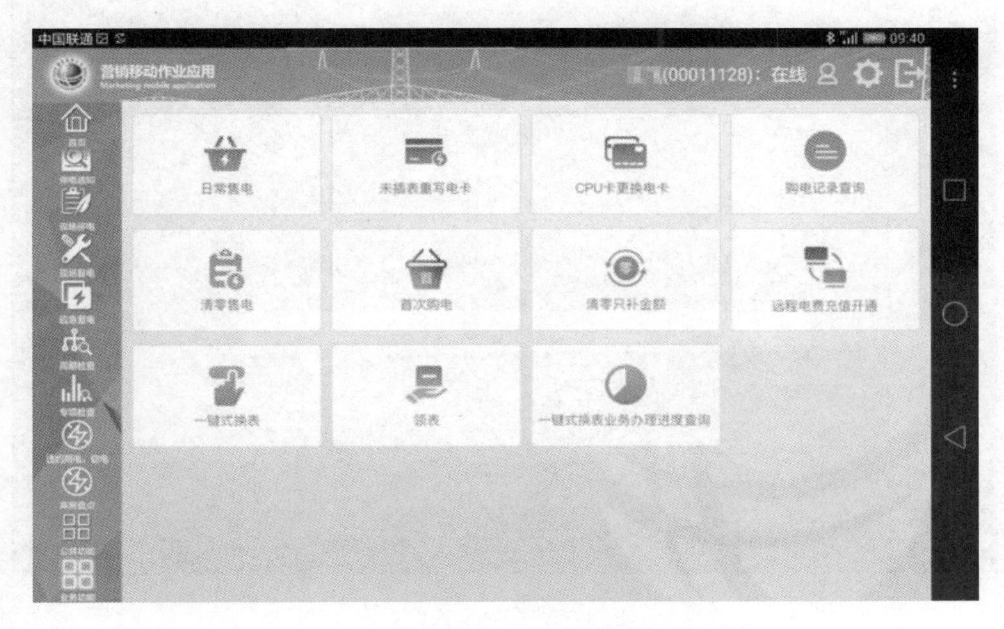

图 4-73　业务功能界面

4.3.2.5　一键式换表

4.3.2.5.1　移动作业平台

首先将 pad 与背夹连接，然后点击“一键式换表”，界面会跳出连接 ZBK 的提示，点击 ZBK，连接正常后，界面会提示“蓝牙连接正常”，如图 4-74～图 4-76 所示。

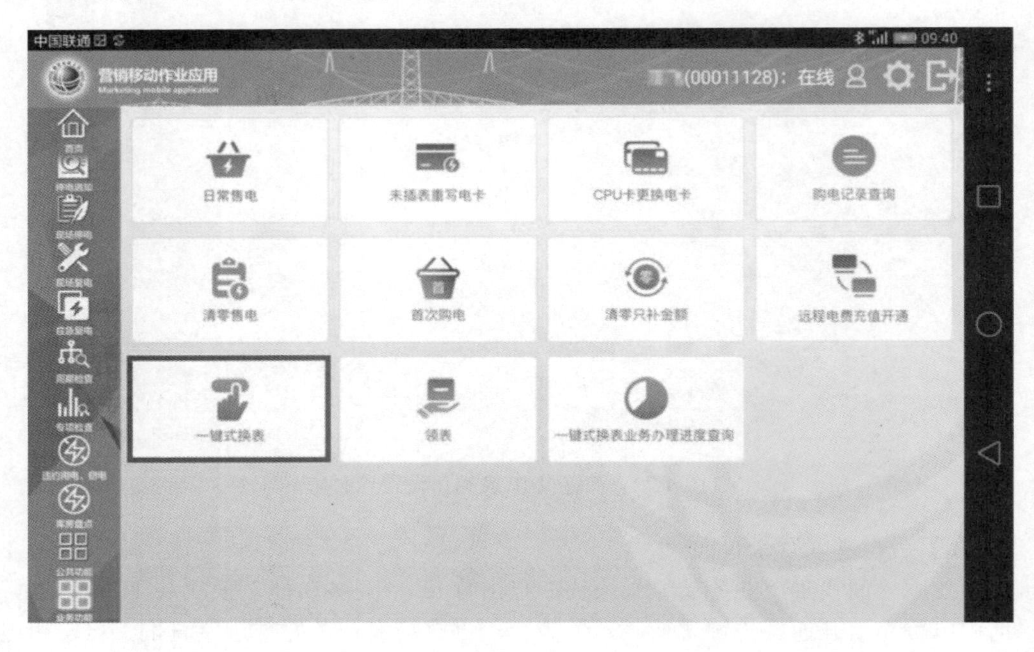

图 4-74　一键式换表功能界面

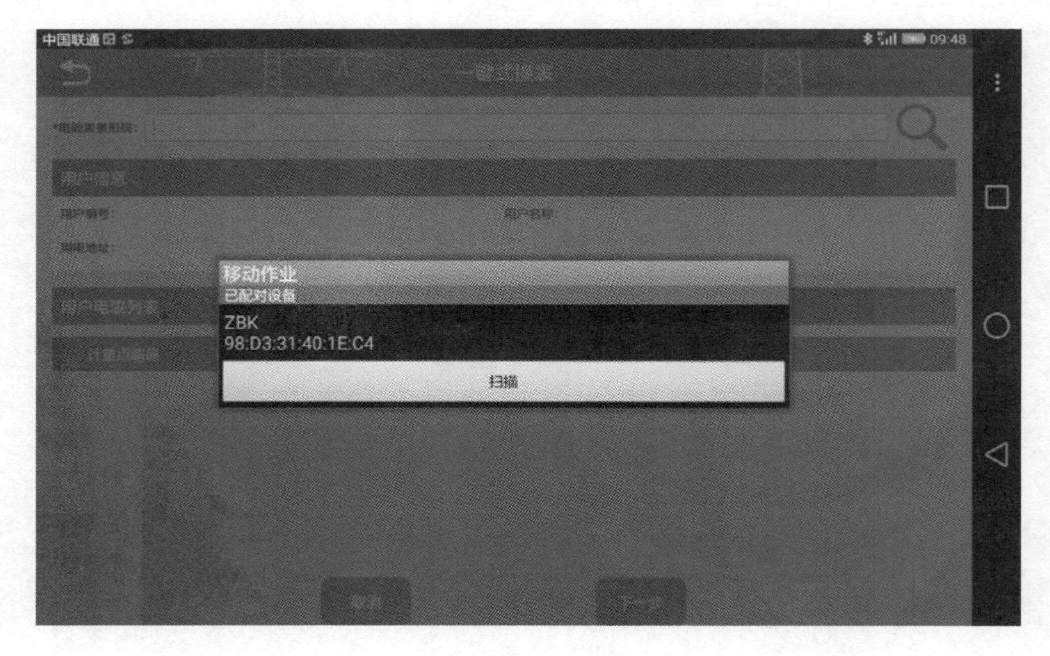

图 4-75　配对设备界面

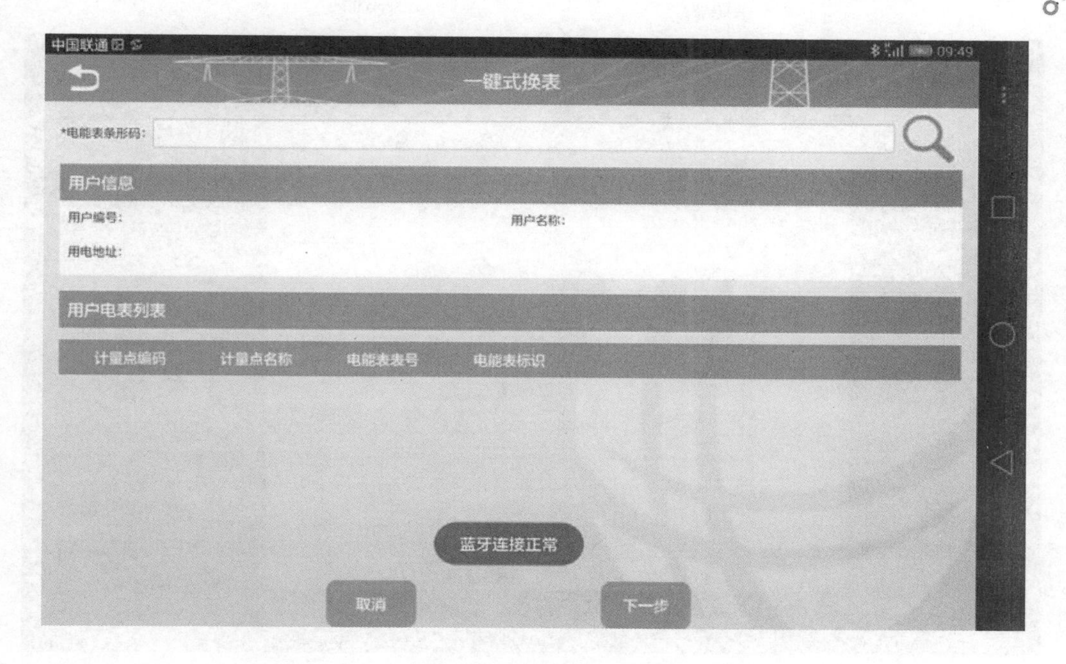

图 4-76 蓝牙连接状态

将背夹调至扫码模式，通过背夹扫描新表的条形码，点击“查询”图标，会显示用户信息和电能表信息，如图 4-77 所示。

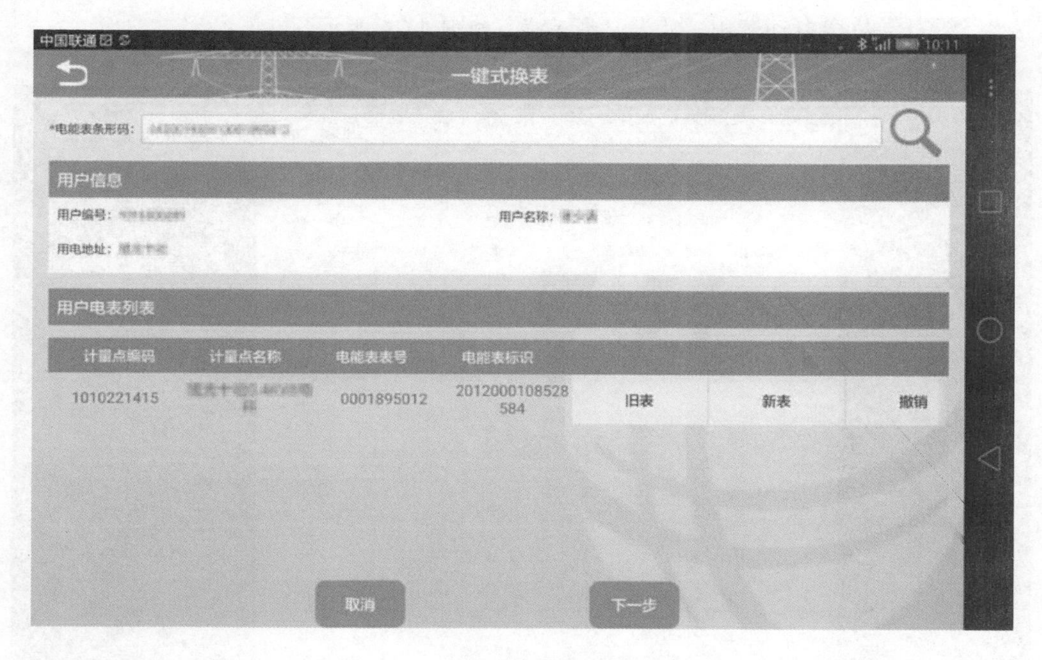

图 4-77 一键式换表查询客户信息

点击“旧表”，界面会弹出“电能表信息”框，手动输入“余额”，将背夹调至红外模式，pad 对准电能表，点击“读表”旧表示数会自动读出。点击“保存”如图 4-78 所示。

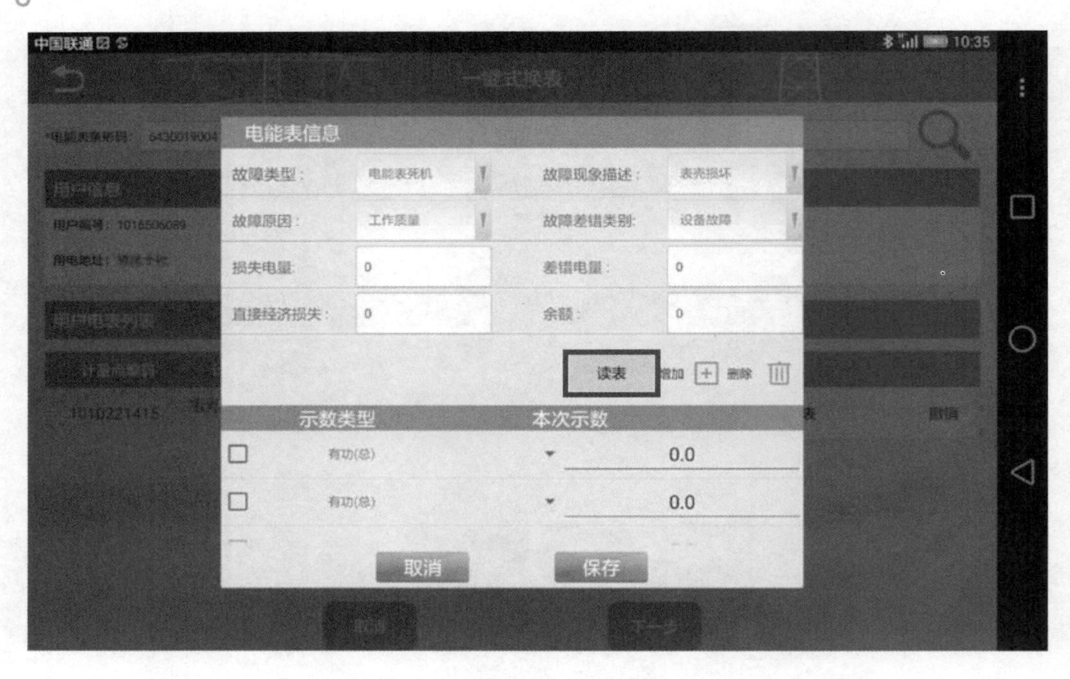

图 4-78　一键式换表读取旧表信息

点击“新表”，界面会弹出新表的“电能表信息”框，将背夹调至扫码模式，通过背夹扫描旧表的条形码，点击“查询”图标，将背夹调至红外模式，pad 对准新电能表，点击“读表”，新表示数会自动读出。点击“保存”，如图 4-79 所示。

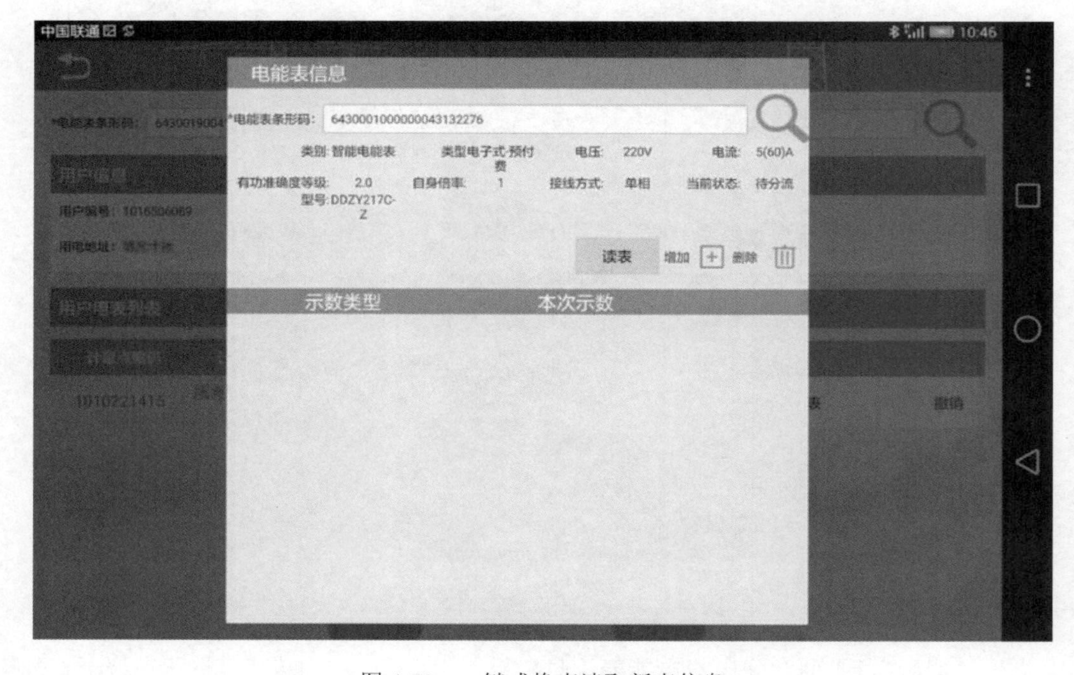

图 4-79　一键式换表读取新表信息

点击“下一步”，生成故障换表工作单，用户签字之后点击“上传”，一键式换表业务结束，如图 4-80、图 4-81 所示。

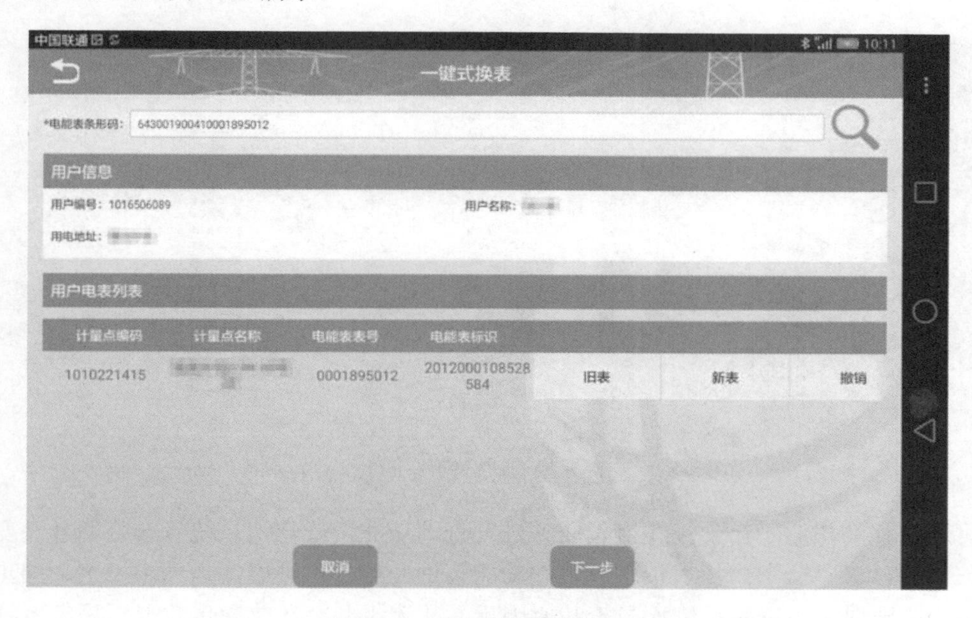

图 4-80　一键式换表操作界面

图 4-81　故障换表工作单

4.3.2.5.2　营销业务系统

当移动作业平台上传数据后，营销系统会自动触发【一键式换表】业务主流程及【计量故障检测】子流程，流程分业务受理、归档两个环节。业务受理环节系统自动维护用户档案、电卡档案、采集对象等数据；流程自动流转到归档环节，该环节系统自动同步用户档案、采集点信息至采集系统，当接收到采集系统参数下发、数据召测结果后流程自动归档，如图 4-82 所示。

	选择	申请编号	国网工单编号	流程名称	编号	名称	环节名称	签收状态	供电单位	主申请编号	接收时间	到期时间
1		011711164539		一键式换表	4013958655	[illegible]	归档	已签收	[illegible]供电公司		2017-11-24 15:09	
2		011711164308		一键式换表	1016555586	[illegible]	归档	已签收	[illegible]供电公司		2017-11-24 15:08	
3		011711164566		一键式换表	1014265762	[illegible]	归档	未签收	[illegible]供电公司		2017-11-23 14:42	
4		011711164564		一键式换表	1014265762	[illegible]	归档	未签收	[illegible]供电公司		2017-11-23 14:37	
5		011711164562		一键式换表	1014265762	[illegible]	归档	未签收	[illegible]供电公司		2017-11-23 13:16	
6		011711164560		一键式换表	1014265762	[illegible]	归档	未签收	[illegible]供电公司		2017-11-23 13:12	
7		011711164558		一键式换表	5010121862	[illegible]	归档	未签收	[illegible]供电公司		2017-11-23 13:00	
8		011711164554		一键式换表	5010121862	[illegible]	归档	未签收	[illegible]供电公司		2017-11-23 12:17	
9		011711164552		一键式换表	1016384867	[illegible]	归档	未签收	[illegible]供电公司		2017-11-23 11:30	
10		011711164545		一键式换表	1016384867	[illegible]	归档	未签收	[illegible]供电公司		2017-11-22 21:11	
11		011711164537		一键式换表	1016384867	[illegible]	归档	未签收	[illegible]供电公司		2017-11-22 20:11	
12		011711164509		一键式换表	3017623011	[illegible]	归档	未签收	[illegible]供电公司		2017-11-22 12:05	
13		011711164507		一键式换表	3017679030	[illegible]	归档	未签收	[illegible]供电公司		2017-11-22 12:04	
14		011711164505		一键式换表	3017680281	[illegible]	归档	未签收	[illegible]供电公司		2017-11-22 12:01	
15		011711164503		一键式换表	3017622829	[illegible]	归档	未签收	[illegible]供电公司		2017-11-22 11:59	

图 4-82　一键式换表后营销系统待办工单界面

可通过移动作业平台一键式换表业务进度查询功能，或营销系统“新装增容及变更用电”“公共查询”“一键式换表记录查询”功能查询业务办理进度，当同步档案、同步采集点状态为失败时，可联系运维人员查找原因后，在流程归档环节同步数据至采集系统。

4.3.2.6　领表

4.3.2.6.1　移动作业平台

点击“领表”，连接 ZBK，将背夹调至扫描模式，扫描要领用/返还的电能表，点击“保存”，完成所有电能表之后，点击“提交”，领表/返还业务结束，流程图如图 4-83～图 4-85 所示。

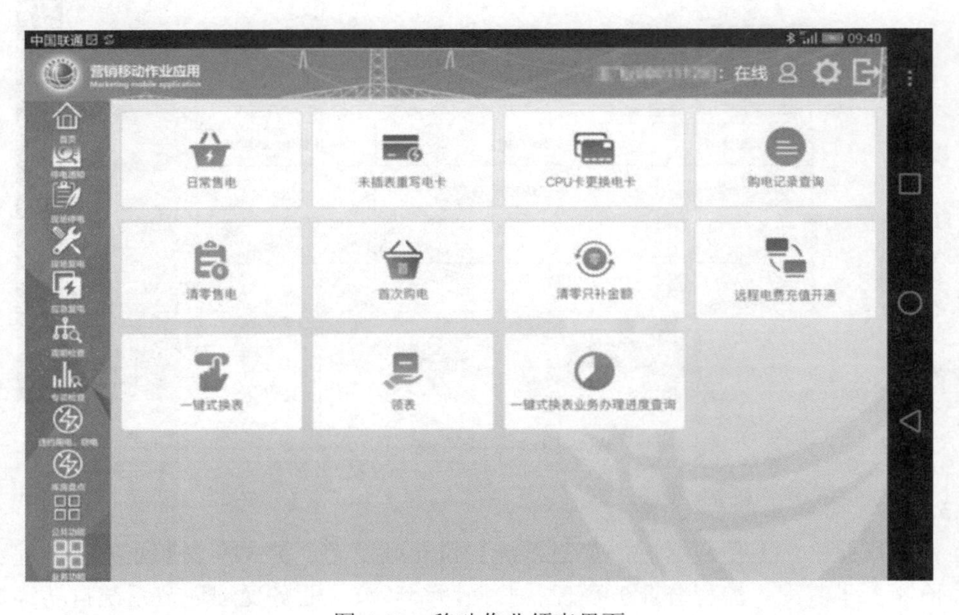

图 4-83　移动作业领表界面

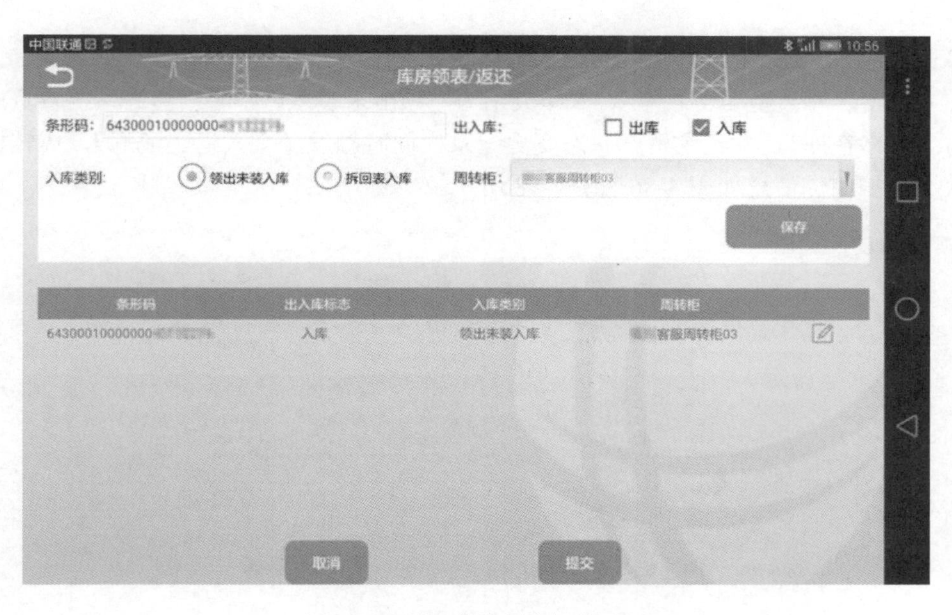

图 4-84 移动作业领表操作界面

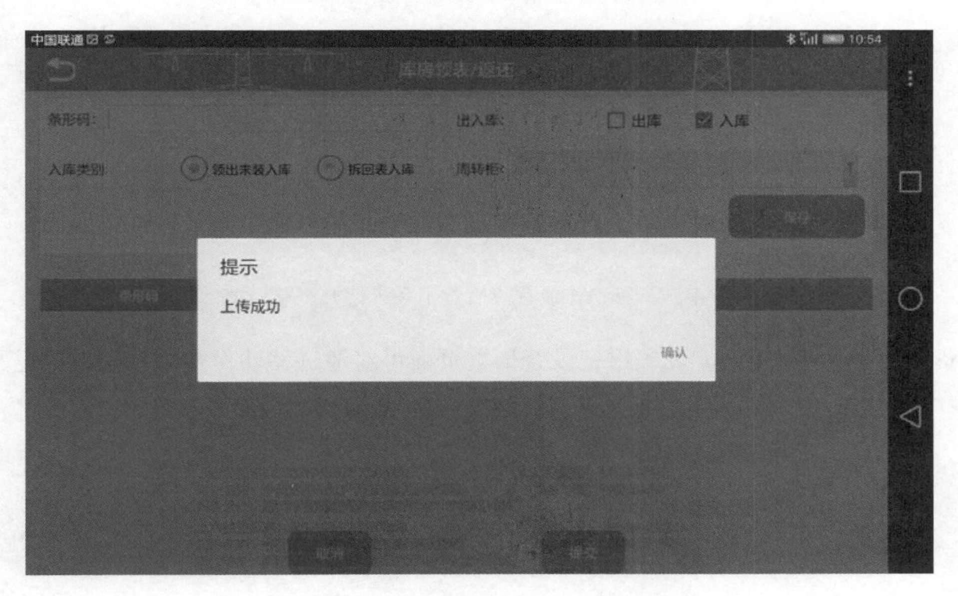

图 4-85 移动作业领表状态界面

当入库类别为“领出未装入库”时，需选择需要存放表计的周转柜信息。

4.3.2.6.2 营销业务系统

当移动作业平台上传领（还）表数据后，营销系统根据出入库类型及入库类别对数据做相应处理。

（1）当出入库类型为“出库”时，营销系统将资产状态变更为“领出待装”，并记录资产状态变更记录。

（2）当出入库类型为“入库”、入库类别为“拆回表入库”时，营销系统将资产状态变更为“待分流”，并记录资产状态变更记录。

（3）当出入库类型为“入库”、入库类别为“领出未装入库”时，营销系统将资产状态变更为“合格在库”，并记录资产状态变更记录，同时触发【个人退还流程】，周转柜系统获取数据维护储位信息如图 4-86～图 4-88 所示。

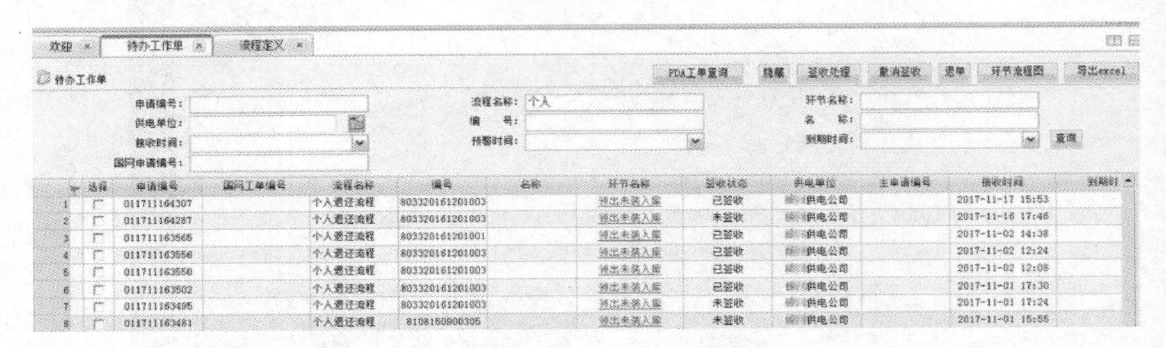

图 4-86　移动作业领表后营销系统待办工单

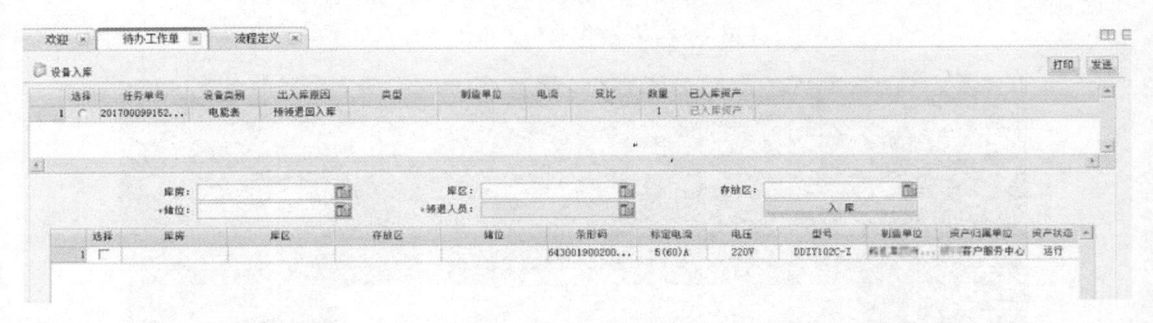

图 4-87　移动作业领表后营销系统待办工单详情

“资产管理”中，【电能表领用记录查询】页面可对通过移动作业平台领取、返回的电能表情况进行查询。

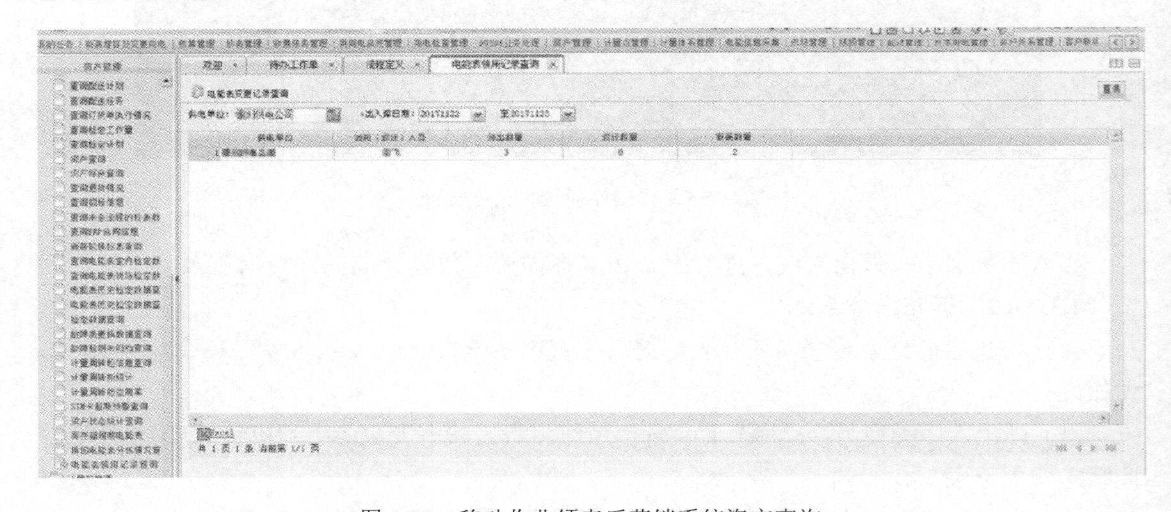

图 4-88　移动作业领表后营销系统资产查询

4.3.2.7 开通远程电费充值

点击“远程电费充值开通”选择供电单位，输入用户信息，点击“查询”如图4-89、图4-90所示。

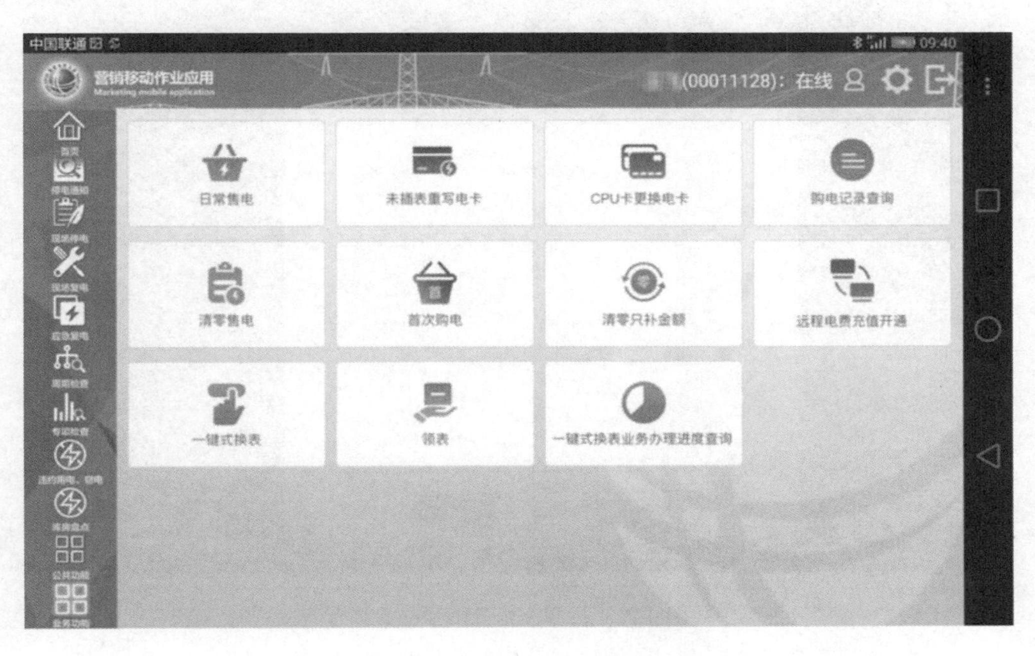

图4-89 远程充值开通界面

图4-90 远程充值开通查询客户信息界面

选择要开通远程电费充值的用户，界面会弹出用户的联系信息，维护用户的联系电话与身份证号码，点击“开通”，远程电费充值开通业务结束。如图 4-91 所示。

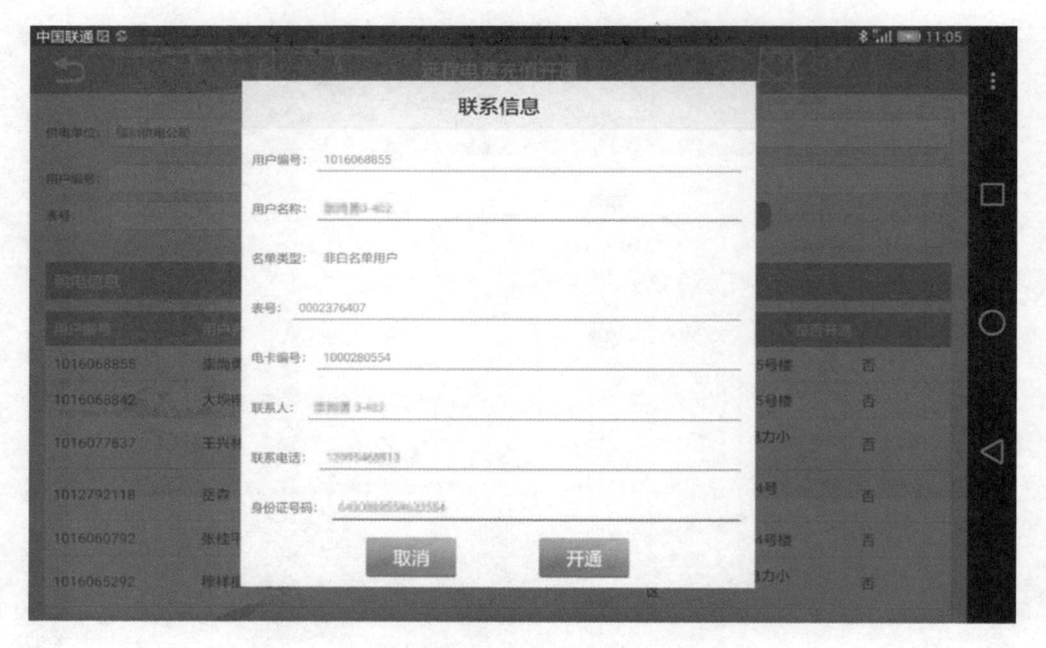

图 4-91　远程充值开通操作界面

4.3.2.8　日常售电

点击“日常售电”，在日常售电主界面，点击“读卡”，界面会显示用户信息，输入“购电金额”点击“收费”完成日常购电业务，如图 4-92 所示。

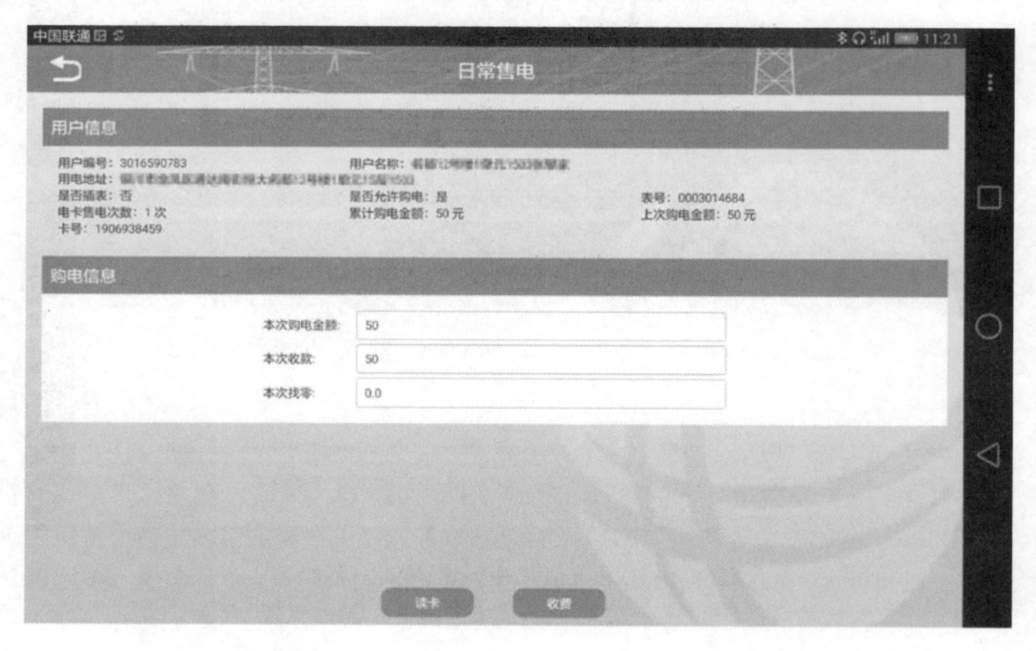

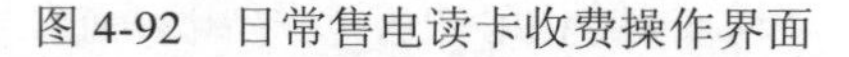

图 4-92 日常售电读卡收费操作界面

4.3.2.9 未插表重写电卡

点击“未插卡重写电卡”，在未插卡重写电卡主界面，点击“读卡”，界面会显示用户信息，输入“购电金额”点击“写卡”，未插卡重写电卡业务完成，如图 4-93 所示。

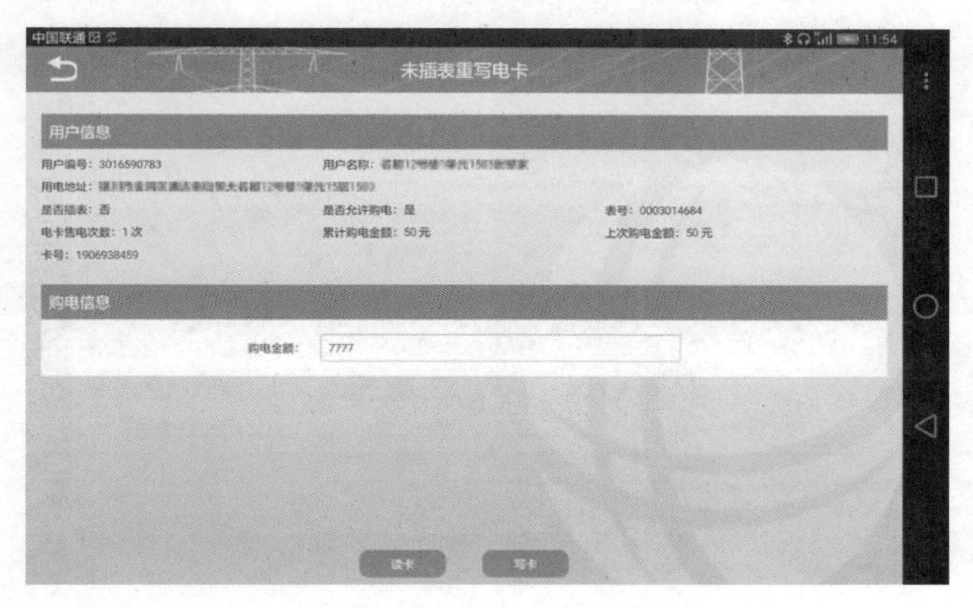

图 4-93 未插表重写电卡操作界面

4.3.2.10 CPU 更换电卡

点击“CPU 更换电卡”，在 CPU 更换电卡主界面，输入“用户编号”点击“读卡”，界面会显示用户信息，点击“写卡”，CPU 更换电卡业务完成，如图 4-94 所示。

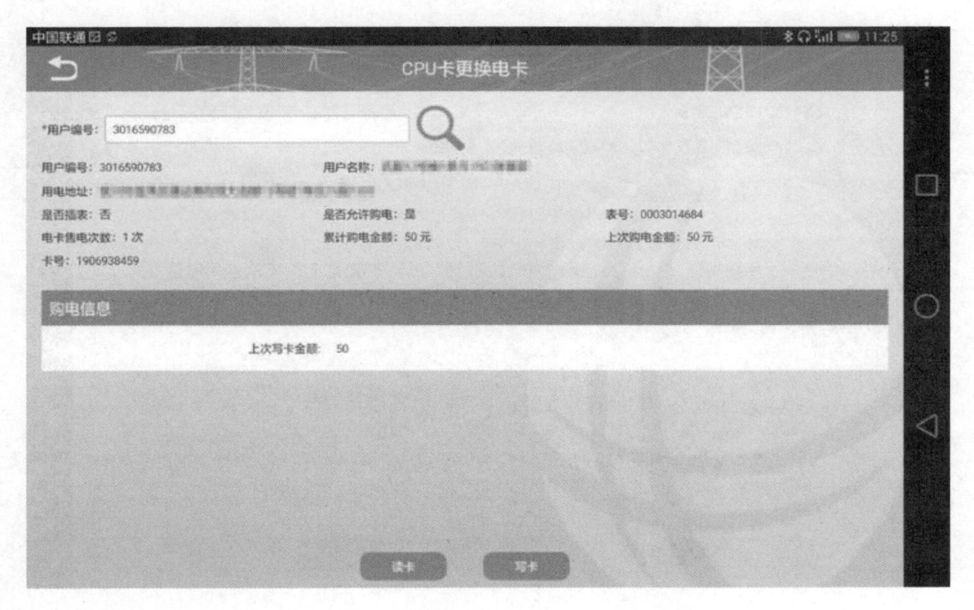

图 4-94 CPU 更换电卡操作界面

4.3.2.11 购电记录查询

点击“购电记录查询”，在购电记录查询主界面，输入“用户编号”点击“查询”，显示客户购电记录，如图 4-95 所示。

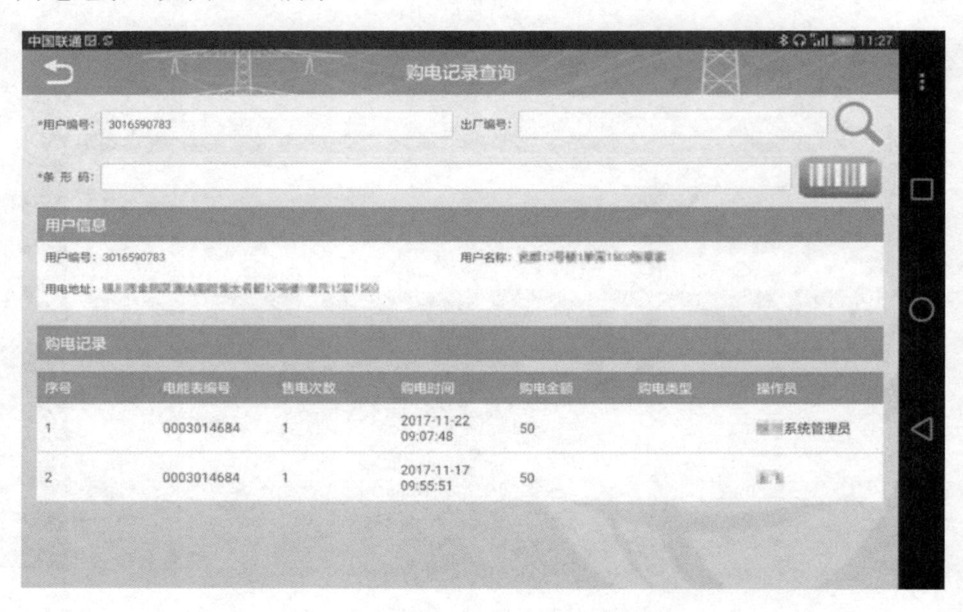

图 4-95 查询客户购电记录结果

4.3.2.12 清零售电

点击“清零售电”，在清零售电主界面，输入“用户编号”点击“查询”，系统会跳至计算电费界面，输入“本次示数”点击“计算”，如图 4-96 所示。

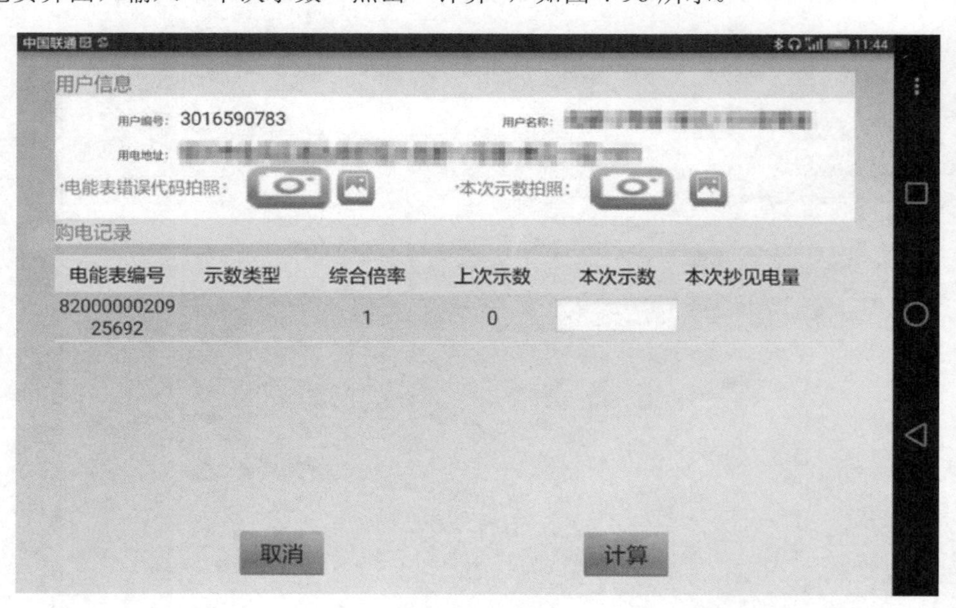

图 4-96 清零售电录入本次表计示数界面

界面会弹出发行电费界面，核对信息，点击“发行”，如图 4-97 所示。

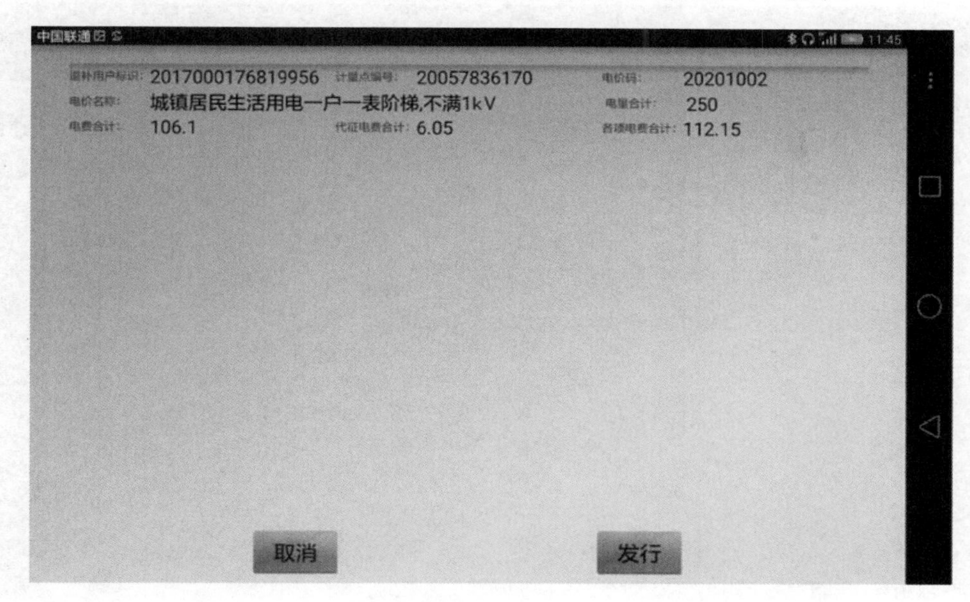

图 4-97 清零售电发行旧表电费界面

输入“本次购电金额”与“退补金额”点击“收费”，清零售电业务完成，如图 4-98 所示。

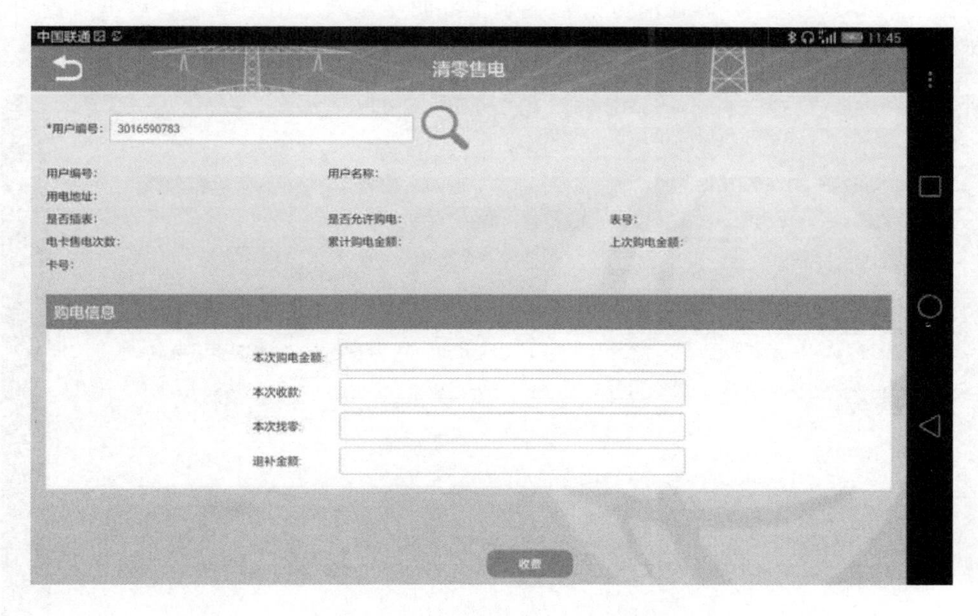

图 4-98 清零售电补写电费操作界面

4.3.2.13 首次购电

对新客户，可以通过首次购电功能为客户进行购电操作，首次购电操作界面如图 4-99 所示。

图 4-99　首次购电界面

4.3.2.14　清零只补金额

点击“清零只补金额”，在清零只补金额主界面，输入“用户编号”点击“查询”，系统会跳至计算电费界面，输入“本次示数”点击“计算”，如图 4-100 所示。

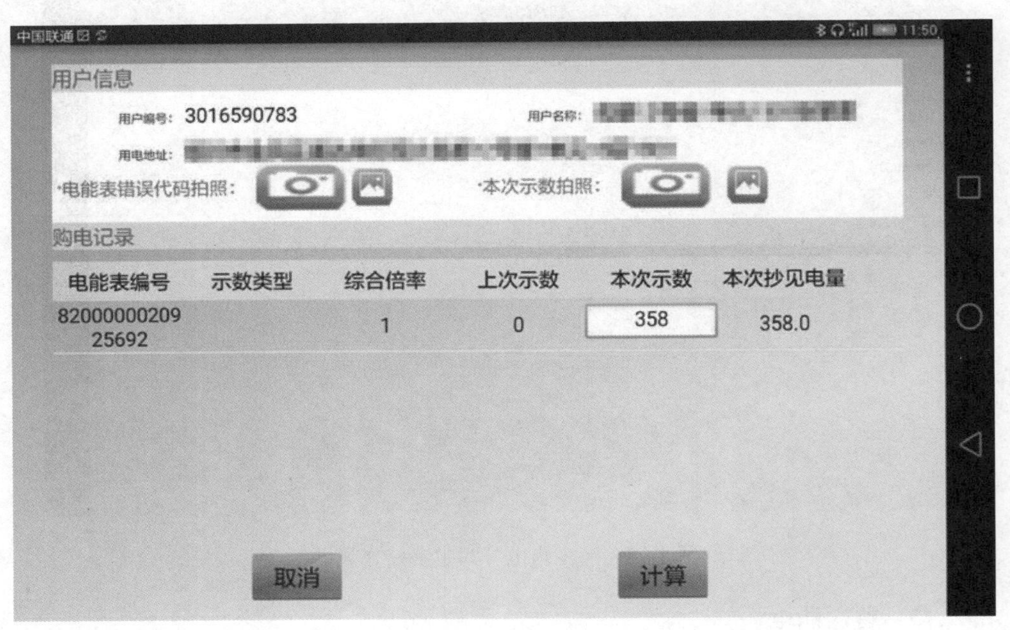

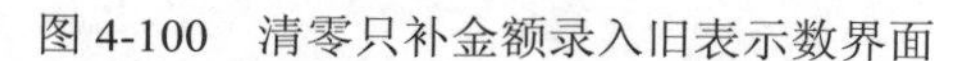

图 4-100 清零只补金额录入旧表示数界面

界面会弹出发行电费界面，核对信息，点击“发行”，如图 4-101 所示。

中国联通
11:50
退补用户标识: 2017000176819964
计量点编号: 20057836170
电价码: 20201002
电价名称: 城镇居民生活用电一户一表阶梯,不满1kV
电量合计: 358
电费合计: 151.94
代征电费合计: 8.66
各项电费合计: 160.6
取消
发行

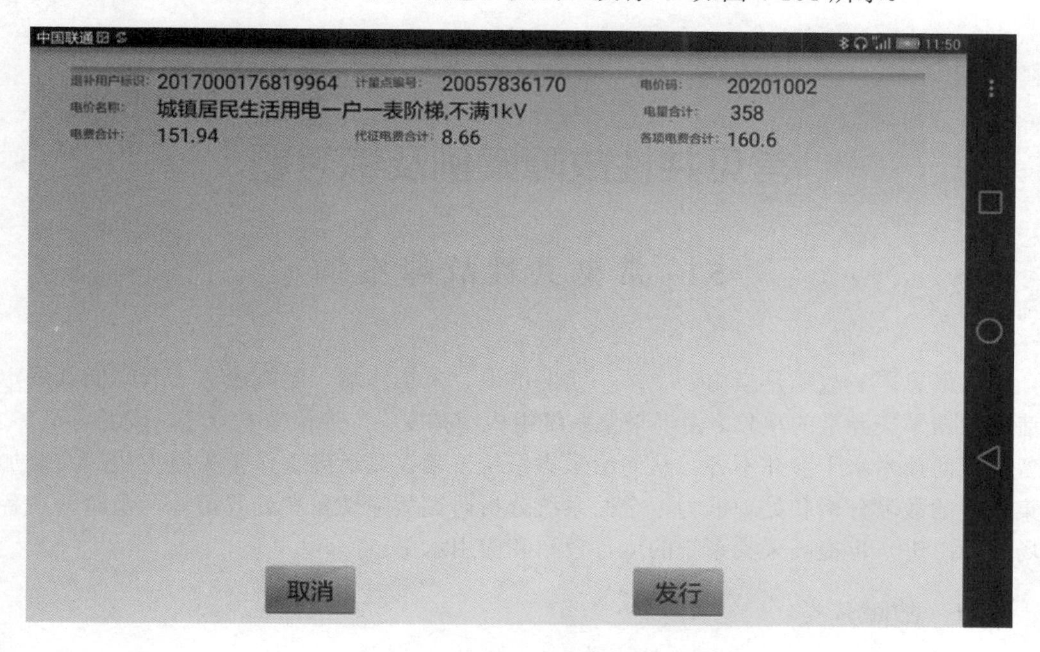

图 4-101 清零只补金额功能界面

输入“退补金额”点击“写卡”，清零只补金额业务完成，如图 4-102 所示。

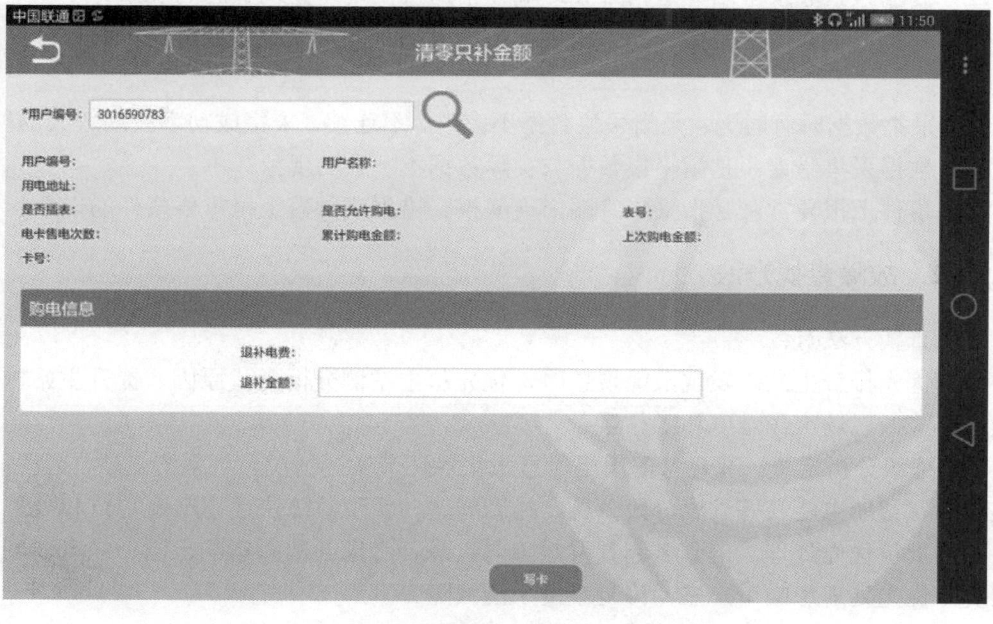

中国联通
11:50
清零只补金额
*用户编号: 3016590783
用户编号:
用户名称:
用电地址:
是否插表:
是否允许购电:
表号:
电卡售电次数:
累计购电金额:
上次购电金额:
卡号:
购电信息
退补电费:
退补金额:
写卡

图 4-102 清零只补金额操作界面

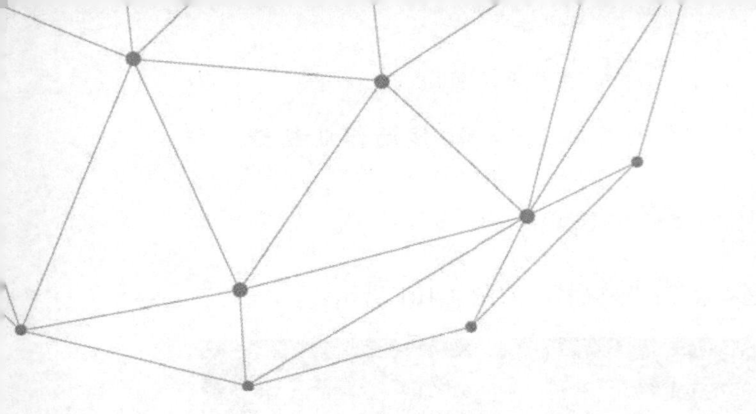

常见共性故障案例及练习题

5.1 常见共性故障案例

用电信息采集故障是指由于主站、通信信道、采集终端、电能表失去或降低其规定功能造成数据采集异常的现象。由于采集系统组成结构复杂、通信方式众多、现场环境多变、设备供应商技术水平参差不齐，从而给采集系统日常调试运维工作带来巨大挑战，需加强采集系统的故障分析和处理能力，全面系统分析研究故障现象和处置措施，及时解决各类现场故障，进一步提高采集系统的运行效率和应用水平。

5.1.1 故障分类

采集系统故障分类为：

（1）终端离线。是指终端无法正常登录采集系统主站的现象。

（2）终端频繁登录主站。是指采集终端频繁切换在线、离线状态的现象。

（3）数据采集失败。是指采集系统主站无法成功获取采集终端或电能表的数据信息的现象。

（4）采集数据时有时无。是指采集数据不完整、不连续，采集成功率波动较大的现象。

（5）数据采集错误。是指采集数据与实际数据不一致的现象。

（6）事件上报异常。是指采集终端出现漏报、错报或频繁上报重要事件的现象。

5.1.2 故障查找方法

故障查找方法有：

（1）优先排查主站。发现故障现象时，优先从主站侧分析查找原因，提升主站排除故障能力，降低现场工作难度和工作量。

（2）逐级分析定位。综合考虑用电信息采集各环节实际情况，从系统主站、远程信道、采集终端、智能电能表等维度分段分析、排查问题，实现故障快速、准确定位和处理。

（3）批量优先处理。遇到多起并发故障时，综合考虑各故障影响范围、恢复时间及抢修难度，优先处理影响用户多，修复难度小的故障。

（4）一次处置到位。对于同一区域/台区发现的不同故障，尽量一次派工同步进行排查、处理。根据可能的故障原因，提前备好物料，力争一次性做好故障处置。

5.1.3　故障原因识别

5.1.3.1　终端离线

终端离线常见原因如下：

（1）终端安装区域停电或终端掉电；

（2）运营商网络或光纤网络故障，通信卡损坏、丢失、欠费、参数设置错误，信号强度较弱，远程通信模块天线丢失等原因造成的远程通信信道故障，影响终端正常登录主站系统；

（3）由于远程通信模块故障、采集终端故障等原因致使终端无法正常登录主站系统。

5.1.3.2　终端频繁登录主站

终端频繁登录主站的常见原因如下：

（1）终端心跳周期参数设置错误；

（2）终端安装位置信号强度弱；

（3）采集终端部分硬件出现故障，如远程通信模块故障或采集终端其他硬件部分出现故障；

（4）采集终端软件出现故障，如采集终端内存溢出。

5.1.3.3　数据采集失败

数据采集失败的常见原因如下：

（1）主站、采集终端的参数或任务设置错误；

（2）通信模块故障、时钟故障、通信协议不兼容、传输距离过远等；

（3）采集终端、电能表 RS485 端口损坏、不同厂家载波芯片或采集设备不兼容等；

（4）采集终端软件通信协议不兼容、自身程序缺陷等；

（5）现场施工相线未接，RS485 线接线错误或未接，电源线、通信模块等接触不良。

5.1.3.4　数据采集时有时无

数据采集时有时无的常见原因如下：

（1）采集终端软件版本存在缺陷；

（2）采集终端天线安装位置处无线信号强度较弱，无法与基站正常通信；

（3）由于台区供电半径过大，导致电能表与集中器通信距离过远，载波或微功率信号衰减严重；

（4）采集终端、电能表故障。

5.1.3.5　数据采集错误

数据采集错误的常见原因如下：

（1）主站、采集终端参数设置错误；

（2）采集终端、电能表时钟错误；

（3）采集终端、电能表故障；

（4）主站档案与现场实际情况不一致。

5.1.3.6　事件上报异常

事件上报异常的常见原因如下：

（1）主站、采集终端参数设置错误；
（2）采集终端、电能表电池失效；
（3）采集终端故障。

5.1.4 故障处理

5.1.4.1 终端离线

终端离线故障分析与处理流程如图 5-1 所示。

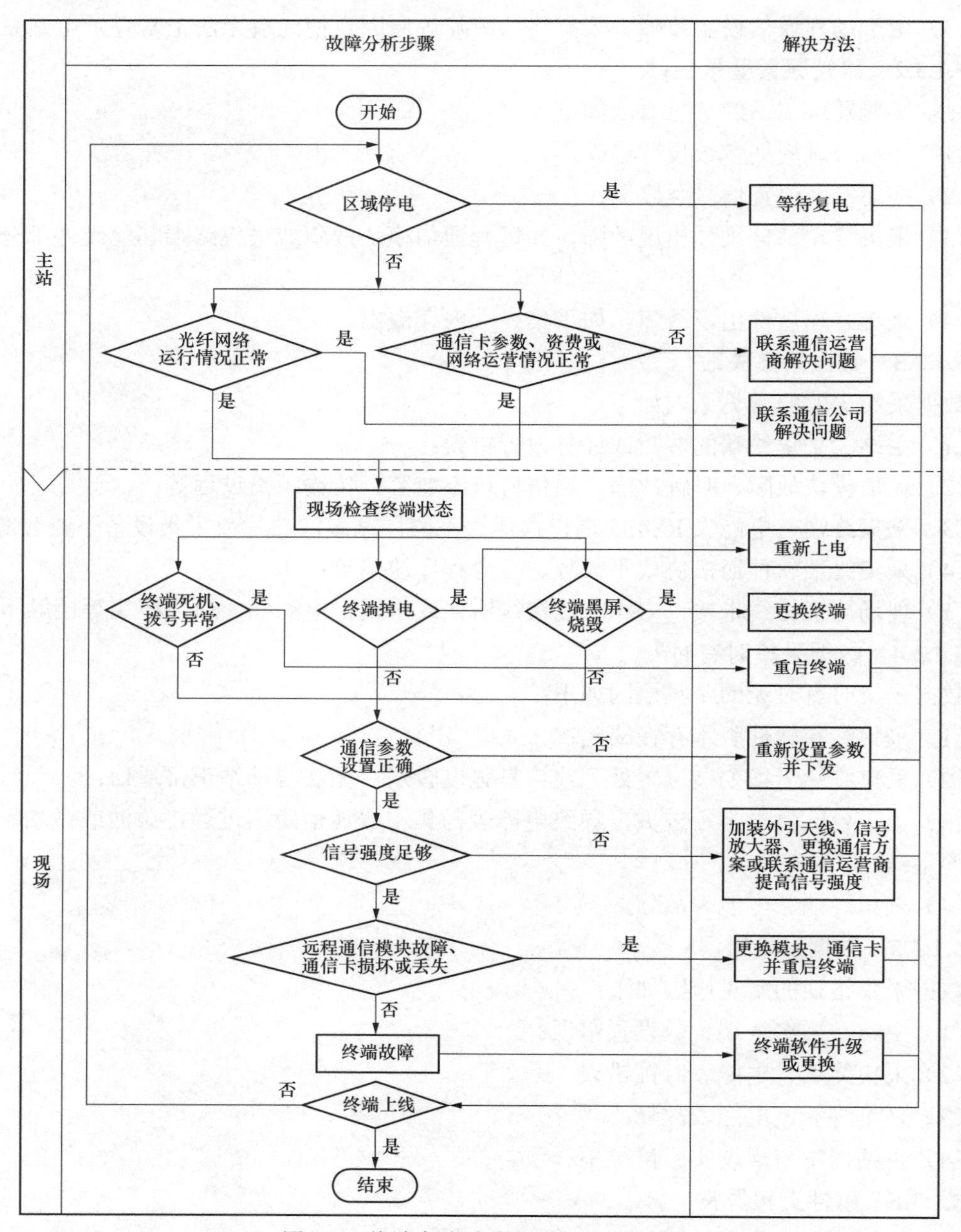

图 5-1 终端离线故障分析与处理流程

（1）从主站侧分析终端离线的方法和处置步骤见【案例1】【案例2】。

【案例1】 判断是否因停电导致终端离线

1. 故障分析

通过主站查询终端主动上报的停电事件，结合计划停电信息，判断离线的终端是否在停电的区域。

2. 故障处理

若因停电引起终端离线，则需待供电恢复后跟踪终端在线情况。

【案例2】 检查离线终端所属网络是否运行正常

1. 故障分析

由于网络运行异常导致的终端离线一般有SIM卡欠费，通信参数设置错误等原因。

2. 故障处理

若终端的远程通信方式为无线公网通信，则联系相应运营商进行处理；若终端的远程通信方式为有线通信，则联系信通公司进行处理。

（2）在现场分析终端离线的方法、处置步骤见【案例3】～【案例7】。

【案例3】 判断终端的工作状态是否正常

1. 故障分析

检查终端外观是否出现黑屏、烧毁等现象；检查终端电源是否接入；检查终端是否死机或拨号异常。

2. 故障处理

若终端外观出现黑屏、烧毁等现象，则更换终端；若终端电源无接入，需接入电源；若终端死机或拨号异常，则将终端重启上线。

【案例4】 判断终端通信参数是否正确

1. 故障分析

通过终端面板按键或掌机检查终端通信参数是否正确，如主站IP、端口号、APN、用户名、密码、终端地址等参数。

2. 故障处理

经检查发现参数设置不正确，需正确设置参数。

【案例5】 判断终端获取的信号强度是否足够

1. 故障分析

通过终端面板观察信号强度是否足够，或通过测试设备测试现场无线信号覆盖情况。

2. 故障处理

若现场无线信号覆盖较差，则可考虑更换无线通信方案。若更换其他运营商通信模块后，信号强度仍不足，则需通过加装天线、信号放大器等方式，增强信号强度，或联系运营商寻求进一步解决。

【案例6】 检查无线通信模块及通信卡安装情况

1. 故障分析

检查无线通信模块指示灯是否工作正常，检查无线模块针脚是否弯曲。检查通信卡是否丢失、接触不良或损坏。

2. 故障处理

若模块指示灯工作不正常，重新安装或更换模块；若模块针脚发生弯曲，直接更换模块；若通信卡丢失、损坏或接触不良，重新安装或更换通信卡。

【案例 7】 检查采集终端是否发生故障

1. 故障分析

升级采集终端软件，判断是否正常登录主站。检查采集终端远程通信模块接口输出的电压值，应为 3.8～4.2V 内。

2. 故障处理

若采集终端远程通信模块接口输出电压值不在 3.8～4.2V 内，更换采集终端。

5.1.4.2 终端频繁登录主站

终端频繁登录主站故障分析与处理流程如图 5-2 所示。

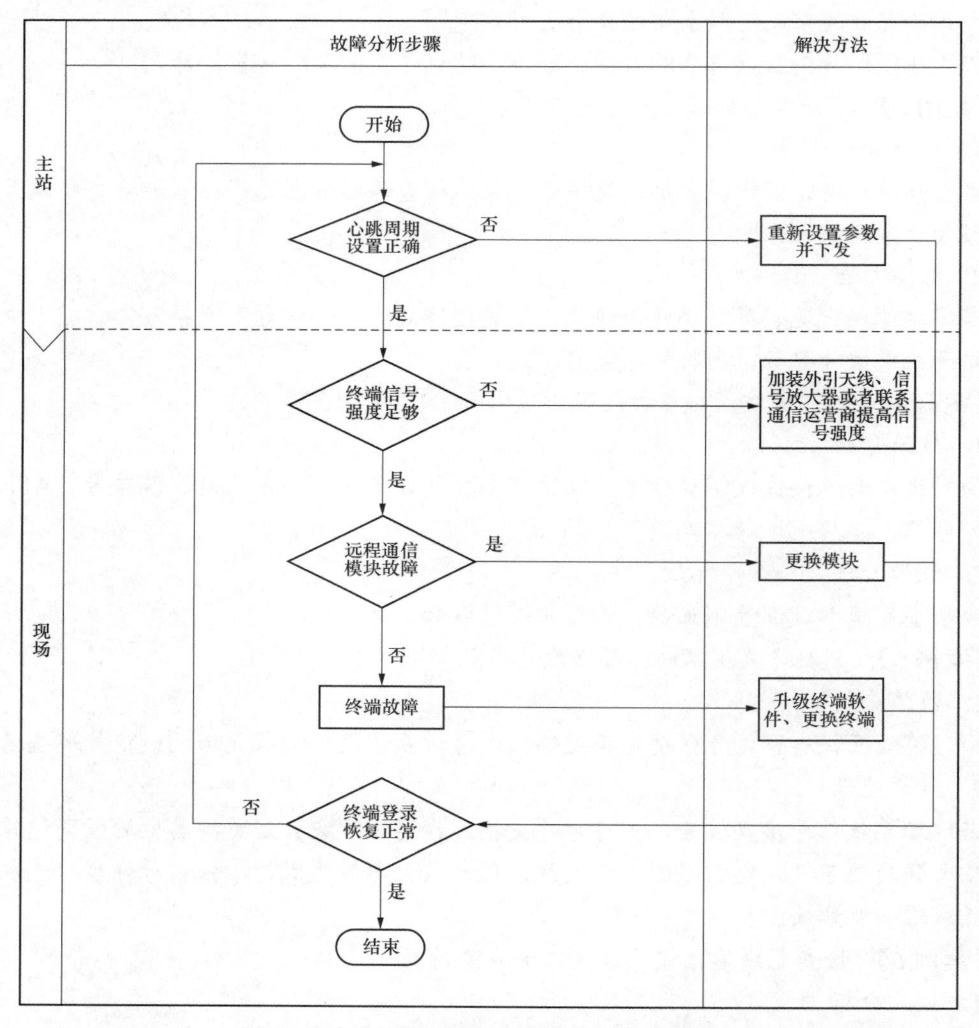

图 5-2 终端频繁登录主站故障分析与处理流程

（1）从主站侧分析终端频繁登录的方法、处理步骤见【案例8】。

【案例8】 主站检查终端心跳周期参数是否设置正确

1. 故障分析

终端心跳周期参数设置过长导致采集终端频繁上下线。

2. 故障处理

重新设置终端心跳周期参数，确保参数设置成功。

（2）在现场分析终端频繁登录主站的方法、处置步骤见【案例9】～【案例11】。

【案例9】 观察终端液晶屏显示的信号强度

1. 故障分析

检查信号强度是否符合要求、天线是否正常。

2. 故障处理

信号强度弱或不稳定，可加装外延天线或信号放大器。若仍无法解决，需联系运营商处理。

【案例10】 检查远程通信模块是否故障

1. 故障分析

观察远程通信模块通信指示灯是否正常，更换远程通信模块，观察终端能否正常登录。

2. 故障处理

若远程通信模块故障，更换远程通信模块。

【案例11】 检查采集终端是否发生故障

1. 故障分析

升级采集终端软件，判断终端是否正常工作。检查采集终端远程通信模块接口输出的电压值，应在3.8～4.2V内。

2. 故障处理

若采集终端远程通信模块接口输出电压值不在3.8～4.2V内，更换采集终端。

5.1.4.3　数据采集失败

数据采集失败故障分析与处理流程如图5-3所示。

在发生数据采集失败的故障时，首先透抄电能表实时数据，内容包括电能表总电量、分时电量等数据。根据电能表数据透抄情况将故障分为以下两类：①数据采集失败，但透抄电能表实时数据成功；②数据采集失败，且透抄电能表实时数据失败。

（1）对“数据采集失败，但透抄电能表实时数据成功”的故障，进行故障分析及处理的方法见【案例12】～【案例15】。

【案例12】 主站侧检查终端任务是否正确下发

1. 故障分析

检查终端任务是否正确下发，低压采集点通常配置电能表日冻结任务，公、专变采集点还应配置电压、电流、功率曲线等任务。

2. 故障处理

若终端任务设置错误或未下发，则正确设置并重新下发。

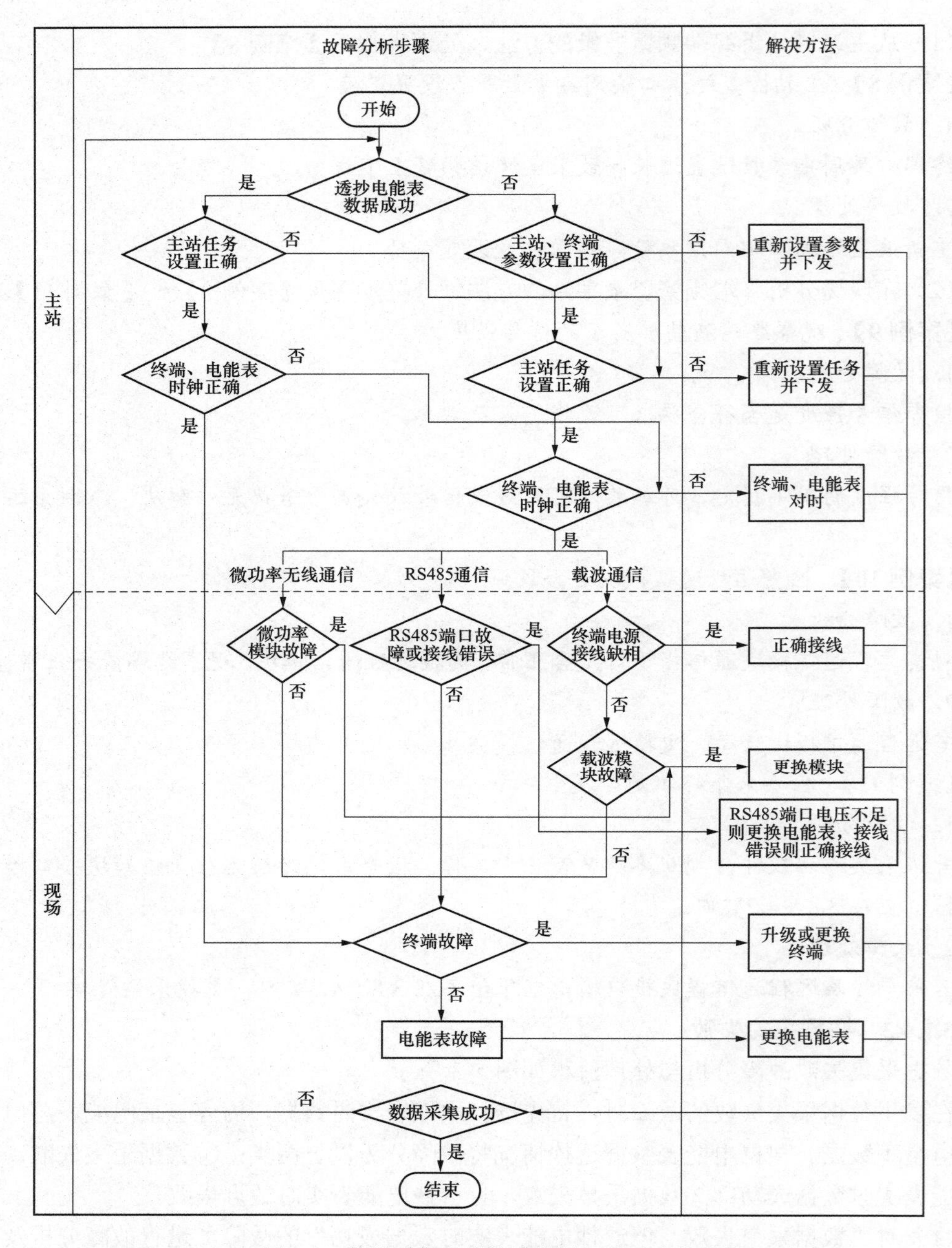

图 5-3　数据采集失败故障分析与处理流程

【案例 13】　主站侧检查终端、电能表时钟是否正确

1. 故障分析

终端、电能表时钟与主站时钟偏差会造成日冻结数据采集失败，通过主站召测终端、电能表时钟，核对时钟是否正确。

2. 故障处理

通过主站对时钟偏差在 5min 内的电能表进行远程校时，对时钟偏差超过 5min 的电能表可进行现场校时。若校时仍不成功，则更换电能表，终端时钟偏差可通过主站远程校时。

【案例14】 现场检查终端是否发生故障

1. 故障分析

检查终端所接入的其他电能表数据是否采集成功，若成功则表明终端正常，反之，则通过升级、更换终端后观察故障是否消除。若故障消除，则表明终端发生故障。

2. 故障处理

若终端故障，则升级或更换终端。

【案例15】 现场检查电能表是否无法冻结数据

1. 故障分析

通过掌机确认电能表冻结数据是否正常。

2. 故障处理

若电能表故障，则更换电能表。

（2）对于“数据采集失败，且透抄电能表实时数据失败”的故障，进行故障分析及处理的方法见【案例16】～【案例18】。

【案例16】 主站侧检查终端参数是否正确设置并下发

1. 故障分析

检查终端参数是否正确设置，包括表地址、波特率、通信规约、通信端口号、序号、用户大/小类号等。

2. 故障处理

若参数设置错误或未下发，则正确设置并重新下发。

【案例17】 主站侧检查终端任务是否正确下发

1. 故障分析

检查终端任务是否正确下发，低压采集点通常配置电能表日冻结任务，公、专变采集点还应配置电压、电流、功率曲线等任务。

2. 故障处理

若终端任务设置错误或未下发，则正确设置并重新下发。

【案例18】 主站侧检查终端、电能表时钟是否正确

1. 故障分析

终端、电能表时钟与主站时钟偏差会造成日冻结数据采集失败，通过主站召测终端、电能表时钟，核对时钟是否正确。

2. 故障处理

通过主站对时钟偏差在5min内的电能表进行远程校时，对时钟偏差超过5min的电能表可进行现场校时。若校时仍不成功，则更换电能表，终端时钟偏差可通过主站远程校时。

（3）本地通信采用“载波”方式的按照【案例19】～【案例22】的方法进行故障排查。

【案例19】 现场检查终端电源线是否缺相

1. 故障分析

现场检查终端电源线是否缺相或虚接。

2. 故障处理

若终端电源线存在缺相或虚接，则正确连接电源线。

【案例 20】 现场检查终端载波模块是否故障

1. 故障分析

检查终端所接入的其他电能表数据是否采集成功，若成功则排除载波模块故障。若采集失败，则更换终端模块观察故障是否排除。

2. 故障处理

若终端载波模块故障，则更换载波模块。

【案例 21】 现场检查终端是否故障

1. 故障分析

检查终端所接入的其他电能表数据是否采集成功，若成功则表明终端正常，反之，则通过升级、更换终端后观察故障是否消除。若故障消除，则表明终端发生故障。

2. 故障处理

若终端故障，则升级或更换终端。

【案例 22】 现场检查电能表是否故障

1. 故障分析

检查采集终端下接的其他电能表的采集数据是否正常，若其他电能表采集数据正常，则判断为电能表故障。

2. 故障处理

若电能表故障，则更换电能表。

（4）本地通信采用“RS485 线”方式，按照【案例 23】～【案例 25】步骤、方法进行故障排查。

【案例 23】 现场检查 RS485 线接线是否正常

1. 故障分析

现场检查 RS485 线接线是否正常（未接、错接、损坏等），通过万用表检测通信线是否损坏，检测 A、B 通信线是否短路、虚接等问题。

2. 故障处理

若接线错误，则更正接线。若通信线损坏，则更换通信线。

【案例 24】 现场检查终端和电能表 RS485 端口是否损坏

1. 故障分析

断开通信线，分别测量终端和电能表的 RS485 端口 A、B 间电压是否在正常范围，若超出范围则说明该端口可能存在故障。

2. 故障处理

若 RS485 端口故障，更换终端或电能表。

【案例 25】 现场检查终端、电能表是否故障

故障分析及故障处理措施参见【案例 21】【案例 22】。

（5）本地通信采用“微功率无线”方式的按照【案例 26】【案例 27】进行故障排查。

【案例26】 现场检查终端微功率无线模块是否故障

1. 故障分析

检查终端所接入的其他电能表数据是否采集成功，若成功则排除微功率无线模块故障。若采集失败，则更换终端模块观察故障是否排除。

2. 故障处理

若终端微功率无线模块故障，则更换模块。

【案例27】 现场检查终端、电能表是否故障

故障分析及故障处理措施参见【案例21】【案例22】。

5.1.4.4　采集数据时有时无

采集数据时有时无故障分析与处理流程如图5-4所示。

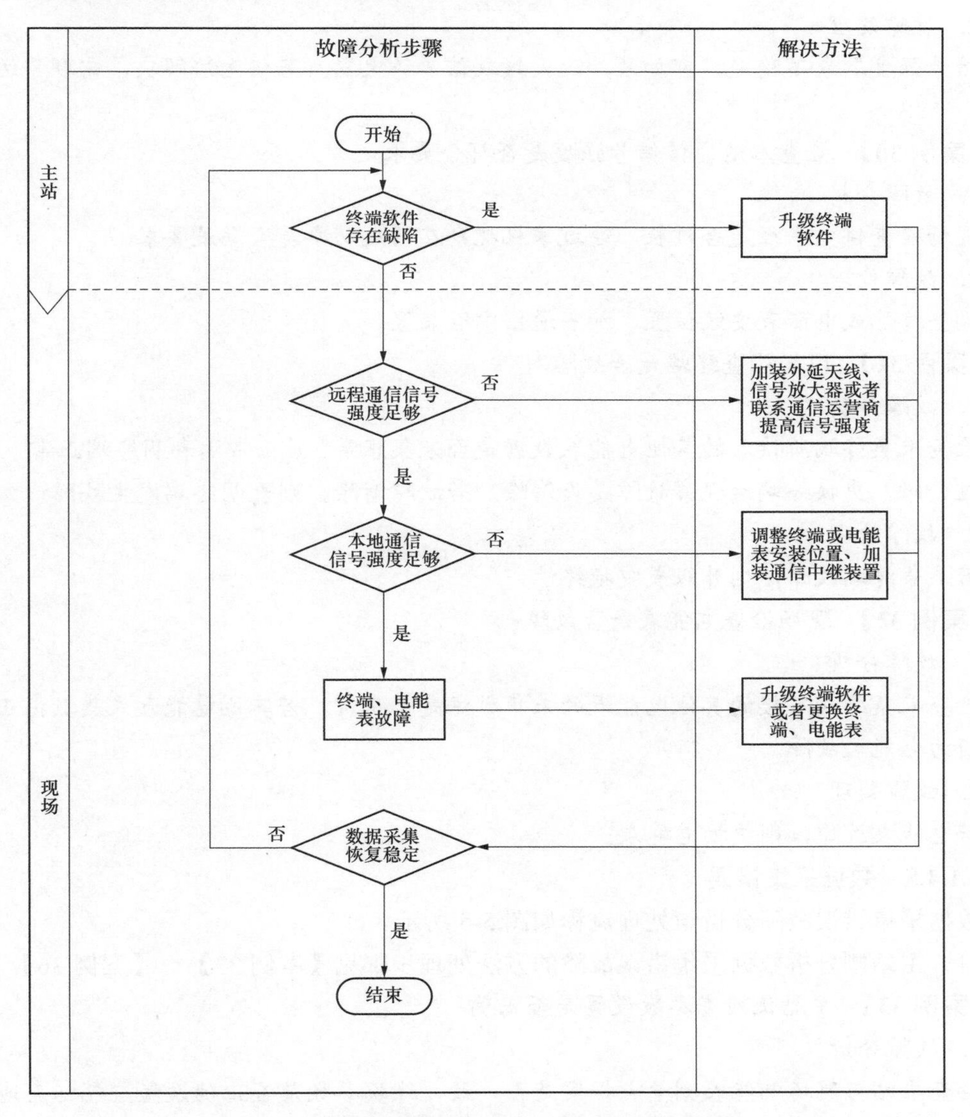

图5-4　采集数据时有时无故障分析与处理流程

（1）主站侧分析采集数据时有时无的方法、处理步骤见【案例 28】。

【案例 28】 主站侧检查终端软件是否存在缺陷

1. 故障分析

召测终端软件版本号，验证软件版本是否正确。

2. 故障处理

若终端软件存在缺陷，升级终端软件。

（2）在现场分析采集数据时有时无的方法、处置步骤见【案例 29】～【案例 32】。

【案例 29】 核查远程通信信号强度是否符合要求

1. 故障分析

观察终端液晶屏显示的信号强度，检查信号强度是否符合要求、天线是否正常。

2. 故障处理

信号强度弱或不稳定，可加装外延天线或信号放大器。若仍无法解决，需联系运营商处理。

【案例 30】 检查本地通信信号强度是否符合要求

1. 故障分析

现场检查供电半径是否过长，通过掌机观察在网成功率是否满足要求。

2. 故障处理

调整终端或电能表安装位置，加装通信中继装置。

【案例 31】 现场检查终端是否故障

1. 故障分析

检查采集终端所接入的其他电能表数据是否采集正常，若正常则表明终端正常，反之，则通过升级、更换终端后观察故障是否消除。若故障消除，则表明终端发生故障。

2. 故障处理

若采集终端故障，则升级或更换终端。

【案例 32】 现场检查电能表是否故障

1. 故障分析

检查采集终端下接的其他电能表的采集数据是否正常，若其他电能表采集数据正常，则判断为电能表故障。

2. 故障处理

若电能表故障，则更换电能表。

5.1.4.5 数据采集错误

数据采集错误故障分析与处理流程如图 5-5 所示。

（1）主站侧分析数据采集错误故障的方法处理步骤见【案例 33】～【案例 36】。

【案例 33】 主站侧检查参数设置是否正确

1. 故障分析

检查主站与现场电能表测量点档案是否一致，终端参数是否正确设置，包括表地址、波特率、通信规约、通信端口号、序号、用户大/小类号等。

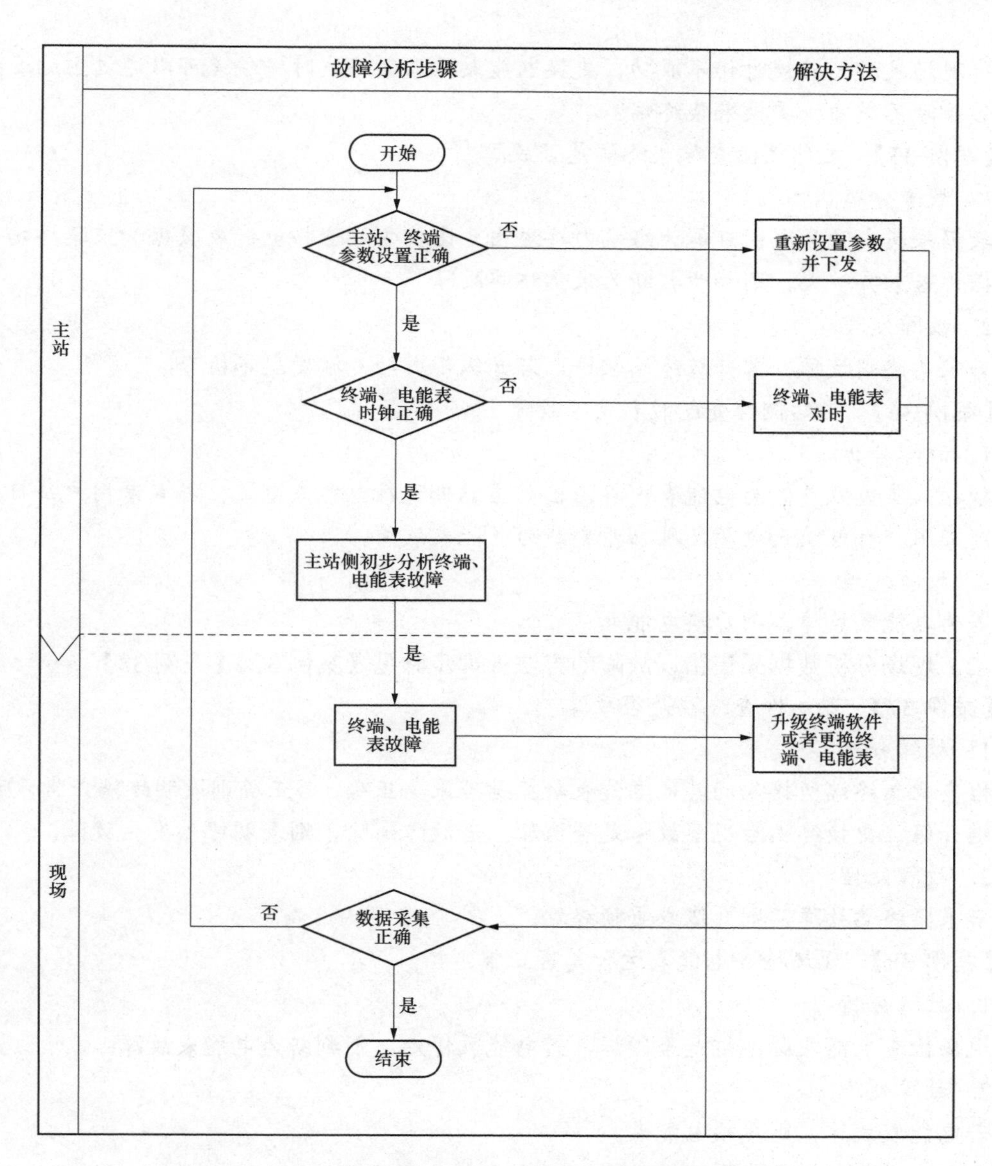

图5-5　数据采集错误故障分析与处理流程

2. 故障处理

若主站与现场电能表测量点档案不一致或参数设置错误，则正确设置终端参数并重新下发。

【案例34】 主站侧检查采集终端、电能表时钟是否正确

1. 故障分析

终端、电能表时钟与主站时钟偏差会造成日冻结数据采集错误。通过主站召测采集终端、电能表时钟，核对时钟是否正确。

2. 故障处理

通过主站对时钟偏差在5min内的电能表进行远程校时，对时钟偏差超过5min的电能

表进行现场校时。若校时仍不成功，更换电能表。采集终端时钟偏差可以通过主站远程校时，若校时不成功，更换采集终端。

【案例 35】 主站侧检查采集终端是否故障

1. 故障分析

数据采集失败的原因可能为终端内存溢出，比较主站透抄电能表数据和采集终端日冻结数据，若差异较大，则初步判断为采集终端故障。

2. 故障处理

若采集终端故障，需升级终端软件，若升级不成功，派发现场检查。

【案例 36】 主站侧检查电能表是否故障

1. 故障分析

数据采集失败可能为电能表内存溢出，主站侧透抄电能表电流，并查看用户每日用电情况，若用户有电流无电量，则初步判断为电能表故障。

2. 故障处理

若为电能表故障，则更换电能表。

（2）现场分析数据采集错误故障的方法处理步骤见【案例 37】【案例 38】。

【案例 37】 现场检查终端是否故障

1. 故障分析

检查采集终端所接入的其他电能表数据是否采集正确，若正确则表明终端正常，反之，则通过升级、更换终端后观察故障是否消除。若故障消除，则表明终端发生故障。

2. 故障处理

若采集终端故障，则升级或更换终端。

【案例 38】 现场检查电能表运行是否正常

1. 故障分析

现场检查电能表脉冲灯是否闪烁，若电能表停走，则判断为电能表故障。

2. 故障处理

若电能表故障，则更换电能表。

5.1.4.6 事件上报异常

事件上报异常故障分析与流程处理如图 5-6 所示。

（1）主站侧分析事件上报异常故障的方法处理步骤见【案例 39】【案例 40】。

【案例 39】 主站侧检查参数设置是否正确

1. 故障分析

通过主站检查终端事件有效性和重要性参数设置是否正确。

2. 故障处理

若主站内终端事件有效性和重要性参数未设置，则正确设置事件参数并重新下发。

【案例 40】 主站侧检查采集终端软件是否存在缺陷

1. 故障分析

以停复电事件为例，采集终端发生停电或复电时，应及时向主站上报停电和复电报文，报文内停复电时间须准确无误。发生此类异常时，应在主站侧查看停复电报文及停复电时间是否正确。

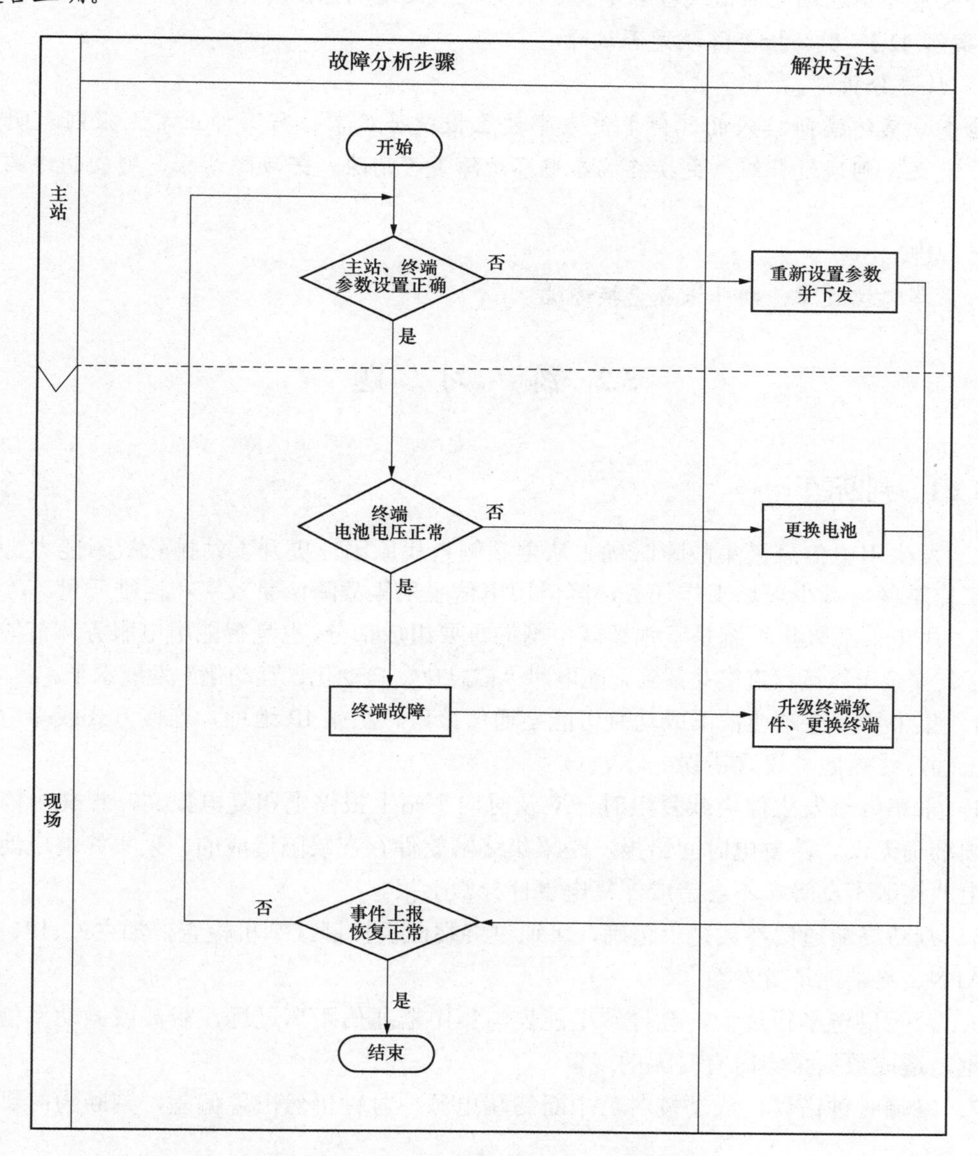

图5-6 事件上报异常故障分析与流程处理

2. 故障处理

停复电时间错报，采集终端软件存在缺陷，则升级采集终端软件。

（2）现场分析事件上报异常故障的方法处理步骤见【案例41】【案例42】。

【案例41】 现场检查采集终端电池是否正常

1. 故障分析

采集终端电池正常才能保证停电后停复电事件能够正常上报，电池电压低、电池接触不良等问题会造成停复电事件异常上报。发生此类异常时，需现场检查采集终端电池。

2. 故障处理

若采集终端电池电压低或接触不良，则更换采集终端电池。

【案例42】 现场检查终端是否故障

1. 故障分析

检查采集终端所接入的其他电能表事件上报是否正常，若事件正常上报则表明终端正常，反之，则通过升级、更换终端后观察故障是否消除。若故障消除，则表明终端发生故障。

2. 故障处理

若采集终端故障，则升级或更换终端。

5.2 练 习 题

5.2.1 判断题

1．发生用电信息采集故障时优先从主站侧查找原因，提升主站排除故障能力，降低现场工作难度，减少现场工作任务，降低用电信息采集故障诊断效率和运维质量。（ ）

2．用电信息采集系统是坚强智能电网的重要组成部分，也是智能用电服务环节的技术基础，其安全可靠运行直接关系到智能电网“信息化、自动化、互动化”发展水平。（ ）

3．集中器与主站通信不成功有可能是通信接口、主站IP地址、连接方式或端口号设置不正确，终端地址设置错误。（ ）

4．采集终端发生停电或复电时，应及时向主站上报停电和复电报文，报文内停复电时间须准确无误。停复电时间错报，是采集终端软件存在缺陷造成的。采集终端电池电压低、电池接触不良等，不会造成停复电事件异常上报。（ ）

5．判断终端通信参数是否正确，可通过终端面板按键或掌机检查，如主站IP、端口号、APN、终端地址等参数。（ ）

6．台区供电半径过大，会导致电能表与集中器通信距离过远，载波或微功率信号衰减严重，造成数据采集时有时无的现象。（ ）

7．终端时钟错误，成功校时后中断终端电源，时钟仍然出现偏差，判断为时钟电池失效。（ ）

8．采集系统主站运维工作由省公司营销部负责。（ ）

9．终端频繁登录主站：是指采集终端有规律切换在线离线状态的现象。（ ）

10．由于远程通信模块故障、采集终端故障等原因致使终端无法正常登录主站系统是终端离线的常见原因之一。（ ）

5.2.2 不定项选择题

1．终端异常分类包含（ ）

A．采集数据异常　　　　B．通信异常

C．终端故障　　D．测量点电能表异常

2．某供电公司采集运维人员在监控过程中发现Ⅰ型集中器运行状态正常，但设备下所有电能表均采集失败，初步判断可能存在的故障情况有（　　）。

A．集中器接线错误　　B．表计 RS485 端口故障

C．载波模块故障　　D．SIM 卡故障

3．检查采集终端远程通信模块接口输出的电压值，应在（　　）内。

A．3.8～4.2V　　B．3.8～6.0V

C．3.0～4.2V　　D．3.8～5V

4．现场故障处理时发现集中器有信号但不能正常上线可能与（　　）内容有关。

A．APN　　B．主站 IP 地址　　C．电能表参数　　D．在线方式

E．通信端口

5．集中器应能（　　）无线公网通信模块型号、版本、ICCID、信号强度等信息。

A．只能读取　　B．只能存储

C．读取并存储　　D．不能读取也不能存储

6．造成事件上报异常的常见原因有（　　）。

A．采集终端参数设置错误　　B．采集终端、电能表电池失效

C．采集终端故障　　D．主站参数设置错误

7．半载波方式的台区，通常由（　　）组成。

A．Ⅰ型集中器　　B．采集器

C．RS485 电能表　　D．载波表

8．某采集终端通信失败，应考虑故障处理顺序是（　　）。

A．终端设备-通信运营商-主站设备

B．终端设备-主站设备-通信运营商

C．通信运营商-终端设备-主站设备

D．主站设备-通信运营商-终端设备

9．透明抄表是来验证（　　）是否准确的手段。

A．电能表通信地址设置　　B．通信规约类型设置

C．波特率设置　　D．现场 RS485 接线

10．集中器不能抄读部分载波表的原因有（　　）。

A．路由的运行模式，失败表的表端载波芯片不能兼容

B．台区区分不明确，抄不到的表不属于该集中器抄读的台区

C．抄不到的表与能抄到的电能表之间距离太远，无法建立中继

D．抄不到的表与能抄到的电能表之间存在大衰减点

5.2.3　简答题

简要说明专变采集终端无法抄读表计时可能的故障原因及故障处理办法。

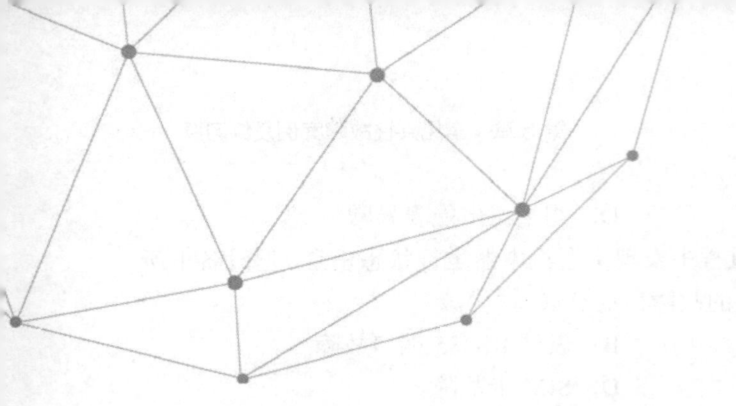

第6章 系统档案故障案例及练习题

6.1 系统档案故障案例

【案例43】 电能表参数未下发导致用户数据采集故障

1. 故障描述

新装台区集中器不抄表，采集系统显示集中器在线良好。

2. 原因分析

运维人员对台区电能表档案进行召测，发现智能表档案为空。原因为内勤人员在进行集中器新装流程时，未向集中器下发智能表档案。

3. 处理办法

运维人员在采集系统重新向集中器下发档案后，集中器开始抄读用户数据。

4. 经验总结

当整个台区出现不抄表现象时，应在第一时间排查集中器在线情况，当集中器在线，则立即查看电能表档案是否正确下发。只有电能表档案正确下发才能保证集中器正常抄收，完成采集系统对电能表数据的采集。

【案例44】 电能表通信波特率错误

1. 故障描述

电能表波特率参数设置错误导致数据采集失败。

2. 原因分析

采集终端内电能表通信波特率参数与电能表实际波特率不一致。

3. 处理办法

数据采集失败且透抄实时数据失败时，主站召测或现场查看电能表的实际通信波特率是否与主站系统中电能表档案波特率一致。如果不一致，在营销系统中修改电能表档案的波特率，并同步至采集主站系统，由采集系统下发至采集终端。

【案例45】 电能表通信规约错误

1. 故障描述

电能表通信规约参数设置错误导致数据采集失败。

2. 原因分析

采集终端内电能表通信规约参数与电能表实际通信规约不一致。

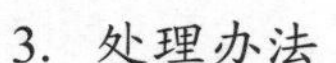

3. 处理办法

数据采集失败且透抄实时数据失败时，主站召测或现场查看电能表的实际通信规约是否与主站系统中电能表档案通信规约一致。如果不一致，在营销系统中修改电能表档案中的通信规约，并同步至采集系统，由主站系统下发给采集终端。

【案例46】 电能表对应端口号错误

1. 故障描述

电能表对应端口号设置错误导致数据采集失败。

2. 原因分析

采集终端内电能表对应抄表端口号的参数与实际电能表接入采集终端的端口号不一致。

3. 处理办法

数据采集失败且透抄实时数据失败时，现场查看电能表接入终端的实际端口号是否与主站系统中电能表对应终端的抄表端口号一致。如果不一致，在营销系统中修改电能表对应终端抄表端口号，并同步至采集系统，由主站系统下发给采集终端。

【案例47】 采集终端下电能表通信地址错误

1. 故障描述

数据采集失败。

2. 原因分析

采集终端的电能表通信地址与实际电能表通信地址不一致。

3. 处理办法

（1）数据采集失败且透抄实时数据失败时，通过采集主站召测采集终端内电能表通信地址与主站系统中的电能表通信地址进行比对，查看两者是否一致。

（2）现场查看电能表的通信地址与主站系统中的电能表通信地址是否一致。

（3）当采集主站中电能表通信地址与电能表实际通信地址不一致时，在营销系统中修改电能表档案的通信地址，并同步至采集系统，通过采集主站重新下发电能表通信地址给采集终端。

（4）当采集主站中的电能表通信地址与终端内电能表通信地址不一致时，通过采集主站重新下发电能表通信地址给采集终端。

【案例48】 电能表测量点序号错误

1. 故障描述

电能表测量点序号错误导致数据采集错误或数据采集失败。

2. 原因分析

参数录入错误，采集终端内电能表测量点序号与主站系统中的电能表测量点序号不一致。

3. 处理办法

通过数据监控分析和营销反馈采集数据不一致，通过采集主站召测采集终端内电能表测量点序号与主站系统中的电能表测量点序号进行比对，查看两者是否一致。如果测量点序号不一致，则通过采集主站重新下发电能表测量点序号给采集终端。

【案例49】 用户分类号错误

1. 故障描述

用户分类号错误导致数据采集错误。

2. 原因分析

用户分类号设置错误。

3. 处理办法

通过采集主站查看采集数据，如采集数据多项或少项，通过采集主站召测采集终端中测量点对应的用户分类号，判断用户分类号是否正确，如果不正确通过采集主站重新下发测量点对应的用户分类号。

【案例50】 电能表档案错误

1. 故障描述

电能表档案错误导致数据采集错误或数据采集失败。

2. 原因分析

电能表档案信息录入错误或营销系统电能表档案信息未同步至采集系统。

3. 处理办法

核查电能表资产/运行档案中的波特率、通信规约、通信地址、出厂日期、当前状态等参数信息是否正确。如果错误则需在营销系统修改电能表档案，并同步到采集系统主站。

6.2 练　习　题

6.2.1 判断题

1. 采集终端内电能表地址档案和主站档案不一致，可能引起终端数据采集错误。(　　)

2. 用电信息采集系统对“大型专变用户”的定义指的是：用电容量在100kVA及以下的专变用户。(　　)

3. 当终端上报计量点新增、删除事件时，采集系统主站主动根据终端上报的档案信息，结合营销系统工单对采集计量点档案进行调整。(　　)

4. 采集缺陷平均消缺时长等于本月归档的采集缺陷从产生到反馈所用时长的平均值。(　　)

5. 计量现场作业产生的工单及数据材料，现场业务工作人员应在任务工单办结4个工作日内在营销信息系统中维护业务数据；在7个工作日内移交纸质文档及相关电子材料至本部门整理存放，并在每月月底移交至档案室归档。(　　)

6.《国家电网公司用电信息采集系统运行维护管理办法》规定，营销系统档案信息变更后，应于1个工作日内同步至采集系统，并同时下发基础信息参数至采集终端，避免采

集数据不全或采集数据错误等情况发生。（ ）

6.2.2 不定项选择题

1. Q/GDW 1373—2013《电力用户用电信息采集系统功能规范》中规定，终端管理主要对终端运行相关的采集点和终端（ ）等进行管理。

A．档案参数　　B．配置参数
C．运行状态　　D．运行参数

2. 终端管理主要对终端运行相关的采集点和（ ）参数、配置参数、运行参数、运行状态等进行管理。

A．用户档案　　B．电能表档案　　C．终端档案　　D．主站档案

3. 档案管理中，主要对维护系统运行必须的（ ）进行分层分级管理。

A．电网结构　　B．用户　　C．计量点　　D．采集点
E．受电点　　F．设备

4.《集中抄表终端（集中器、采集器）装拆标准化作业指导书》中现场作业技术资料主要包括（ ）。

A．客户档案信息　　B．终端使用说明书
C．运行维护手册　　D．施工方案

5. 根据主站运行管理规范，采集系统主站运行管理的终端调试内容包括（ ）等。

A．终端升级　　B．档案维护
C．参数设置　　D．采集调试

6. 多表合一采集模块的基础档案信息以（ ）为准。

A．MDS 系统　　B．采集系统
C．营销业务应用系统　　D．营销基础数据平台

7.（ ）不是造成集中器采集低压表计成功率低的原因。

A．台区、用户档案对应关系不一致
B．集中器、电能表载波方案不匹配
C．存在未下发抄表任务参数项
D．集中器交采曲线数据冻结密度设置过大

8. 对主站档案信息或参数错误、召测不稳定、通信故障、采集及计量设备故障、采集数据项缺失、终端及电能表时钟错误等故障进行监控，开展故障原因分析，应于（ ）h内派发工单。

A．6　　B．7　　C．8　　D．9

9. 用电信息采集系统运行维护对象，主要包括（ ）。

A．采集档案　　B．采集系统主站
C．通信信道　　D．现场设备

10. 手持抄表终端可以在用电信息采集系统的远程信道或本地信道失效时，将终端参

数和用户档案下装到（　　）。

A．采集器　　B．抄表终端　　C．专变终端　　D．集中器

6.2.3 简答题

造成数据采集错误的常见原因有哪些？

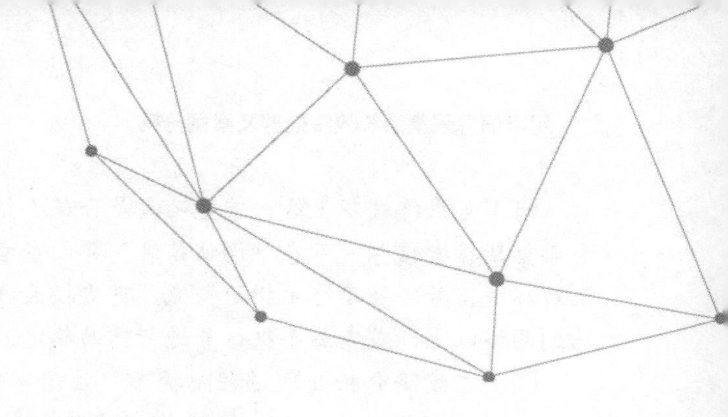

通信信道故障案例及练习题

7.1 通信信道故障案例

【案例51】 GPRS终端通信信道故障

1. 故障描述

GPRS终端通信故障现象为终端不在线，GPRS通信模块指示灯灭。

2. 原因分析

专变终端GPRS/CDMA模块是通过公网通信模块借助移动或联通的公共通信网与主站进行通信。专变终端面板通常设有网络、信号接收和发送指示灯。同时屏幕显示相应网络的信号强度和通信状态。根据终端显示状态可找到故障点，快速解决故障。出现GPRS终端通信故障的原因有电源故障、SIM卡故障、天线故障、终端安装位置信号强度不满足等。具体为：

（1）GPRS模块未安装到位。

（2）GPRS模块故障。

（3）GPRS模块接口故障。

（4）安装位置信号强度不满足。

3. 故障处理办法和步骤

（1）SIM卡欠费：缴费或换卡处理。

（2）SIM卡与通信模块接触不良：重新插入SIM卡，确保接触良好。

（3）GPRS通信模块与终端接触不良：重新插拔通信模块，检查指示灯是否显示正常。

（4）GPRS 通信模块损坏：更换通信模块，如果更换模块后仍存在问题，则可能为采集终端模块接口故障，应考虑更换采集终端。

（5）信号太弱：设法改善信号强度，可采用分体式模块、安装信号放大器、延长天线等方法。

（6）终端地址、行政区域码错误：正确设置终端地址、行政区域码。

（7）终端通信参数设置错误：正确设置主站IP、端口号、APN等参数。

4. 经验总结

GPRS终端登录步骤：打开串口→检测通信模块→检测SIM卡→网络注册→获取信号→读取通信模块型号→设置APN→检测GPRS网络→开始拨号→LCP链路协商→PPP验证→正在连接服务器→发送登录报文→终端上线（网络连接正常）。

（1）如果终端不上线，首先确定是否属于信号问题，通过复位键重新启动终端，终端自动重新搜索信号。可在“调试信息”界面查看搜索到的信号强度，需大于－90dBm，若周边环境信号较强而终端指示较低，可更换天线位置，重新测试。查看终端信号指示，应达到两格以上，或查看手机信号进行辅助确定。

（2）在故障分析处理过程中提示“注册网络失败”，需检查 SIM 卡是否接触良好或 SIM 卡是否损坏。处理方法是将 SIM 卡插入手机，如果手机网络正常，则排除 SIM 卡损坏，初步判断属于通信模块故障。

（3）如果终端提示“无 GPRS 网络”，检查终端 SIM 卡是否开通 GPRS 数据业务。

（4）如果终端提示“拨号失败”，检查终端 APN 参数是否正确，SIM 卡是否开通 APN。

【案例 52】 专变采集终端下行抄表故障

1．故障描述

专变采集终端无法抄表。

2．原因分析

采集终端抄表是一项基本功能，抄不到表的原因多种多样，除了接线的问题还有终端自身的问题。

专变采集终端无法抄表，通常处理流程如下：

（1）终端在线的情况下，首先在主站查看测量点参数（波特率、通信地址、规约、用户分类号、端口号等）是否正确，若不正确则在营销系统重新修改后同步至采集系统下发。

（2）检查 RS485 线接线是否正确，若不正确则重新接线。

（3）通过抄控器和万用表，抄读电能表和测量 RS485 端口电压，看是否能够抄到计量表的示数，若无法抄读，则证明表计 RS485 端口损坏，需换表处理。

【案例 53】 集中器“假”在线

1．故障描述

采集主站显示集中器在线，但无法读取集中器时钟和版本。

2．原因分析

在采集系统中，输入集中器地址后查询，点击“参数设置”可以查看到终端本身通信参数信息，如图 7-1 所示。

3．处理办法

（1）查看采集系统终端地址、主站 IP、端口号、APN 等终端通信参数是否设置正确。

（2）若采集系统终端通信参数正确，则需现场进行排查。

【案例 54】 集中器信号不稳定

1．故障描述

集中器通过 GPRS、CDMA 上行信道与主站进行数据交互，因此集中器需在 GPRS 信号或 CDMA 信号覆盖的区域内才能正常工作。集中器的信号问题会导致集中器登录异常，例如上线不稳定或不在线。

故障表现为：当集中器不在线时，主站召测集中器档案时显示终端不在线；当集中器信号不稳定时，主站召测显示集中器在线，档案超时。

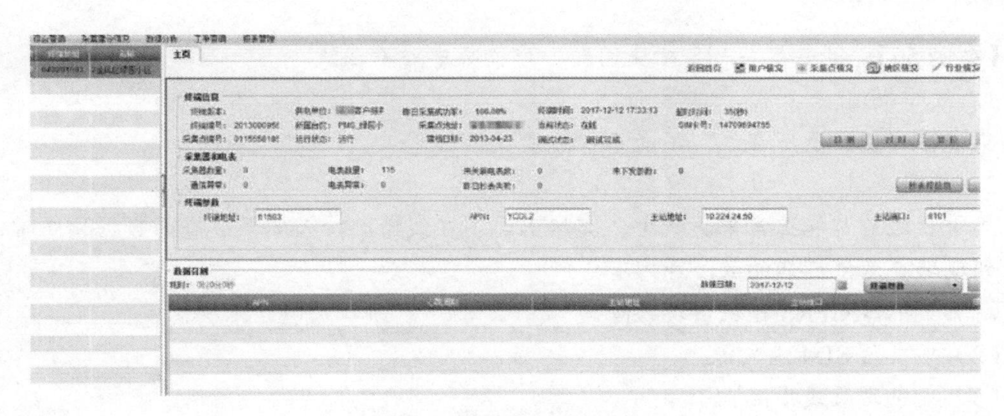

图7-1　终端通信参数信息

2. 原因分析

根据集中器信号不稳定的情况，分析原因有如下三种：

（1）天线本身故障，例如天线断裂、接触不良，造成集中器不上线。

（2）集中器安装位置信号较弱，造成集中器上线不稳定。

（3）SIM卡欠费。

3. 处理办法

（1）当集中器天线损坏时，需及时更换天线。

（2）安装位置信号较弱或者无信号，需使用平板天线、GPRS转载波设备或八木天线放大信号增益，解决集中器上线不稳定的问题。

（3）对于无信号的偏僻山区，可使用中压载波设备来解决上行无信号的难题。

（4）对于SIM卡欠费，直接更换SIM卡。

【案例55】 SIM卡故障

1. 故障描述

（1）SIM卡故障，SIM卡金属部分有绝缘性胶状物或安装不牢固，导致接触不良。

（2）移动网络运营商未开通SIM卡相关业务，导致无法上线（通常该问题是批量出现）。

（3）SIM卡欠费。

（4）SIM卡卡槽损坏，无法检测移动信号卡。

2. 处理办法

（1）擦除胶状物后重新安装SIM卡。

（2）现场更换新卡，旧卡带回需要与移动网络运营商协调处理。

（3）联系移动网络运营商查询或将SIM卡插入手机，查看移动数据网络是否正常，可用来判断SIM卡的欠费问题。

（4）更换GPRS模块或集中器。

3. 经验总结

（1）SIM卡安装或更换时，应断电操作，以防烧卡。

（2）调试中可携带一张经检测正常运行的SIM卡，便于现场检测故障点。

（3）与区域移动网络运营商指定联系人保持联系，及时查询SIM卡运行状态。

【案例 56】 集中器 GPRS 模块问题，导致集中器不在线

1. 故障描述

集中器突然显示不在线，不能正常抄读数据。

2. 原因分析

集中器之前都能正常采集数据，突然出现不在线情况，采集系统查看数据均正常，此时需到现场查看，可能的故障原因有：

（1）集中器 GPRS 模块出现故障。

（2）集中器 SIM 卡失效。

（3）集中器天线损坏。

（4）集中器端失电。

3. 故障处理

集中器带电，但集中器下端显示“PPP 拨号失败”，经检查集中器内部参数以及上行、下行通信参数正确，更换 SIM 卡同样显示“PPP 拨号失败”，可初步判断 GPRS 模块出现故障，更换 GPRS 模块后集中器正常上线，并且能正常抄读和上传数据。

4. 经验总结

当集中器无法上线时，初步判断是硬件故障或集中器参数问题，首先核对系统档案与现场集中器参数是否一致，如不一致，修改系统中集中器参数；如一致则判断为属于硬件故障。故障不确定时需逐项排查，找出问题所在。

【案例 57】 使用八木天线增强集中器接收信号能力

1. 故障描述

地下小区配电室信号弱。

2. 故障分析

在处理集中器不上线时，发现地下台区信号较弱，现场信号最多一格，集中器上线不稳定，需要借助其他设备进一步增大天线接收增益。

3. 故障处理

根据存在问题和现场实际情况，安装八木天线增强集中器接收信号的能力，八木天线安装如图 7-2 所示。

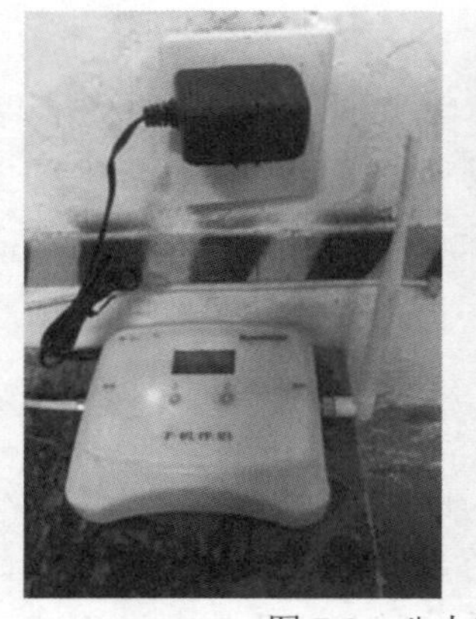

图 7-2　八木天线安装现场

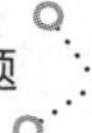

4. 经验总结

（1）八木天线安装要点：①天线水平安装；②天线的方向指向移动基站。

（2）判断天线指向移动基站的方法：水平转动八木天线，然后从集中器左上角查看信号强度。信号强度会随着方向的改变而变化。取集中器上信号强度最强的角度为八木天线安装方向。

目前八木天线是采集运维中解决地下配电室信号弱问题较常见的方法。

【案例58】 使用载波转GPRS设备解决无信号问题

1. 故障描述

某台区集中器安装在小区地下负二层配电室内，信号极差，导致集中器无法上线。

2. 故障分析

集中器安装在地下负二层，距离地面较远，现场布线困难无法安装信号放大器。无信号使集中器无法上线。根据现场实际情况，决定使用载波转GPRS设备来解决。载波转GPRS设备分为主模块、从模块两部分。其中从模块安装在集中器处，主模块安装在有信号的地方，二者通过低压电力线完成数据交互。

3. 故障处理

现场运维人员选择在集中器旁加装从模块，主模块安装在楼上电能表箱有信号处，电源取自电能表箱内，如图7-3所示。安装GPRS转载波设备后，集中器上显示四格信号，稳定在线，集中器与采集系统之间的通信正常，集中器正常采集。

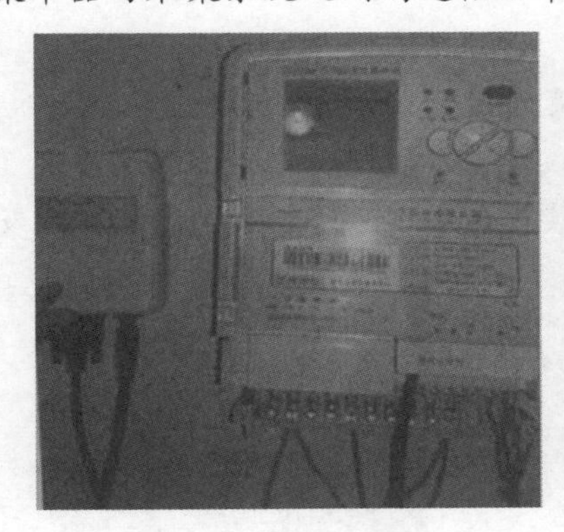

图7-3 载波转GPRS设备安装现场

4. 经验总结

无信号区域通常距有信号区域较远，在不易布线的环境下，可考虑选用安装载波转GPRS设备，解决集中器不上线问题。

【案例59】 中压电力线载波解决长距离无信号问题

1. 故障描述

经济落后的山区，无线公网GPRS信号未覆盖，现场八木天线、平板天线等高增益天线无法解决无信号的问题，导致集中器无法上线。

2. 处理办法

综合考虑现场条件，采用10kV线路中压电力线载波通信方案，解决偏远山区无GPRS

信号的台区集中器无法上线的故障。

中压电力线载波通信技术应用主要分为主节点和从节点两个部分。主节点处设备包括：载波数字通信机（主）、载波通信管理机、耦合设备；从节点处设备包括：载波数字通信机（从）、低压集中器、耦合设备。

中压电力线载波通信技术利用高压 10kV 电力线作为信号载波传输信道，将一个有信号处的台区作为主节点，将一个或多个无信号处的台区（最多 10 个）作为从节点。从节点终端采集数据利用 10kV 电力线传输至主节点，然后主节点终端再利用 GPRS 无线网络将数据上传到采集主站。

（1）载波管理机如图 7-4 所示。

安装位置：有 GPRS 信号的台区变压器处。

接口形式：上行接 GPRS 模块，下行通过串口接主载波机。

工作原理：接收来自采集系统的下行数据，以及将上行数据发送到采集系统，并对整个载波通信系统进行管理和调度。

（2）主载波机（如图 7-5 所示）。

安装位置：安装在有 GPRS 信号的台区变压器处。

接口形式：上行通过串口接载波管理机，下行通过耦合器接中压配电线。

工作原理：将来自载波管理机的数据转换为载波信号并发送到电力线上，以及将来自电力线的载波信号转换为数据并发送给载波管理机。

（3）从载波机（如图 7-5 所示）。

安装位置：安装在无 GPRS 信号的台区变压器处。

接口形式：上行通过耦合器接中压配电线，下行通过串口接终端设备。

工作原理：将来自电力线的载波信号转换为数据发送给相连的终端，以及将来自终端的数据转换为载波信号发送到电力线上。

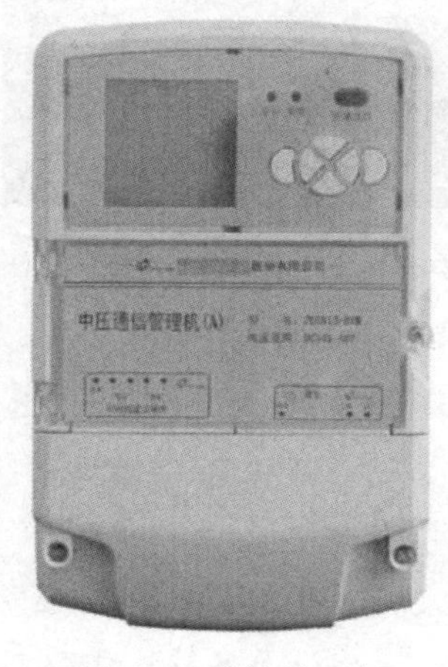

图 7-4　载波管理机

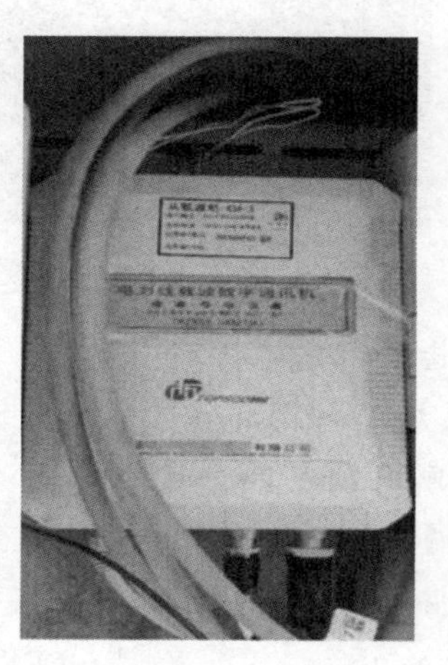

图 7-5　主（从）载波机

（4）一体化电容耦合器。

安装位置：适用于 10kV 架空线。

接口形式：高压端通过高压绝缘导线接 10kV 架空线，低压端通过高频载波信号线接载波机。

工作原理：隔离工频高压，并实现载波信号的传输。

中压电力线载波设备安装情况：从安装效果上看，中压载波设备运行状态良好，集中器一直稳定在线，有效解决了无 GPRS 信号地区集中器无法上线问题。

3. 经验总结

中压电力线载波通信属于有线专网通信，受外界干扰较小，无信道拥堵问题。在传输距离上，光纤通信和无线通信虽传输距离较远，但容易受到传输路径或环境地形的影响，而中压电力线载波通信则不受传输路径和环境地形的影响，无论多偏远的地方，只要有配电线抵达即可实现通信。在通信速率上，中压电力线载波通信的速率适中，对于集中器与采集系统间的数据传输，中压电力线载波通信的通信速率能够满足。因此，在无信号地区采用中压载波机来实现集中器与采集系统间的数据传输，是较经济实用地选择。

【案例 60】 无信号、信号弱或信号不稳定

1. 故障描述

采集终端频繁登录主站或采集终端离线。

2. 原因分析

（1）通信信道堵塞、信号未覆盖到当地、信号弱或信号不稳定；

（2）天线损坏或接触不良。

3. 处理办法

（1）通过采集主站查看采集终端在线情况和数据采集情况。如果采集终端长时间离线或频繁切换离线与在线状态，数据抄读不全，现场进行排查。

（2）通过终端显示屏左上方的信号强度显示为无信号或信号弱，同时屏幕左上方 G 符号闪烁，则判断为信号弱。

（3）检查天线是否接触不良，或者天线本身有无损坏，如果更换、延长天线或使用信号放大器仍无效，则可确定是变压器所在基站信号问题。

4. 经验总结

（1）如果天线损坏或接触不良，则更换天线。

（2）建议采集终端安装在信号覆盖较好的地方。

（3）如果无信号或信号弱，延长天线、使用信号放大器或更换使用其他运营商的无线数据网络。

（4）如果上述办法均无法解决问题，且已排除 SIM 卡和通信模块的问题，则联系通信运营商协助解决。

【案例 61】 采集终端下全无数据

1. 故障描述

采集终端离线，导致终端下全无数据。

2. 原因分析

SIM 卡损坏、老化、欠费、漏装、接触不良等。

3. 处理办法

（1）通过采集主站查看采集终端在线情况。如果采集终端长时间离线，现场进行排查。

（2）现场查看采集终端，采集终端显示无信号。

（3）检查 SIM 卡安装情况，是否存在漏装、安装不规范现象。

（4）检查 SIM 卡是否存在欠费。

（5）检查 SIM 卡是否老化或损坏。

（6）采用完好的备用 SIM 卡更换原卡进行测试，如果问题解决，则可判断 SIM 卡有故障。

（7）安装不规范的重新规范安装。漏装、老化、损坏的更换新 SIM 卡。欠费的补交费用。

【案例 62】 SIM 卡 IP 漂移

1. 故障描述

采集终端频繁登录主站或采集终端离线。

2. 原因分析

采集终端安装在两个或两个以上省份交界处，SIM 卡登录到其他省的基站。

3. 处理办法

（1）通过采集主站查看采集终端在线情况。如果采集终端离线或经常切换离线与在线状态，查看采集终端的安装位置，现场进行排查。

（2）现场查看采集终端，排除无信号、信号弱、信号不稳定或 GPRS 模块通信异常问题，如果所处位置离两个或两个以上省份交界处较近，由运营商协助查找原因。

【案例 63】 GPRS 模块通信异常

1. 故障描述

采集终端离线或采集终端频繁登录主站。

2. 原因分析

GPRS 通信模块损坏、接触不良、SIM 卡座损坏。

3. 处理办法

（1）通过采集主站查看采集终端在线情况和数据采集情况。如果采集终端长时间离线或频繁切换离线与在线状态，数据抄读不全，现场进行排查。

（2）现场查看采集终端，若终端显示无信号，则查看 GPRS 模块电源灯是否长亮，T/R 灯是否正常闪烁，NET 灯是否显示正常。

（3）检查 GPRS 模块安装是否规范，是否存在接触不良现象。

（4）查看 SIM 卡槽是否完好。

（5）使用完好的备用 SIM 卡更换原卡进行测试，如果问题未解决，则可判断 GPRS 模块有故障。

（6）更换新的 GPRS 模块或采集终端。

【案例 64】 ERC21 时钟故障

1. 故障描述

数据采集失败、异常事件上报。

2. 原因分析

采集终端时钟损坏。

3. 处理办法

（1）通过采集主站查看采集终端上报事件，显示时钟故障。

（2）现场查看采集终端时钟显示异常，直接更换采集终端。

【案例65】 RS485线抄表故障

1. 故障描述

数据采集失败、异常事件上报。

2. 原因分析

过大电流、内部短路或外力损坏。

3. 处理办法

（1）通过采集主站查看采集终端在线情况和数据采集情况。如果采集终端在线，该终端下通过RS485线抄表的所有电能表连续多天均采集不到数据，透抄实时数据失败，采集终端事件报RS485线抄表故障，则需要到现场进行排查。

（2）现场查看采集终端，采集终端外观无损坏并运行正常，且RS485线接线正确，使用万用表测量采集终端RS485端口电压是否在3～5V范围内，如果不是，可判断采集终端端口故障。或使用抄控器直接检测采集终端RS485端口是否损坏。

（3）如果RS485端口确定损坏，则更换采集终端。

【案例66】 载波通道异常

1. 故障描述

数据采集失败、异常事件上报。

2. 原因分析

集中器载波模块损坏或集中器载波模块端口损坏。

3. 处理办法

（1）通过采集主站查看集中器在线情况和数据采集情况。如果集中器在线，采集主站连续多天采集不到该终端下所有通过载波模式抄表的电能表数据，则去现场进行排查。

（2）现场查看集中器，如果外观无损但运行异常，载波模块信号灯长时间无闪烁，则可判断为载波模块故障，更换载波模块。

（3）若集中器载波模块端口损坏，则更换集中器。

【案例67】 集中器行政区域码地址错误

1. 故障描述

集中器离线或集中器频繁登录主站或数据采集错误。

2. 原因分析

集中器参数设置错误，集中器的行政区域码和主站系统中的行政区域码不一致，或集中器的行政区域码重复。

3. 处理办法

（1）通过采集主站查看集中器在线情况和数据采集情况。如果集中器离线，则去现场排查；如果集中器频繁登录且采集的数据异常，检查上线信息记录中该集中器是否有多个不同的集中器IP地址，如果有则可初步判断多个集中器的行政区域码设置重复，或监控分析集中器抄读数据，如果存在日冻结示值上下浮动或突增突减频繁，也可初步判断多个集中器的行政区域码设置重复。

（2）现场查看集中器的参数，比对现场集中器的行政区域码与主站系统中集中器档案的行政区域码是否一致。

（3）如果现场集中器的行政区域码与主站系统中集中器档案的行政区域码一致，但集中器依旧频繁登录且采集数据异常，则可判断为集中器行政区域码重复。

（4）现场集中器的行政区域码与主站系统中集中器档案的行政区域码不一致时，修改现场集中器的行政区域码或修改营销系统、采集系统集中器档案的行政区域码，让三者保持一致。

【案例68】 集中器主站IP地址和端口错误

1. 故障描述

集中器离线。

2. 原因分析

集中器参数设置错误，集中器主站IP地址端口与实际不符。

3. 处理办法

（1）通过采集主站查看集中器在线情况和数据采集情况。如果集中器离线，则去现场排查。

（2）现场查看集中器的IP地址与端口信息，是否与采集主站的要求一致。

（3）如果不一致，现场修改集中器的IP地址和端口信息。

【案例69】 集中器心跳周期设置错误

1. 故障描述

集中器频繁登录主站。

2. 原因分析

集中器心跳周期设置错误。

3. 处理办法

通过采集主站发现集中器频繁登录，对集中器参数进行召测，检查集中器心跳周期是否设置正确。如果不正确，重新设置正确的集中器心跳周期。

【案例70】 RS485线通信故障

1. 故障描述

数据采集失败。

2. 原因分析

RS485线脱落或断线。

3. 处理办法

（1）通过采集主站查看集中器在线情况和数据采集情况。如果集中器在线，电能表

（RS485 线抄表）连续多天采集不到数据，透抄实时数据失败，但该集中器下其他通过 RS485 线抄表的电能表能正常采集数据，则去现场进行排查。

（2）现场使用万用表测量电能表 RS485 端口电压是否在 3～5V 范围内，或使用掌机抄读电能表电量是否能抄回，排查 RS485 线接线是否短接、虚接或断线。

（3）重新连接 RS485 线。

【案例 71】 集中器与电能表通信传输距离过远

1．故障描述

数据采集失败或采集数据时有时无。

2．原因分析

台区表计较分散，线路过长，集中器与电能表距离过远。

3．处理办法

（1）通过采集主站查看抄表数据，如部分电能表的数据采集失败或时有时无，现场进行排查。

（2）现场查看测试最近的表计能否正常采集到数据，如果可以，则判断集中器正常。

（3）现场查看采集不稳定的电能表与所属台区集中器传输距离是否过远。

（4）如果距离过远，根据现场情况安装中继器或加装集中器。

7.2 练 习 题

7.2.1 判断题

1．专用无线、电力线载波信道数据传输误码率应不大于 10^{-5}，微波信道数据传输误码率应不大于 10^{-6}，光纤信道数据传输误码率应不大于 10^{-9}，其他信道的数据传输误码率应符合相关标准要求。（　　）

2．为微功率无线通信单元同一地区同频干扰，推荐以组的方式划分为 n 个频道组，每组内含三个以上的通信信道。（　　）

3．类型标识代码为 DJ ××××－××××。上行通信信道可选用 230MHz 专网、GPRS 无线公网、CDMA 无线公网、以太网、光纤通信，下行通信信道可选用微功率无线、电力线载波、RS485 线、以太网等，标配交流模拟量输入、2 路遥信输入和 2 路 RS485 端口，温度选用 C2 或 C3 级。（　　）

4．远程信道运维工作应每月巡视一次光纤信道，每半年巡视一次 230MHz 基站/中继站。（　　）

5．采用 230MHz 专用信道的终端应设长发限制，长发限制时间可以设置为 1～2min。（　　）

6．根据 Q/GDW 1373—2013《电力用户用电信息采集系统功能规范》规定，各级对时均要考虑通信信道的延时，集中器与电能表之间由主站计算信道延时，并进行对时修正。（　　）

7. 采用无线信道时，应保证在不打开集中器端子盖的情况下无法使天线从集中器上拔出或拆下。(　　)

8. 集中器本地通信单元能够按照主站指令（或自动发起），管理下属节点的信道频率，从某个信道组切换到另一个信道组。(　　)

9. 集中抄表终端远程信道检测时，应用网络信号测试仪测试无线公网信号是否正常，同时使用专用工具或其他手段对通信卡进行检测，确定参数配置等是否正确。检查通信卡、通信模块接触情况。(　　)

10. 根据通信信道运行管理规范，光纤通道的主站侧应以采集系统机房通信配线架为分界点。(　　)

7.2.2　不定项选择题

1. 主站通过数据转发命令，可以将电能表的数据通过主站与电能集中器间的（　　）直接传送到主站。

A. 远程信道　　B. 本地信道　　C. RS485 线　　D. 微功率无线

2. 专用无线、电力线载波信道数据传输误码率应不大于（　　）。

A. 10^{-3}　　B. 10^{-5}　　C. 10^{-6}　　D. 10^{-9}

3. 集中器、采集器应可与多种标准通信单元匹配，完成数据采集的各项功能。集中器、采集器应满足与通信单元经信道交互的命令响应时间不大于（　　）s。

A. 30　　B. 60　　C. 90　　D. 120

4. Ⅱ型采集器可转换上、下信道的（　　）。

A. 通信协议　　B. 通信速率　　C. 通信效率　　D. 通信方式

5. 用电信息采集系统远程通信信道用于完成主站系统和现场终端之间的数据传输通信，其主要通信方式有（　　）。

A. 230MHz 无线专网　　B. 光纤专网

C. GPRS、CDMA、3G 等无线公网　　D. 中压电力线载波

6.《集中抄表终端（集中器、采集器）故障处理标准化作业指导书》，集中抄表终端故障处理，远程信道检查检测包含（　　）。

A. 检查低压载波线路是否故障

B. 用网络信号测试仪测试无线公网信号是否正常

C. 使用专用工具或其他手段对通信卡进行检测，确定参数配置等是否正确

D. 检查通信卡、通信模块接触情况

7. 各级对时均要考虑通信信道的延时，主站与集中器之间由（　　）计算信道延时，并进行对时修正。

A. 主站　　B. 电能表　　C. 集中器　　D. 卫星

8. 通信信道的抢修应遵循（　　）的原则，各级通信部门应建立故障处理流程和应急办法。

A. 先易后难　　B. 先难后易　　C. 先主后次　　D. 批量处理

9．采集系统数据传输信道要求有（　　）

A．安全防护　　B．通信介质

C．GPRS 信号要求　　D．数据传输误码率

7.2.3 简答题

宽带载波通信单元拥有信道安全防护功能，能够保护通信单元与主站之间交互数据的安全性。请问信道安全防护机制包含哪几种防护模式？

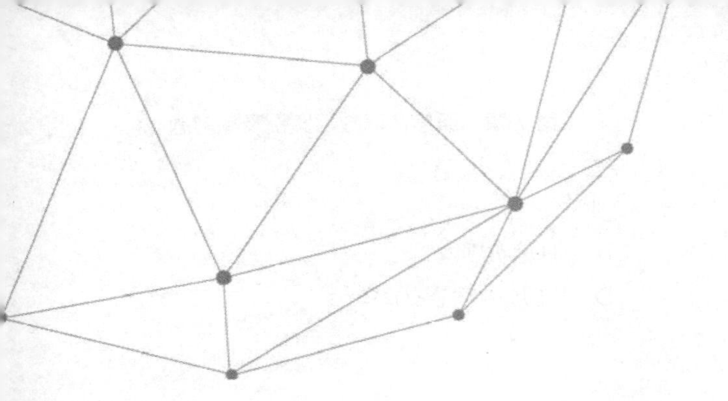

第8章

采集设备故障案例及练习题

集中器的正常运行，一般包括软件和硬件两部分。软件可以执行集中器的抄表命令，并能够与主站进行数据交互；而硬件是集中器软件运行的基础，良好的硬件基础才能支撑软件的正常运行。软件故障需要集中器厂家读取报文分析后才能找到故障原因。软件故障容易导致集中器死机、漏抄、在线不抄表、抄表不稳定等。

硬件故障包括集中器GPRS模块故障、路由模块故障、内部基础单元故障。当集中器GPRS 模块故障时，集中器无法上线；当路由模块故障时，集中器抄表不稳定或不抄表，但不影响集中器在线情况；当集中器内部单元故障时，容易出现集中器死机等。

具体硬件正常工作时状态如下：

（1）路由模块。鼎信载波路由正常抄表时 A、B、C 三相灯轮流闪烁；东软路由模块正常抄表时三相灯同时闪烁。

（2）GPRS模块。

电源灯——模块上电指示灯，红色灯亮表示模块上电，灯灭表示模块失电。

T/R 灯——模块数据通信指示灯，红绿双色，红灯闪烁表示模块接收数据，绿灯闪烁表示模块发送数据。

NET灯——通信模块无线网络状态指示灯，灯亮表示无线网络正常。

故障处理办法：

（1）当集中器软件故障时，联系集中器厂家技术人员对集中器程序进行修改，并对集中器重新升级即可。

（2）当集中器出现GPRS模块故障或路由模块故障时，重新更换相应模块即可。

（3）当集中器出现内部单元模块故障时，重新更换集中器。

（4）若现场排查台区漏抄过程中，使用掌机抄表，如果能抄回数据，可能是载波模块故障，利用集中器自带的手动抄表功能抄表，如果抄表模块灯不亮或者迅速显示抄表失败，就可以判断是集中器或者集中器模块故障。

（5）如果集中器现场显示有数据，但主站无冻结数据，可以尝试集中器现场手动抄表，如果可以抄读回数据，说明集中器与主站通信有问题。

（6）集中器手动抄表迅速（1～2s）返回失败或抄表模块灯不亮，说明集中器模块故障，需更换相应模块。

8.1　采集设备故障案例

【案例 72】　集中器时钟错误

1. 故障描述

集中器无法统计电能表日冻结数据。

2. 原因分析

因集中器时钟错误导致与表计时间差异较大时，就会出现集中器在线，在主站也可以召测到表计当前电量，但主站无法统计日冻结数据的情况。

3. 处理办法

（1）如果是个别集中器出现此类问题，只需运维人员在主站重新对集中器进行对时即可。

（2）如果是集中器时钟芯片问题，就需更换集中器。

（3）如果是批量集中器出现此类情况，需立即联系该集中器厂家技术人员处理。

【案例 73】　专变终端无法远程校时

1. 故障描述

数据采集异常，电能表参数设置无误。

2. 原因分析

（1）终端正常在线，召测发现终端时间错误，无法对终端进行校时，判断为终端硬件发生故障。

（2）终端时钟错误，成功校时后中断终端电源，时钟仍然出现偏差，判断为时钟电池失效。

3. 处理办法

（1）如果有备用电池，更换时钟电池。

（2）更换终端。

【案例 74】　集中器接线问题

1. 故障描述

集中器接线问题导致抄表数据不稳定。

2. 原因分析

（1）集中器接线因为短路、松动、虚接导致缺相时，就会引起集中器抄表不稳定。

（2）集中器所接零线带电时，集中器无法开机。

（3）当集中器接交流采样或作为台区考核表使用时，应注意电压、电流接线顺序，避免出现集中器内反向有功、串相等接线错误。

（4）对比历史数据，每个表箱都可能存在少量不稳定的漏抄户，集中器手动抄表（手动点抄或主站透传直抄）无法返回数据，掌机连接抄控器本地电力线载波抄表能返回数据，可能是集中器模块某一相或两相故障。

3. 处理办法

当排查出接线错误时，应联系安装人员现场更改接线。

【案例 75】 集中器在线不抄表

1. 故障描述

集中器升级引起端口号出现问题，导致集中器在线不抄表。

2. 原因分析

该集中器之前都能正常采集，突发在线不抄表情况，采集系统查看档案数据均正常后前往现场查看，故障原因可能有：

（1）集中器路由模块损坏。

（2）集中器硬件故障。

（3）现场出现干扰源。

（4）集中器因升级将端口号更改未能恢复。

3. 处理办法

运维人员现场查看集中器，发现集中器正常有电，集中器显示正在抄表；查看集中器内部参数以及上行、下行参数设置，发现集中器端口号被篡改，运维人员将集中器端口号更改正确后，集中器在线并正常抄表。

4. 经验总结

当集中器无法正常抄表时，可能是硬件问题或者集中器参数设置问题。在检查采集主站档案无误后，需要去现场排查，当确定集中器硬件无问题后，查看集中器参数设置。

【案例 76】 集中器缺相导致电能表数据漏抄

1. 故障描述

公配变集中器部分用户漏抄。

2. 原因分析

某小区公配变集中器关联 1200 余户负荷。采集系统显示该集中器突然漏抄 400 余户。采集系统对漏抄表计参数召测，集中器显示参数正确，未发现参数丢失现象。根据对漏抄表计分析，疑似漏抄户为公配变同一相供电。

3. 处理办法

运维人员到现场后，对集中器端子进行验电测试，结果显示 B 相无电压，重新正确接线后，漏抄户正常抄表。

4. 经验总结

当采集系统对漏抄表计参数召测，集中器显示参数正确，在未发现参数丢失的情况下，若漏抄户约占台区总户数的 1/3 左右，则为集中器缺相。

【案例 77】 集中器电源零线带电采集异常

1. 故障描述

集中器屏幕、GPRS 模块灯不断闪烁，集中器无法采集电能表数据。

2. 原因分析

（1）由于零线虚接的问题导致零线带电，会出现集中器屏幕、GPRS 模块灯不断闪烁，无法采集数据。

（2）集中器损坏。

3. 处理办法

用验电笔测试零线带电，查找零线故障点，将零线接地之后集中器恢复正常。

4. 经验总结

现场发现集中器存在屏幕与GPRS灯同时闪烁的情况，可先使用验电笔测量集中器零线是否带电，如零线带电可将零线进行接地处理；如零线不带电判断为集中器故障，更换集中器解决。

【案例78】 集中器路由故障导致电能表数据停抄

1. 故障描述

某台区突然出现电能表数据停抄，从采集系统中查看电能表参数设置无误，但集中器未抄表。

2. 原因分析

集中器下载波表计全部停抄，且参数无问题，采集系统透抄电能表失败，判定为路由故障或集中器故障。

3. 处理办法

运维人员前往现场查看集中器情况，发现路由指示灯常亮，判定为路由故障，更换路由后集中器正常抄表且抄读稳定。

4. 经验总结

台区载波电能表全部停抄，且电能表参数设置无误，判定为路由或集中器故障。

【案例79】 电能表缺陷导致采集失败

1. 故障描述

电能表缺陷导致采集器无法采集电能表数据。

2. 原因分析

电能表出现黑屏、白屏、死机、程序错乱，或表计内部通信地址和铭牌资产编号不一致，则判断为电能表缺陷。

3. 处理办法

（1）联系电能表厂家技术人员，升级电能表软件版本。

（2）如果升级无法解决，则更换电能表。

【案例80】 电能表故障导致采集失败

1. 故障描述

电能表故障导致采集器无法采集电能表数据。

2. 原因分析

表计的正常运行是智能表数据被采集的基本条件，所谓正常运行就是指表计硬件完好无损，满足正常上电的条件。但表计在现场运行过程中，会出现以下问题:

（1）表计内部通信模块故障，造成表计无法通信，数据无法采集。通常在表计外观显示上表现为RXD灯常亮。

（2）表内电池欠压，通常在表屏上显示为Err-04，电池欠压表计停复电后，常常会造成表计时钟超差，在表屏上显示Err-08。

（3）电能表因短路、过载烧坏，表计遇外力破坏造成的表计数据无法采集。

3. 处理办法

遇到上述问题时，更换电能表并重新维护电能表档案参数。

【案例81】 电能表RS485端口故障采集失败

1. 故障描述

电能表RS485端口故障导致采集失败。

2. 处理办法

（1）用万用表测量表计RS485线AB电压为负（带负载），可判断RS485线接反。

（2）如果RS485线AB电压为零，可判断RS485线AB线短路或开路。

（3）解除表计和终端之间的RS485线，使用万用表的电阻档检测RS485线连接线短路或开路。

3. 经验总结

各RS485端口A、B之间接线应压接良好，不能短路或虚接。

【案例82】 采集器采集电能表数据不稳定

1. 故障描述

采集器下电能表数据采集不稳定。

2. 原因分析

采集器下RS485端口接入表计超出带载能力，造成每个采集周期内采集数据无法冻结。

3. 处理办法

由于采集器的限制，每一路RS485端口最多只能接入16只电能表，因此在接入超过16只电能表的情况下，部分电能表数据采集不稳定。建议合理加装采集器。

【案例83】 电能表接线异常无法采集

1. 故障描述

电能表接线异常无法采集。

2. 原因分析

（1）三相四线电能表A相无电，电能表载波模块无法工作。

（2）三相四线直接接入式电能表某一相进出线接反，不易察觉。

（3）零线带电：零线测量带电，表现为电能表黑屏。

（4）单相表计零线、相线接反。

（5）台区考核表接线错误：表现为考核表与集中器RS485端口选择错误。

3. 处理办法

逐个排查更正接线。

【案例84】 载波电能表无法采集

1. 故障描述

部分载波电能表无法采集。

2. 原因分析

（1）电能表载波模块方案与集中器载波路由方案不匹配。

（2）部分电能表载波模块故障，表计无法采集。

（3）模块安装不到位或载波模块插针弯曲，导致通信效果不好，表计无法采集。

3. 处理办法

同一台区更换为同方案载波模块，并保证模块正常运行。

【案例 85】 RS485 线采集方式下透抄电能表实时数据失败

1. 故障描述

RS485 线采集方式下，日冻结数据采集失败，透抄电能表实时数据失败，主站侧参数、任务、时钟均正确。

2. 原因分析

（1）RS485 线接线错误，现场发现 RS485 线接反，如图 8-1 所示。

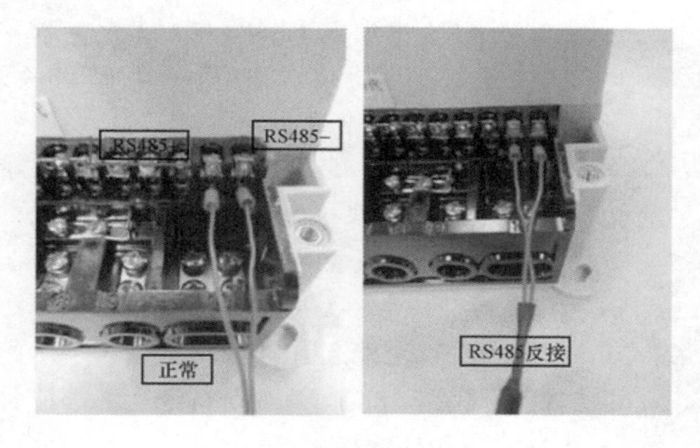

图 8-1　RS485 线接反

终端 RS485 端口接错，如图 8-2 所示。

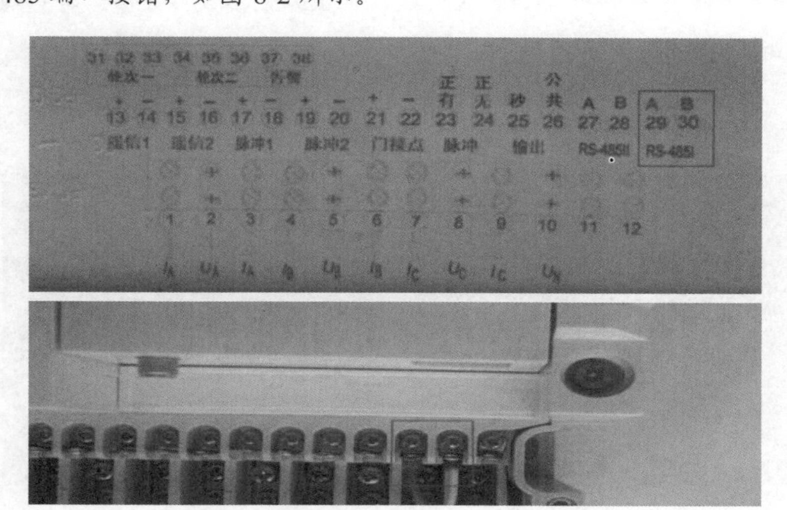

图 8-2　RS485 端口接错

RS485 线接线不牢固，存在破裂、断裂现象，如图 8-3 所示。

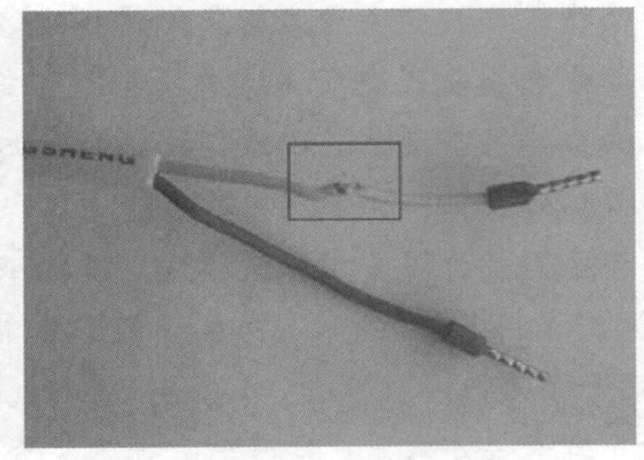

图 8-3 RS485 线接线不牢固、破裂

（2）集中器 RS485 端口损坏。通过掌机与电能表 RS485 端口连接可正常获取电能表数据，判断集中器 RS485 端口是否损坏。

（3）电能表 RS485 端口损坏。现场检查发现，电能表受到雷击，RS485 端口损坏，如图 8-4 所示。

图 8-4 雷击损坏的表箱

3. 处理办法

（1）RS485 线接线错误、端口接错的情况，须正确连接；RS485 线接线不可靠，存在破裂、断裂现象情况时，须重新连接或重新布线。

（2）集中器 RS485 端口损坏，须更换集中器。

（3）电能表 RS485 端口损坏，须更换电能表。

【案例 86】 载波通信方式下透抄电能表实时数据失败

1. 故障描述

载波通信方式下，日冻结数据采集失败，透抄电能表实时数据失败，但主站侧参数、任务、时钟均正确。

2. 原因分析

采用载波通信的集中器相线虚接，造成数据采集失败，如图 8-5 所示。

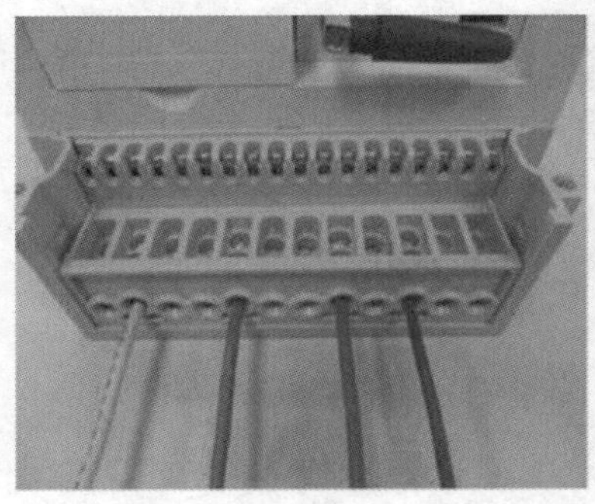
正常

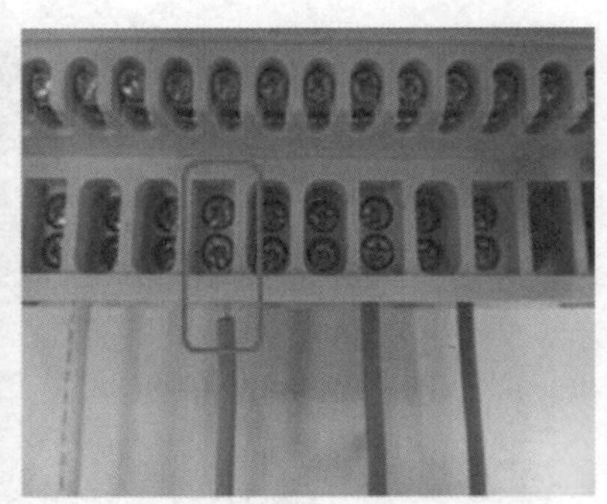
故障

图 8-5 电源线虚接

3. 处理办法

更正集中器接线。

【案例87】 载波通信方式下日冻结数据采集失败

1. 故障现象

载波通信方式下，日冻结数据采集失败，透抄电能表实时数据失败，主站侧参数、任务、时钟均正确。

2. 原因分析

集中器载波通信模块损伤或安装不到位或接触不良导致数据采集失败，正确安装如图8-6所示，接触不良的情况如图8-7所示。

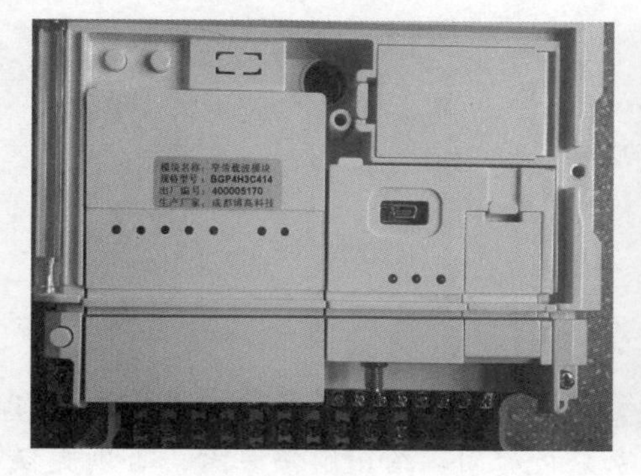

图8-6　集中器载波通信模块安装正确

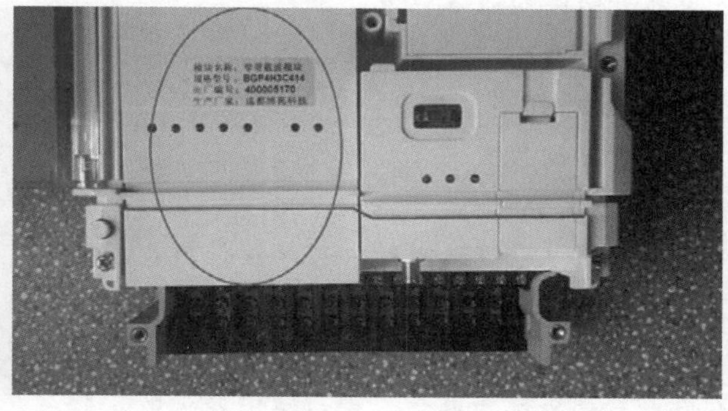

图8-7　集中器载波通信模块接触不良

3. 处理办法

重新安装或更换集中器载波通信模块，确保安装到位，接触良好。

【案例88】 电能表数据采集错误

1. 故障现象

数据采集错误。

2. 原因分析

召测集中器参数均正确，召测电能表时钟，发现电能表时钟超差为629114s，如图8-8所示。电能表时钟与主站时钟相差大约七天，导致集中器抄读电能表日冻结数据错误。抄读数据时，发出的命令是“上一日有功电能示值”，电能表返回2015-08-18日冻结数据，集中器将该日冻结数据作为2015-08-24日冻结数据。

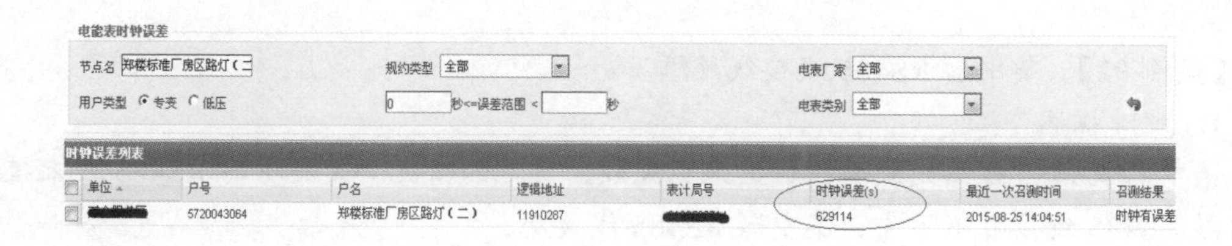

图8-8　电能表时钟错误

3. 处理办法

电能表时钟校时，校时成功后，抄表数据恢复正常。

【案例 89】 集中器液晶显示故障

1. 故障描述

设备外观或显示故障，如集中器液晶显示白屏、黑屏、花屏。

2. 原因分析

集中器损坏（液晶显示驱动模块损坏）。

3. 处理办法

现场查看集中器，集中器上电后显示白屏、黑屏或花屏等，按键无响应。更换集中器或重新升级终端版本信息。

【案例 90】 集中器死机

1. 故障描述

集中器离线或采集数据失败。

2. 原因分析

集中器电路设计或软件程序设计存在缺陷。

3. 处理办法

现场查看集中器，进行按键操作出现液晶不显示、菜单无变化、花屏等情况，运行灯不亮。三相全部断电后，重启集中器失败，联系厂家分析原因，给出解决方案，否则更换集中器。

【案例 91】 集中器 RS485 线抄表故障

1. 故障描述

集中器 RS485 端口故障，数据采集失败。

2. 原因分析

过大电流、内部短路或外力损坏。

3. 处理办法

（1）通过采集主站查看集中器在线情况和数据采集情况。如果集中器在线，电能表档案设置无误，该集中器通过 RS485 线抄表的所有电能表连续多天采集失败，透抄实时数据失败，说明集中器 RS485 端口故障，需现场进行核实排查。

（2）现场查看集中器，集中器外观无损坏并运行正常，且 RS485 线接线正确，使用万用表测量集中器 RS485 端口电压是否在 3～5V 范围内，否则可判断集中器 RS485 端口故障，更换集中器。

【案例 92】 集中器 RS485 线接线故障

1. 故障描述

集中器 RS485 线接线故障，数据采集失败。常见的情况如：集中器 RS485 线未接线、集中器 RS485 线接触不牢靠、集中器 RS485 线接反。

2. 原因分析

RS485 线氧化、虚接导致脱落，或人为接错。

3. 处理办法

（1）通过采集主站查看集中器在线情况和数据采集情况。如果集中器在线，电能表（RS485 线抄表）连续多天采集不到数据，透抄实时数据失败，但该采集器下其他通过 RS485 抄表的电能表能正常采集数据，则去现场进行排查。

（2）现场检查集中器 RS485 端口 A 和 B 接口处出线是否与表计 RS485 端口 A 和 B 接口顺序连接正确且连接可靠。RS485 线顺序接错时，将 RS485 线按照正确顺序重新连接。RS485 线脱落的重新接入 RS485 端口。

（3）现场检查 RS485 线是否有氧化破损。RS485 线接头氧化的更换 RS485 线。

（4）现场检查表计 RS485 线接线处是否有压塑现象。RS485 线接线处有压塑现象的，重新将 RS485 线剥线接好。

【案例 93】 集中器天线故障

1. 故障描述

集中器频繁登录主站或集中器离线。

2. 原因分析

集中器天线故障，集中器天线松动、损坏或终端与天线不匹配。

3. 处理办法

（1）通过采集主站查看集中器在线情况和数据采集情况。如果集中器长时间离线或频繁切换离线与在线状态，数据抄读不完整，应现场进行排查。

（2）通过终端显示屏左上方的信号强度显示为无信号或信号标识弱，若屏幕上方伴随有 G 符号闪烁，则判断为信号弱。

（3）检查天线是否存在接触不良、天线损坏问题。

（4）重新安装或更换天线。

【案例 94】 集中器载波路由损坏

1. 故障描述

载波电能表数据采集失败。

2. 原因分析

集中器载波路由损坏。

3. 处理办法

（1）通过采集主站查看集中器在线情况和数据采集情况。如集中器在线，采集主站连续多天采集不到该集中器下所有通过载波模式抄表的电能表数据，则去现场进行排查。

（2）现场查看集中器，如外观无损坏且运行正常，而载波模块信号灯长时间无闪烁，则可判断为载波路由故障。

（3）更换载波路由。

【案例 95】 台区户变关系不一致

1. 故障描述

部分电能表采集不稳定或者无法冻结表码。

2. 原因分析

台区低压用户与集中器所属公配变台区对应关系错误，造成表计数据采集不稳定甚至无法采集的现象。此类问题比较容易出现在集中小区内，主备变压器的两台变压器公用零线，故集中器可以通过零线去串抄共零台区的表计数据，但这种模式采集不稳定或者无法冻结表码。

3. 处理办法

用台区识别仪对不稳定的用户进行现场核实，核实出正确的户变关系后重新调整用户所属台区。

【案例 96】 台区噪声

1. 故障描述

部分电能表采集不稳定或者无法冻结表码。

2. 原因分析

当台区安装有和集中器抄表方案同频率的设备时，例如泵房、运行中的换热站、锅炉房等干扰源，干扰源发出的同频噪声会影响集中器的有效抄表，台区存在噪声时监测的频谱如图 8-9 所示。

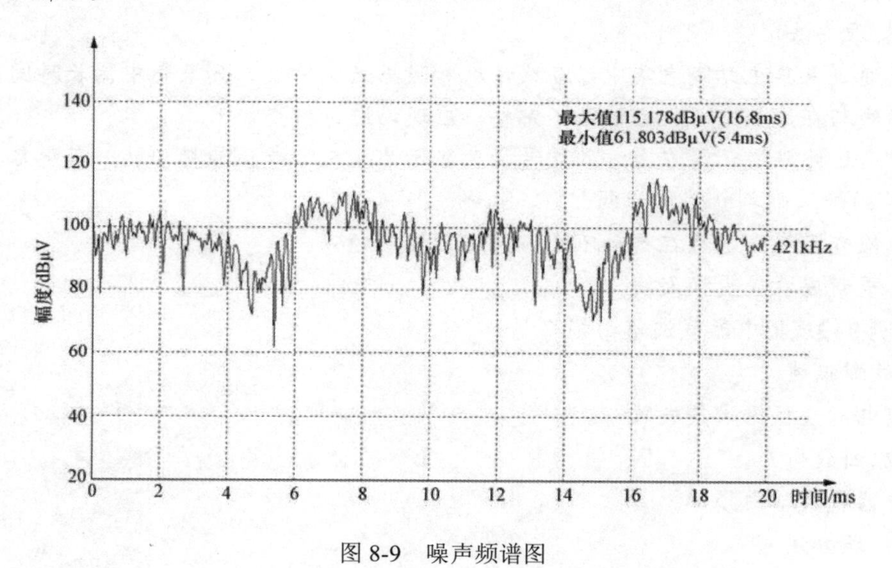

图 8-9 噪声频谱图

3. 处理办法

（1）安装集中器时，最好避开干扰源，尽量减少干扰噪声对集中器抄表的影响。

（2）当干扰非常严重时，可以添加滤波电容等滤波设备至干扰源处，过滤掉噪声。接入滤波设备时，需要接 A、B、C 三相和零线。同时请用电检查人员督促用户采取措施排除噪声对电网的干扰。

【案例 97】 集中器与电能表载波方案不匹配

1. 故障描述

批量电能表数据采集失败。

2. 原因分析

集中器载波路由方案与电能表载波模块方案不一致。

3. 处理办法

(1)电能表日冻结数据失败且透抄数据失败时，在采集主站中查看电能表的参数是否设置无误。

(2)现场核对电能表与所属集中器的载波方案是否一致。

(3)如果集中器下所有电能表载波模块方案一致，但与所属集中器载波路由方案不一致，则更换集中器载波路由；如果集中器下个别电能载波模块方案与集中器载波路由方案不一致，则更换电能表载波模块。

【案例98】 集中器安装位置不合理

1. 故障描述

数据采集失败或采集数据不稳定。

2. 原因分析

集中器安装位置不合理，造成与部分电能表传输距离过远。

3. 处理办法

(1)通过采集主站查看抄表数据，如部分电能表的数据采集失败或时有时无，现场进行排查。

(2)现场查看终端安装位置是否合理，是否造成与部分电能表距离过远。

(3)调整集中器的安装位置或根据现场情况安装中继器。

8.2 练 习 题

8.2.1 判断题

1. 用电信息采集设备软件升级应以远程升级为主。( )

2. 无论电能表通信参数自动维护功能开启与否，采集设备均应正确接受主站下发的测量点参数设置命令。( )

3. 如采集设备原采用移动SIM卡，当发现SIM卡损坏时可直接更换为电信SIM卡。( )

4. 全载波方式安装时，集中器应安装在变压器400V母线侧，安装位置应避免影响其他设备操作。( )

5. 专变终端是对专变用户用电信息进行采集的设备，可以实现电能表数据的采集、电能计量设备工况和供电电能质量监测，以及客户用电负荷和电能量的监控，并对采集数据进行管理和单向传输。( )

6. 用电信息集中器是对各信息采集点用电信息采集的设备，简称集中器。( )

7. 通信网络中的从节点角色，其对应的设备实体为通信单元，不包括电能表通信单元、Ⅰ型采集器通信单元或Ⅱ型采集器。( )

8．集中器应安装在变压器 10kV 母线侧，安装位置应避免影响其他设备的操作。（　　）

9．“全费控”指采集系统在功能设计、设备选型中应满足费控和负控业务要求，全面支持远程、本地控制。（　　）

8.2.2　不定项选择题

1．根据《国家电网公司用电信息采集系统运行维护管理办法》，低压现场设备至少每（　　）现场全覆盖巡视一次。

A．日　　B．月　　C．季　　D．年

2．宽带载波通信设备采用工频交流电源，工作电源电压允许偏差为额定值的（　　）。

A．－15%～＋15%　　B．－20%～＋20%

C．－10%～＋10%　　D．－25%～＋25%

3．专变集中器是对专变用户用电信息采集的设备，可以实现电能表数据的采集、电能计量设备工况和供电电能质量监测，以及客户用电负荷和电能量的监控，并对采集数据进行（　　）。

A．管理　　B．双向传输　　C．单向传输　　D．处理

4．集中抄表终端是对低压用户用电信息进行采集的设备，包括（　　）。

A．集中器、采集器　　B．集中器

C．采集器　　D．集中器、采集器、采集模块

5．《电力用户用电信息采集系统功能规范》适用于国家电网有限公司电力用户用电信息采集系统及相关设备的（　　）。

A．制造　　B．检验

C．使用和验收　　D．以上都是

6．（　　）是对接入公用电网的用户侧分布式能源系统进行监测与控制的设备。

A．集中器　　B．采集器

C．专变终端　　D．分布式能源监控终端

7．专变集中器设备（级别 C3）在户外条件下正常运行的空气温度范围是（　　）℃。

A．－10～＋55　　B．－25～＋55

C．－40～＋55　　D．－40～＋70

8．采集器是用于采集多个或单个电能表的电能信息，并可与集中器（　　）数据的设备。

A．下载　　B．上传　　C．传输　　D．交换

9．不属于用电信息采集设备的是（　　）。

A．Ⅰ型专变终端　B．集中器　　C．电能表　　D．采集器

E．互感器

10．采集器是用于采集多个或单个电能表的电能信息，并可与集中器交换数据的设备。采集器依据功能可分为（　　）。

A．基本型采集器　　　　　　　　　B．多功能型采集器
C．微型采集器　　　　　　　　　　D．简易型采集器

8.2.3　简答题

采集系统现场设备巡视应做好哪些工作内容？

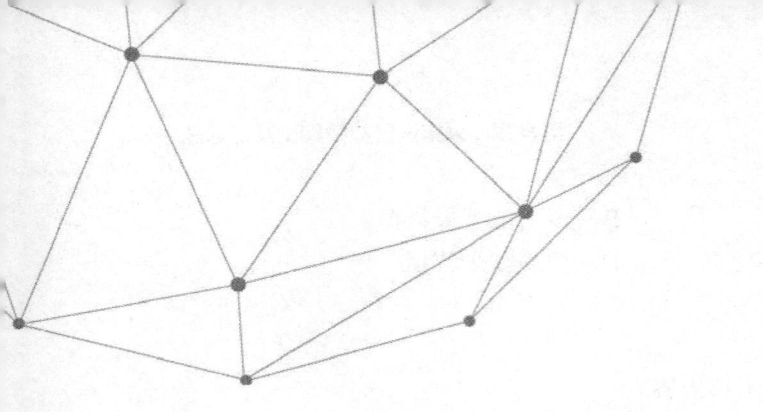

电能表故障案例及练习题

9.1 电能表故障案例

【案例 99】 电压/电流相序接线错误

1. 故障描述

某台区线损率较高，某三相低压用户与同等规模同行业的用电量差异较大，数据采集正常。

2. 原因分析

数据采集正常，用电量差异较大，可能存在电能表接线错误。

3. 处理办法

首先现场查看电能表事件，再使用用电检查仪或相位伏安表进行现场校验，最后根据检查情况调整电能表接线相序。

【案例 100】 电压断相

1. 故障描述

通过采集主站监控电能表计量数据，发现三相四线电能表某相无电压电流，三相三线 A 相或 C 相无电压电流。

2. 原因分析

在三相供电系统中，当某相电压低于设定的断相事件电压触发上限，同时该相电流小于设定的断相事件电流触发上限，且持续时间大于设定的断相事件判定延时时间，此种工况称为断相。根据上述故障描述，判断该现象为电能表断相。

3. 处理办法

首先现场查看电能表事件，如果存在断相，该相电压电流符号不显示。再使用万用表或钳形电流表测量该相线端电压与电流，若正常则表明电能表故障，需更换表计，若异常则进一步查看该相接线情况。

【案例 101】 电能表电流短路

1. 故障描述

采集的计量数据不完整、不正确。

2. 原因分析

电能表电流短路。

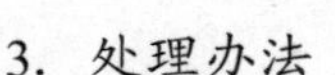

3. 处理办法

（1）通过采集主站监控分析电能表计量数据，发现无某相电能计量数据或电能计量数据低于正常值，查看该电能表上报的事件，发现电能表电流短路，现场进行排查。

（2）现场查看电能表及接线情况，电能表显示某相电流为 0.0 或低于正常值，使用现场校验仪进行现场校验，检查电能表电流线路接线。

（3）查找该相电流短接位置，将其断开并做好绝缘防护。

【案例 102】 电能表电流接线短路

1. 故障描述

数据采集异常，电能表不计量。

2. 原因分析

电能表负载接线错误或电流接线有短路。

3. 处理办法

（1）通过采集主站监控分析电能表计量数据，发现电能表计量数据异常（电能表连续无计量数据或计量数据低于正常值），查看该电能表上报的事件，现场进行排查。

（2）现场查看电能表及接线情况，电能表显示电流为 0.0 或电流低于正常值，使用现场校验仪进行现场校验，检查电能表表尾接线。

（3）查找电能表电流短接位置，将其断开并做好绝缘防护。

【案例 103】 电流反极性

1. 故障描述

某台区线损较大，通过采集主站监控电能表计量数据，发现某三相四线电能表 A 相电流为负。

2. 原因分析

电能表 A 相电流反极性时，功率表达式为：

$$\begin{aligned}P&=U_a(-I_a)\cos\varphi+U_bI_b\cos\varphi+U_cI_c\cos\varphi\\&=UI\cos\varphi\end{aligned}$$

电能表正确接线时，功率表达式为：

$$\begin{aligned}P&=U_aI_a\cos\varphi+U_bI_b\cos\varphi+U_cI_c\cos\varphi\\&=3UI\cos\varphi\end{aligned}$$

由功率表达式可以看出，当一相电流极性接反时，电能表少计量 2/3 电量。

3. 处理办法

首先现场查看电能表电流显示情况，再使用用电检查仪或相位伏安表进行现场校验，最后根据检查情况调整电能表接线。

【案例 104】 电流开路 1

1. 故障描述

数据采集错误，采集的计量数据不完整、不正确。

2. 原因分析

三相四线电能表 A、B、C 相电流接线故障，三相三线电能表 A、C 相电流接线故障。

3. 处理办法

(1)通过采集主站监控分析电能表计量数据，发现电能表计量数据异常（无A相或B相或C相电能计量数据），查看该电能表上报的事件，发现电能表电流开路，现场进行排查。

(2)现场查看电能表及接线情况，三相四线电能表指示无A相或B相或C相电流，三相三线电能表指示无A相或C相电流，使用现场校验仪进行现场校验，检查电能表线路接线。

(3)三相四线电能表重新拉接新的A或B或C相电流线，三相三线电能表重新拉接新的A或C相电流线。

【案例105】 电流开路2

1. 故障描述

数据采集失败。

2. 原因分析

电能表电流接线有断线或者长期没有负荷。

3. 处理办法

(1)通过采集主站监控分析电能表计量数据，发现电能表计量数据异常（无电能计量数据），查看该电能表上报的事件，发现电能表电流开路，现场进行排查。

(2)现场查看电能表及接线情况，电能表显示无电流，使用现场校验仪进行现场校验，检查电能表线路接线。

(3)重新拉接新的电流线。

【案例106】 电压断线

1. 故障描述

数据采集失败，电能表不计量。

2. 原因分析

电能表故障或电压接线断线。

3. 处理办法

(1)通过采集主站监控分析电能表计量数据，发现电能表计量数据异常（电能表连续无计量数据），查看该电能表上报的事件，发现电能表断相，现场进行排查。

(2)现场查看电能表及接线情况，电能表不启动，使用现场校验仪进行现场校验或用万用表测量，并检查接线是否断开或脱落。

(3)重新拉接新的电压线。

【案例107】 RS485线开路或接反

1. 故障描述

通过采集主站查看集中器在线情况和数据采集情况时发现，集中器在线，电能表（RS485线抄表）连续多天采集数据失败，透抄实时数据失败，但该集中器下其他通过RS485线抄表的电能表能正常采集数据。

2. 原因分析

通过故障描述，判断可能存在的原因是RS485线脱落、断线、接反或由于过大电流或内部短路或外力损坏导致电能表RS485端口故障。

3. 处理办法

（1）首先判断RS485端口是否故障：拆除RS485端口接线，使用掌机抄读电能表电量是否能抄回，若能抄回电量，则表明RS485端口无故障，否则表明RS485端口存在故障，应更换电能表。

（2）若RS485端口无故障，再排查通信线是否脱落、断线或接反，一般现场使用万用表测量集中器端RS485端口电压与电能表端RS485端口电压，若电能表端RS485端口电压值介于3～5V之间，则表明通信线正常，否则表明RS485线脱落、断线，若两者电压相反，则表明通信线接反。

【案例108】 电能表台区挂接关系错误

1. 故障描述

数据采集失败，经排查，主站、终端、电能表及通信线路均无故障。

2. 原因分析

（1）主站、终端、电能表及通信线路均无故障，可能存在电能表台区挂接关系错误。

（2）电能表台区挂接关系错误可能存在两种情况：①电能表应安装在A台区，现场施工人员安装到了B台区，营销系统和采集系统中按照A台区进行对应设置，导致A台区集中器采集不到该电能表数据。②电能表所属台区安装正确，但营销系统和采集系统中用户对应的台区关系不正确，也无法正常采集。

3. 处理办法

（1）在营销系统或采集系统中查询出该用户所属的台区信息，现场运维人员现场核对该用户的电能表是否在该台区。

（2）如果电能表现场施工安装台区出错，重新施工，将电能表接入正确的台区。

（3）如果系统中用户与台区关系对应错误，在营销系统中调整用户与台区的挂接关系，并与采集系统同步。

【案例109】 电能表红外通信故障

1. 故障描述

现场服务终端通过红外抄读其他电能表时，一切均正常，但抄读该电能表时，抄读失败。

2. 原因分析

电能表红外通信模块损坏。

3. 处理办法

直接更换电能表。

【案例110】 电能表液晶显示故障

1. 故障描述

电能表液晶屏显示不正常，出现白屏、黑屏或花屏等现象，无法正常查看电能表数据。

2. 原因分析

（1）电能表液晶显示屏受到外力损坏、过电流烧坏、暴晒或长期低温。

（2）运行环境湿度大，电能表液晶显示屏有水蒸气，电极腐蚀短路导致电能表液晶显示屏损坏。

3. 处理办法

直接更换电能表。

【案例111】 电能表脉冲灯故障

1. 故障描述

客户用电时，电能表脉冲灯不闪烁。

2. 原因分析

电能表硬件损坏导致脉冲灯不闪烁或脉冲灯损坏。

3. 处理办法

带负载时使用万用表测量脉冲端口电压是否有变化，若无变化则表明脉冲灯损坏，直接更换电能表。

【案例112】 电能表时间显示故障

1. 故障描述

设备外观或时钟显示故障。

2. 原因分析

液晶显示故障、时间显示驱动电路故障或电能表受干扰。

3. 处理办法

现场观察电能表液晶显示时间信息，电能表时间日期显示异常、出现电池欠压等标识，更换电能表。

【案例113】 电能表时钟故障

1. 故障描述

数据采集失败。

2. 原因分析

电能表时钟损坏。

3. 处理办法

（1）通过采集主站查看电能表上报事件，显示时钟故障。

（2）现场查看电能表时钟是否能正常显示。

（3）更换电能表。

【案例114】 电能表时钟错误

1. 故障描述

数据采集错误，集中器采集的数据与该电能表显示的数据存在差异。

2. 原因分析

电能表时钟时间设置不正确。

3. 处理办法

（1）通过采集主站对电能表时钟进行召测，比对时钟时间设置是否正确。

（2）如果远程召测失败，现场查看电能表时钟时间设置是否正确。

（3）电能表与采集主站时间相差 5min 以内，通过采集主站进行远程校时；如果相差 5min 以上，在用现场服务终端现场对时时，应先对现场服务终端对时，再使用现场服务终端现场对电能表进行校时。

（4）远程校时失败，则采用现场服务终端现场对电能表进行校时。

【案例 115】 电能表载波模块或载波端口故障

1. 故障描述

通过采集主站查看集中器在线情况和数据采集情况时发现，集中器在线，却连续多天采集不到该电能表数据，透抄实时数据失败，但该集中器下其他电能表能正常采集数据。

2. 原因分析

通过故障描述，判断可能存在的原因是电能表载波模块损坏或载波端口故障。

3. 处理办法

（1）首先判断电能表载波模块是否损坏：拆下载波模块，使用现场服务终端进行测试，若测试结果为模块故障，则更换电能表载波模块。

（2）若电能表载波模块正常，再排查载波端口是否故障，一般现场使用掌机直接抄读电能表数据，若正常抄读，则载波端口无故障，否则直接更换电能表。

【案例 116】 电能表时钟电池欠压

1. 故障描述

通过采集主站查看电能表上报事件，显示时钟电池欠压，现场查看时，电能表显示 Err-04。

2. 原因分析

根据技术规范要求，电能表使用年限一般为 6～8 年，当电能表使用超期时，会出现电能表电池欠压故障。

3. 处理办法

更换电能表时钟电池或更换电能表。

【案例 117】 电能表不走字

1. 故障描述

数据采集错误。

2. 原因分析

电能表损坏。

3. 处理办法

（1）采集主站采集数据异常，示值连续多日不变，现场进行排查。

（2）现场查看电能表，带负载运行后观察电能表走字示数是否变化。

（3）更换电能表。

【案例 118】 电能表数据读取故障

1. 故障描述

采集主站采集电能表数据异常或失败，电能示值连续多日为 0 或者无数据。集中器在线且正常抄读其他电能表数据，但抄读该表数据异常或失败。

2. 原因分析

现场抄读电能表显示信息和存储信息不一致，可能原因为电能表存储模块损坏，通信数据回传错误。

3. 处理办法

更换电能表。

【案例119】 电能表表码突变故障

1. 故障描述

通过采集主站监控发现电能表某日表码发生突变（例如由 1234.5678 跳变至 12345.678），导致计量异常。

2. 原因分析

在集中器采集正常的情况下，表码发生突变，可能存在的原因是电能计量回路损坏或受干扰。

3. 处理办法

更换电能表。

【案例120】 电能表失压、失流故障

1. 故障描述

通过采集主站监控电能表计量数据，发现三相电能表某相无电压但电流正常或三相电能表某相无电流但电压正常。

2. 原因分析

在三相供电系统中，某相电流大于设定的失压事件电流触发下限，同时该相电压低于设定的失压事件电压触发上限，且持续时间大于设定的失压事件判定延时时间，此种工况称为该相失压。根据上述故障描述，判断该现象为电能表失压。

在三相供电系统中，三相中至少有一相负荷电流大于失流事件电流触发下限，某相电压大于设定的失流事件电压触发下限，同时该相电流小于设定的失流事件电流触发上限值时，且持续时间大于设定的失流事件判定延时时间，此种工况称为该相失流。根据上述故障描述，判断该现象为电能表失流。

3. 处理办法

首先现场查看电能表事件，如果存在失压，该相电压符号不断闪烁。如果存在失流，该相电流符号不断闪烁。再使用万用表或钳形电流表测量该相线端电压与电流，若正常则表明电能表故障，需更换表计，若异常则进一步查看该相接线情况。

【案例121】 串户故障

1. 故障描述

居民实际用电量与抄录的电能表不对应，即用户甲的用电量是用户乙的电能表记录的电量，用户乙的用电量是用户甲的电能表记录的电量，从而造成用户串户导致用电量计算错误。

2. 原因分析

（1）供电公司用户档案错误，将用户甲的电能表记录到用户乙的名下。

（2）现场标识错误，将用户甲的电能表标识为用户乙的电能表。

（3）电能表接线错误，用户甲的电能表接到了用户乙的电能表位置，或者用户甲和用户乙的电能表零线互换。

3. 处理办法

（1）通过核查用户在营销系统或采集系统中对应的电能表的表地址与现场实际电能表的表地址是否一致，如果不一致，在营销系统中调整用户与电能表的对应关系，并同步至采集系统。

（2）更改电能表标识。

（3）恢复正确接线。

【案例122】 户表物理关系不正确

1. 故障描述

集中器中有电能表档案信息，但采集的数据与电能表数据不一致，现场使用掌机抄读时发现表计可正常采集数据。

2. 原因分析

电能表与集中器档案信息不一致。

3. 处理办法

核查用户在营销系统、采集系统、集中器与对应的电能表的信息，确保信息一致。

9.2 练　习　题

9.2.1　判断题

1. 针对不同原因的电能表故障，可分别从检验、安装、监督、预防等方面提出相应的防范措施。（　　）

2. 电能计量误差代表电能表的精确度，是电能表最重要的考核指标之一，也是较为常见的一种故障类型。（　　）

3. 智能电能表具备多种通信方式，可以通过RS485线、电力线载波、微功率无线等通信介质与采集终端进行通信。（　　）

4. 安装时，电能表之间应有足够的间隔，并远离电源进线等可能是电流汇集的导线。（　　）

5. 智能电能表在现场运行烧表原因之一：当供电线路被雷电击中，造成脉冲电压窜入表计引起电容击穿，从而引发整表烧毁。（　　）

6. 电能表施加功率，电能表脉冲灯闪烁，但装置无误差值显示，此类故障多数为电脉冲输出回路故障。（　　）

7. 电能表黑屏故障是电能表程序设计存在缺陷，在某种极端环境干扰下MCU进入死机状态，此时电能表软件并未发生损坏，一般电能表重新上电后恢复正常工作。（　　）

8. 电能表潜动现象由于某种原因导致电压采样回路异常。（　　）

9．智能电能表的推广和应用不仅带来电能计量器具技术的发展，而且有效防范了电费拖欠，提高了计量管理工作效率。（　）

10．电能表通信类的故障是通信模块或通信单元过电压烧坏，无法正常通信。（　　）

9.2.2 不定项选择题

1．智能电能表具备多种通信方式，可以通过（　　）等通信方式与采集终端进行通信，实现现场用电数据的采集功能。

A．RS485 线　　B．电力线载波　　C．微功率无线　　D．GPRS

2．根据《智能电能表及采集终端事件记录采集规则》，以下事件记录仅支持三相电能表的有（　　）。

A．负荷开关误动或拒动　　B．失流

C．失压　　D．掉电

E．断相

3．电能表施加电压和电流，检定装置检测电能表误差超差。在无焊接错误的情况下，很大程度是由（　　）造成。

A．电压、电流采样单元的元器件故障　　B．脉冲电压电流故障

C．电脉冲输出回路故障　　D．脉冲指示灯故障

4．遇到现场电能表运行故障时以（　　）为处置原则。

A．不影响电费结算、回收　　B．不妨碍电力客户正常用电

C．将影响降到最小　　D．不影响电力客户用电安全

5．电能表故障类型有（　　）。

A．工作质量　　B．外部因素　　C．不可抗力　　D．设备质量

6．通信故障主要原因有（　　）。

A．通信模块或通信单元的电路由于过电压烧坏，无法正常通信

B．由于厂家在编写电能表程序时未能严格按照规约编写或载波信号传输错误导致无法正常通信

C．电能表与采集设备之间信道故障或参数设置错误

D．电能表现场安装时 RS485 线与电能表 RS485 端口的 A、B 端子接反

7．在实验室检测中发现电能表问题，省电力公司一般要求厂家（　　）。

A．整改或批量退货　　B．整批退货

C．退货　　D．按批次退货

8．智能电能表正常时钟电池电压应为（　　）V 左右。

A．3.6　　B．3.8　　C．4.2　　D．4.8

9．电能表施加电压和电流，电能表脉冲灯闪烁但装置无误差值显示此类故障多数为（　　）。

A．人为因素更改电能表接线故障

B．脉冲电压电流故障

C．电脉冲输出回路故障

D．脉冲指示灯故障

9.2.3 简答题

遇到现场电能表运行故障时以不妨碍电力客户正常用电，将影响降到最小为原则，一般采取哪几种处置方法？

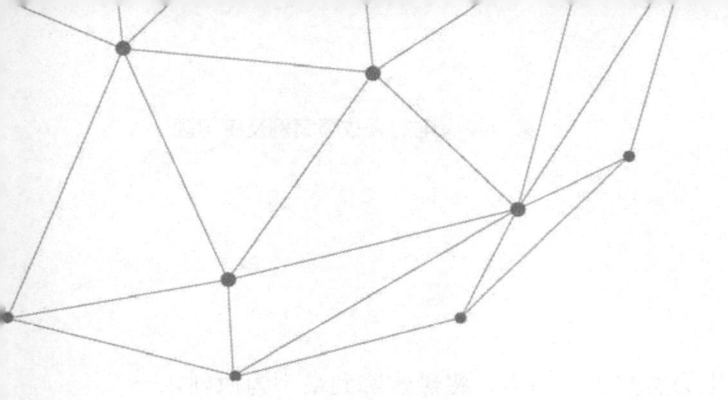

第10章

远程充值与采集关联问题案例及练习题

10.1 远程充值与采集关联问题案例

【案例123】 错误代码101：电能表用户对应错误

1. 原因分析

（1）营销系统采集档案同步出现问题，导致档案同步后异常，即营销系统与采集系统用户档案不一致。

（2）营销系统采集档案同步到采集系统后，未下发到集中器。

2. 处理办法

（1）在营销系统重新同步采集档案数据。

（2）在采集系统重新下发至集中器。

（3）使用应急掌机到现场进行现场充值（如档案同步并重新下发后，远程购电仍出现同样问题，需换表处理）。

【案例124】 错误代码102：等待返回超时

1. 原因分析

由于主站与集中器通信失败，引起主站等待返回超时。

2. 处理办法

在营销系统中菜单“收费账务管理—远程电费下装—电费远程下发异常查询—电费远程下装”手动推送远程充值任务。如仍然失败，推送至掌机进行现场充值，并参照图10-1所示开展调试工作。

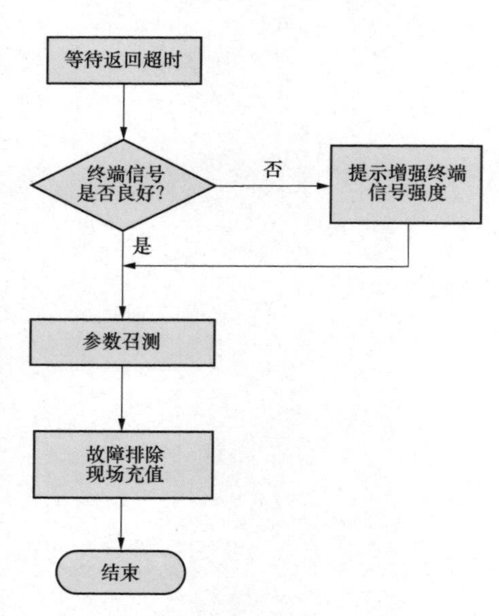

图10-1　等待返回超时处理流程图

【案例125】 错误代码103：其他错误

1. 原因分析

由于采集系统未执行电费下发任务而导致出现这一错误。

2. 处理办法

（1）在营销业务应用系统重新下发该购电工单。

（2）重新下发后如果仍存在该问题，将该问题相关信息发送至采集主站运维单位。

【案例126】 错误代码105：充值重复

1. 原因分析

（1）电能表多次收到采集系统的充值命令。

（2）营销业务应用系统中，用户购电次数比电能表内购电次数少1。

（3）持卡购电后，用户先行插卡。

2. 处理办法

在采集系统召测电能表中的购电信息，若召测的购电次数与本次下发次数一致，如图10-2所示，则说明远程充值成功，若召测本次购电次数减去召测的电能表购电次数等于1，则需持掌机现场充值或重新下发本次购电任务。

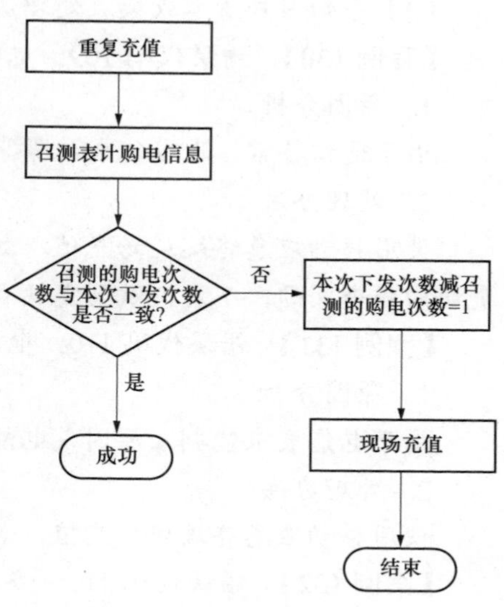

图10-2　重复充值处理流程图

【案例127】 错误代码106：ESAM/身份认证失败

1. 原因分析

（1）由于远程充值密钥未下装到电能表或者密钥程序下发过程中出现序列错误。

（2）电能表故障。

2. 处理办法

（1）现场通过掌机重新下装远程密钥。

（2）若重新下装密钥后，仍返回ESAM/身份认证失败，则为电能表故障，需换表。

【案例128】 错误代码107：电能表无户号

1. 原因分析

（1）用户已开卡，但未在电能表上进行插卡操作。

（2）电能表故障，表内有购电记录但电能表内户号为空。

（3）电能表内的户号与营销业务应用系统中档案户号不一致。

2. 处理办法

（1）通过采集系统召测电能表购电信息，若召测到的户号为空，且购电是用户开卡或清零补写电卡后未插卡，提醒用户插卡。

（2）若购电次数不为0，户号为空或与客户实际户号不符，需更换电能表。

【案例129】 错误代码108：充值次数错误

1. 原因分析

（1）下发过程中，用户到营业厅电卡清零补金额，电能表尚未处理。

（2）前一次购电未插卡或未下发成功，客户再次购电。

（3）营销业务应用系统与电能表购电次数不一致。

2. 处理办法

（1）当采集系统返回错误类型为充值次数错误时，营销系统判断用户上一次是否有远程购电单，如果没有，营销系统根据用户购电记录自动增加上一次购电记录的购电单并将两条购电单同时推送到采集系统，由采集系统按顺序下发；采集系统如果下发失败，将两条充值记录推送至掌机进行现场应急充值。

（2）需核查该用户营销系统内的购电信息，若营销系统购电次数比电能表内次数大于2，则需视情况清零补金额或换表处理。

（3）告知用户清零或换表处理流程全部完成后再购电。

【案例130】 错误代码109：电能表否认无数据

1. 原因分析

由于通信异常，或电能表故障导致此错误。

2. 处理办法

使用移动应急终端现场充值，如下发成功，检查下行通信，联系采集设备厂商技术人员协助排查问题；下发失败则需换表。

【案例131】 错误代码110：电能表返回其他错误

1. 原因分析

由于电能表未能判断原因或电能表故障导致出现这种情况。

2. 处理办法

使用移动应急终端现场充值，若下发失败则需换表。

【案例132】 错误代码111：终端否认

1. 原因分析

（1）终端自身存在缺陷（软、硬件版本不支持）。

（2）终端内电能表通信端口错误。

（3）终端本地通信网络故障。

2. 处理办法

（1）采集主站召测终端版本信息，如终端软件不支持则更新软件，硬件不支持则更换终端。

（2）召测采集终端内电能表通信端口是否正确。

（3）对于本地通信状况差的台区，可根据实际情况联系采集设备厂商技术人员排查问题。

【案例133】 错误代码113：电能表报文头部/尾部错误

1. 原因分析

（1）报文交互错误。

（2）电能表故障。

2. 处理办法

该故障属于个例，使用移动应急终端现场充值，并记录，若下次出现该问题，需换表。

【案例134】 错误代码115：电能表不对应

1. 原因分析

（1）采集主站下发命令中包括电能表户号，与电能表内存储的户号进行比对，户号不一致导致该故障。

（2）营销业务应用系统中，换表、采集调试等流程正在进行中，尚未归档。

2. 处理办法

若对召测的户号与营销系统户号不一致，则更换电能表。

10.2 练　习　题

10.2.1 判断题

1．使用CPU卡对电能表进行参数设置及用户充值时，应先进行本地身份功能认证，认证通过方可进行后续操作。（　　）

2．本地费控电能表支持CPU卡、射频卡等固态介质进行充值及参数设置，不支持通过虚拟介质远程实现充值、参数设置及控制。（　　）

3．用电信息密钥用于开展用电信息采集、营销售电、电能表充值、现场服务和电动汽车充换电等业务应用。（　　）

4．电能表的时钟电池采用绿色环保锂电池，在电能表寿命周期内无需更换；电能表时钟正确情况下，电池电压不足时，电能表会给予Err-08报警提示。（　　）

5．根据《国家电网公司电能表质量监督管理办法》，电能表发生过负荷烧表、短路烧表等故障抢修时应在12h内完成电能表更换。（　　）

6．电能表支持TCP与UDP两种通信方式，通信方式由主站设定，默认为TCP方式；在TCP通信方式下，终端初始化后和到心跳周期时，应主动与主站心跳3次。（　　）

7．电能表具有远程保电功能，当电能表接收到保电命令时便处于保电状态，在保电状态下，遇到特殊情况，收到拉闸命令时可执行拉闸操作。（　　）

8．电能表充值功能是在电能表剩余金额的基础上增加购电金额完成的充值操作。电能表仅支持本地充值功能。（　　）

10.2.2 不定项选择题

1．智能电能表液晶上常显错误代码Err-02，是（　　）报警。

A．ESAM错误　　B．时钟电池欠压　　C．时钟错乱　　D．计量异常

2．电能表充值操作的内容描述正确的有（　　）。

A．电能表在满足充值操作条件时，对电能表ESAM中的钱包文件进行充值操作。具体操作应包括将充值金额与ESAM中的剩余金额进行累加，购电次数加1，充值成功后，应保存购电事件记录

B．充值操作前，电能表处于合闸状态时，充值成功后，仍保持合闸状态

C．充值操作前，电能表处于远程合闸允许、本地跳闸但透支金额未达到透支金额限值时，本地充值成功后，应立即合闸

D．充值操作前，电能表处于远程合闸允许、本地跳闸且透支金额达到透支金额限值时，本地充值成功后，只有剩余金额大于合闸允许金额时，方可合闸

3．用电信息密钥（以下简称“密钥”）是指由用电信息密钥管理系统产生并管理的用于（　　）、开展现场服务和电动汽车充换电等业务应用所使用的密钥。

A．数据查询　　B．用电信息采集　　C．营销售电　　D．电能表充值

4．当智能电能表液晶上显示 Err-52 时，表示的意义为（　　）。

A．过压　　B．过载

C．电流严重不平衡　　D．功率因数超限

5．智能电能表上电（　　）s 内可以进行载波通信。

A．1　　B．3　　C．5　　D．10

6．用电信息采集系统采用“密文+MAC”的方式设置的是智能电能表参数的有（　　）。

A．费率数　　B．第一套费率　　C．第二套费率　　D．阶梯数

7．智能电能表及用电信息采集系统采集的事件分为（　　）。

A．电能表事件　　B．主站事件　　C．终端事件　　D．模块事件

8．根据《智能电能表功能规范》要求，本地费控表插卡操作异常代码液晶上显示 Err-36，表示（　　）。

A．接触不良　　B．售电操作错误　　C．超囤积　　D．无效卡片

9．时钟电池电量耗尽会造成时钟芯片停止工作，并伴随电能表（　　）（时钟电池欠压）和（　　）（时钟故障）的报警。

A．Err-02　　B．Err-04　　C．Err-06　　D．Err-08

10.2.3　简答题

本地预付费电能表与远程预付费电能表有什么区别？

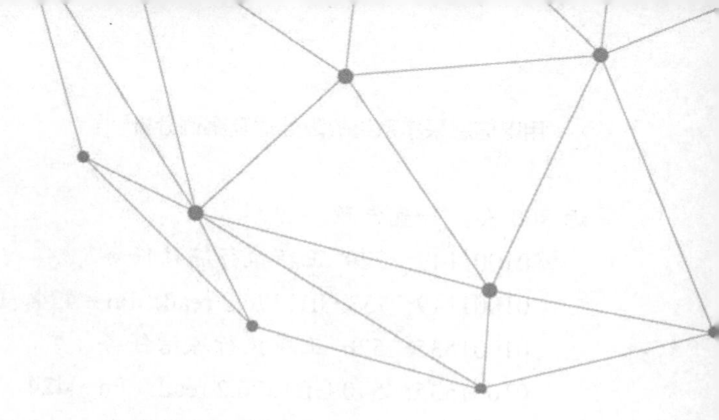

用电信息采集综合案例及练习题

11.1 用电信息采集综合案例

【案例 135】 相邻台区新装同一厂家集中器采集不稳定且采集速度缓慢

1. 故障描述

某小区 1 号和 2 号公配变分别安装同一厂家集中器，关联采集系统，正确下发表计档案后采集速度慢且不稳定。

2. 原因分析

某小区 1 号变集中器关联用户 147 户，采集失败 19 户，2 号变集中器关联用户 473 户，采集失败 4 户，同步采集系统下发表计档案后采集速度慢且不稳定。经集中器报文分析现场集中器冻结任务执行正常，故障为下行载波通信原因导致。集中器每天 0 点 01 分开始执行冻结任务正常如下:

01001002: 092 GB1376.2（Tx） --> 68 0F 00 41 00 00 28 00 00 2C 12 01 00 A8 16

01001003: 030 Socket Send --> 26

68 4A 00 4A 00 68 C9 03 64 E0 DC 00 02 70 00 00 04 00 03 10 00 01 E4 18 72 16

01001003: 481 GB1376.2（Tx） <-- 68 15 00 81 00 00 00 00 00 2C 00 01 00 FF FFFFFF 00 00 AA 16

01001003: 492 GB1376.2 plc restart route OK!!!.

01001004: 544 Socket Receive<-- 26 68 4A 00 4A 00 68 0B 03 64 E0 DC 00 00 60 00 00 04 00 02 00 00 04 00 00 98 16

01001006: 014 CGprs: Get Net Type: AT$MYSYSINFO

01001006: 520 GB1376.2（Tx） <-- 68 18 00 C1 00 03 00 00 00 09 14 01 00 03 11 13 81 04 00 00 00 00 8E 16

01001006: 524 bTaskPro = 0， fHaveATask = 0

01001006: 559 正在执行冻结任务

01001006: 567 GB1376.2 read: Pn = 4， ID = 0x05060001 addr = 000004811311，.

01001006: 582 GB1376.2（Tx） --> 68 2F 00 01 04 03 28 00 00 09 44 65 05 03 64 00 11 13 81 04 00 00 14 01 00 02 00 10 68 11 13 81 04 00 00 68 11 04 34 33 39 38 66 16 00 00 16

对于数据返回失败的用户执行多次采集，如：表计 4425433，4 月 1 号当天采集该表计近 800 次，一直失败。

01001149：729 正在执行冻结任务

01001149：753 GB1376.2 read：Pn = 424，ID = 0x05060001　　addr = 000004425433，.

01001535：526 正在执行冻结任务

01001535：540 GB1376.2 read：Pn = 424，ID = 0x05060001　　addr = 000004425433，.

01001926：862 正在执行冻结任务

……

01234750：179 正在执行冻结任务

01234750：189 GB1376.2 read：Pn = 424，ID = 0x05060001　　addr = 000004425433，.

01234944：110 正在执行冻结任务

01234944：130 GB1376.2 read：Pn = 424，ID = 0x05060001　　addr = 000004425433，.

对于部分“数据返回慢”的用户执行多次采集才可抄回数据，如：表计 4784606，4 月 2 号当天采集该表计 4 次才抄回数据。

02025351：422 正在执行冻结任务

02025351：439 GB1376.2 read：Pn = 193，ID = 0x05060001　　addr = 000004784606，.

02025351: 446 GB1376.2（Tx）-->　68 2F 00 01 04 03 28 00 00 2D 44 65 05 03 64 00 06 46 78 04 00 00 14 01 00 02 00 10 68 06 46 78 04 00 00 68 11 04 34 33 39 38 85 16 00 81 16

02044901：912 正在执行冻结任务

02044901：925 GB1376.2 read：Pn = 193，ID = 0x05060001　　addr = 000004784606，.

02044901：929 GB1376.2（Tx）--> 68 2F 00 01 04 03 28 00 00 91 44 65 05 03 64 00 06 46 78 04 00 00 14 01 00 02 00 10 68 06 46 78 04 00 00 68 11 04 34 33 39 38 85 16 00 E5 16

02044924: 824 GB1376.2（Tx）<--　68 18 00 C1 00 01 00 00 00 92 14 01 00 01 32 54 42 04 00 00 00 00 36 16

02055521：912 正在执行冻结任务

02055521：076 GB1376.2 read：Pn = 193，ID = 0x05060001　　addr = 000004784606，.

02055521: 082 GB1376.2（Tx）-->　68 2F 00 01 04 03 28 00 00 B4 44 65 05 03 64 00 06 46 78 04 00 00 14 01 00 02 00 10 68 06 46 78 04 00 00 68 11 04 34 33 39 38 85 16 00 08 16

02055549: 522 GB1376.2（Tx）<--　68 18 00 C1 00 01 00 00 00 B5 14 01 00 01 33 54 42 04 00 00 00 00 5A 16

02070934：884 正在执行冻结任务

02070934：893 GB1376.2 read：Pn = 193，ID = 0x05060001　　addr = 000004784606，.

02070934: 899 GB1376.2（Tx）-->　68 2F 00 01 04 03 28 00 00 5C 44 65 05 03 64 00 06 46 78 04 00 00 14 01 00 02 00 10 68 06 46 78 04 00 00 68 11 04 34 33 39 38 85 16 00 B0 16

02070957：207 GB1376.2（Tx）<--　68 36 00 C1 14 03 32 34 00 5D 06 46 78 04 00 00 44 65 05 03 64 00 06 02 00 00 00 02 0A 00 15 68 06 46 78 04 00 00 68 91 09 34 33 39 38 33 33 35 37 4B 27 16 05 16

经现场技术人员监测发现下行载波通信信号存在干扰，现场运行方式为双回路电源均

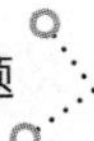

处于投运，且母联处于合闸状态，造成两台集中器载波抄表时下行载波通信信号相互干扰，集中器对于部分用户执行多次采集才可抄回数据，影响采集抄收。

3. 处理办法

现场运行方式为双回路电源均处于投运时，母联应处于分闸状态，避免两台集中器载波信号相互产生干扰。

【案例136】 集中器不能完全采集电能表冻结数据

1. 故障描述

某供电公司新投运集中器发生故障，现场台区户变关系正确，但每天不能完全采集电能表冻结数据。

2. 原因分析

某供电公司新投运 4 台集中器，地址分别是 640356300、640356339、640356454、6303564552，这 4 个台区采集故障现象相同，现场台区户变关系正确，但每天不能采集完整的电能表冻结数据，影响采集成功率。现场分别读取 4 台集中器报文，发现 4 台集中器采集故障现象相同，集中器内发现有异常任务执行导致每日冻结任务执行未结束。

排查结果：以某县望远人家 C 区 1 号变为例，该台区集中器在每天的 00 点 32 分开始执行一个异常任务项 0x21000000 如下：

31003204: 481 GB1376.2 read plcmtr AFN13_F1: wPn = 289 000003189805，TxId = 0x21000000，RxId = 0x21000000

31003204: 483 GB1376.2（Tx） --> 68 2F 00 41 04 00 28 00 00 05 39 63 05 03 64 00 05 98 18 03 00 00 13 01 00 02 00 00 10 68 05 98 18 03 00 00 68 11 04 33 33 33 54 8A 16 82 16

31003208: 153 GB1376.2（Tx） <-- 68 2C 00 81 04 00 02 FF 00 05 05 98 18 03 00 00 39 63 05 03 64 00 13 01 00 01 00 02 0D 68 05 98 18 03 00 00 68 D1 01 35 8F 16 A3 16

该任务项每天 00 点 32 分开始执行，执行 15min 后间隔 1min 继续执行，因其任务优先级高于日常冻结任务，使得每日的冻结抄表任务只在 00:00～00:32 及异常任务间隔的 1min 时执行。

3. 处理办法

经与采集主站沟通，故障为下发全事件参数异常，将集中器参数初始化可清除该异常任务项，重新下发参数后运行正常。

【案例137】 单相电能表载波模块插槽频繁故障

1. 故障描述

新装单相电能表载波模块插槽频繁故障，导致集中器无法通过载波模块采集电能表信息，影响采集成功率。

2. 原因分析

新装单相电能表在运行过程中发现载波模块插槽频繁故障，导致集中器无法通过载波模块采集电能表信息。故障表计 0004785289（某小区 41 号楼 1 单元 9 层 901）、0004791331（某公寓 1 号楼负 1 层储藏室 0 单元 0 层 043）、0004738415（某公寓 8 号楼储藏室 0 单元 0 层 033）新装运行后采集失败，技术人员现场测试发现，载波模块槽针头故障导致下行无法通信如图 11-1 所示。将表计拆回后发现表计载波针头槽没有与电路板做加固，导致在插拔模块时将针头扭曲甚至一同拔出如图 11-2 所示。

3. 处理办法

通过安装载波Ⅱ型采集器进行 RS485 线采集或更换电能表。

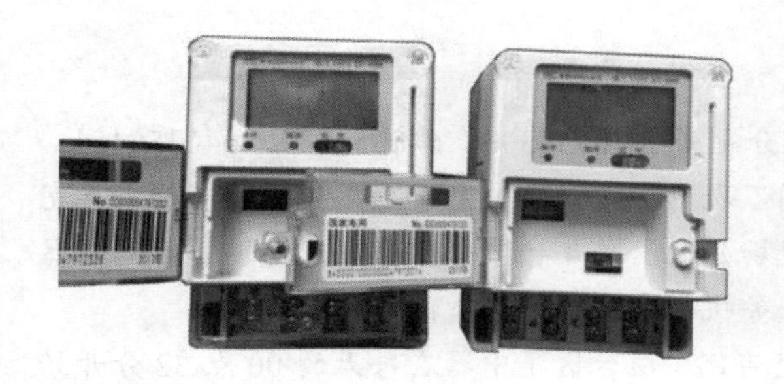

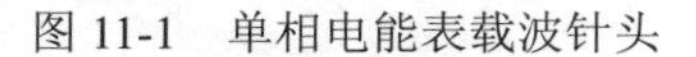

图 11-1 单相电能表载波针头

图 11-2 拆除外壳的单相电能表载波针头

【案例 138】 某供电公司公用配电变压器载波抄表受干扰采集不稳定且采集速度慢

1. 故障描述

某供电公司公用配电变压器停电检修后出现抄表很不稳定的情况，每日采集不稳定且采集速度慢。

2. 原因分析

某供电公司公用配电变压器停电检修后出现抄表很不稳定的情况，且每日失败用户不一样。如图 11-3 所示，该台区总户数为 362 户，台区主要用户是旧的楼房住户和一部分临街门面房，其中楼房主要是 1、3、5、7、40、42 号以及 45 号楼。3 号楼只有 1 户电能表，由架空线通到此表，距离变压器 100m 左右，但从集中器端无法直抄到此表，5 号楼电能表也是由同一架空线供电，无法直抄到电能表。漏抄电能表主要分布在 1、3、5 号楼以及 40 号和 42 号楼。四台集中器分别安装在 45 号楼一单元、40 号楼墙后、1 号楼三单元以及变压器处，发现四台集中器的档案互相之间有交叉，这样会对彼此的抄表产生影响。

（1）根据现场的情况分析，确定可能原因有三种，噪声干扰、台区归属错误以及台区电压异常，按步骤对这三种原因进行核查。

（2）用噪声采集卡对变压器端、3 号楼电能表和 5 号楼电能表进行噪声采集，采集的噪声幅值普遍偏低，但与载波信号对比之后，发现在变压器端和 3、5 号楼采集的噪声值均属于正常范围内，随后使用示波器进行噪声采集确认。

（3）台区变户确认，用台区识别仪对各个楼栋进行台区归属确认，最终确定所有电能表变户关系正确。

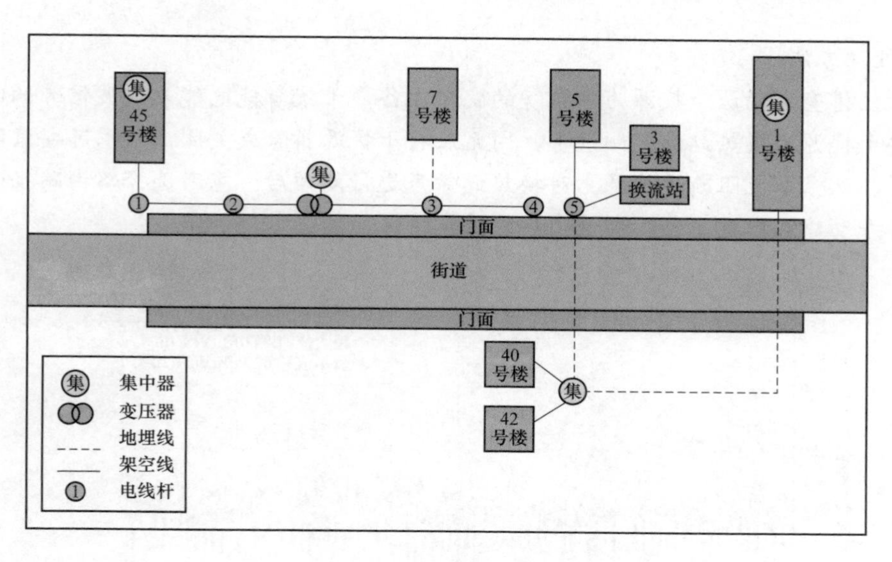

图 11-3　台区示意图

（4）对台区电压情况进行查看，变压器端 A 相 220V、B 相 240V、C 相 250V，测量了多个楼栋的电能表电压，平均值 A 相 205V、B 相 240V、C 相 250V，从电压值来看，A 相电压明显比 B、C 相电压要低，这样会对载波抄表造成一定的影响。用示波器在变压器端和三相表端查看过零信号情况，未见明显偏差，属于正常的范围。

（5）通过对台区漏抄电能表的位置进一步核查，发现从架空线转接缆处开始抄读失败，但从 40 号楼后的集中器处可以抄到 1、3、5 号楼的失败表。查看在转接处有一个换热站在工作，联系负责人开门后，用示波器测试电能表进线处噪声，发现 421kHz 上三相噪声值均值在 100dBμV 左右，会对载波信号产生影响。具体噪声值如图 11-4 所示。

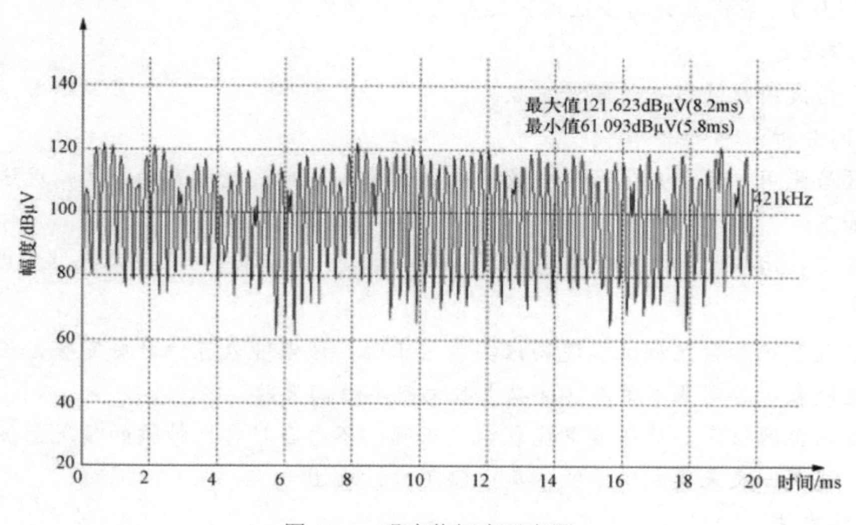

图 11-4　噪声值幅度示意图

3. 处理办法

（1）经排查，确认干扰源为水泵房的变频设备，干扰智能电能表载波信号的回传。该台区主要干扰源为换热站的变频设备，因无法将干扰源拆除或关闭，所以可安装阻波器或者滤波器，从根本上阻断干扰源。对换热站噪声进行处理后，重新选择路由路径，绕过换热站重新手动建立中继，监测调试之后的噪声情况，如图 11-5 所示。

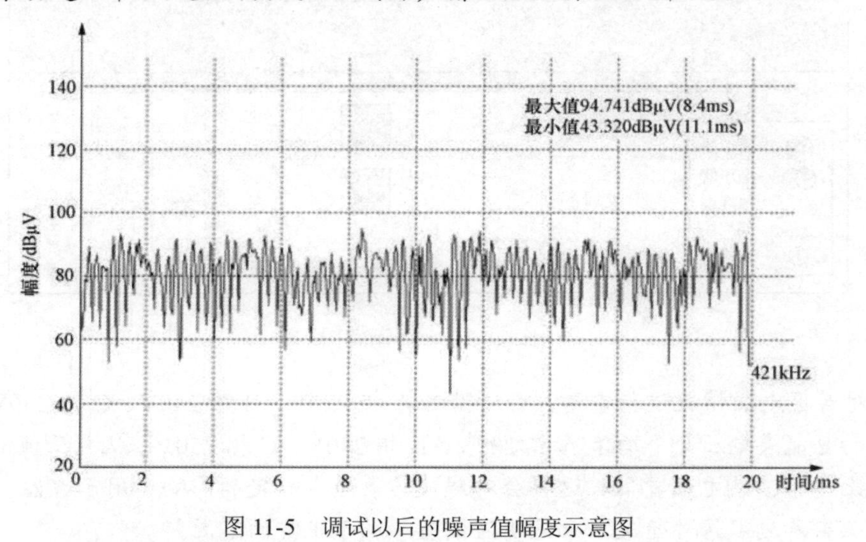

图 11-5 调试以后的噪声值幅度示意图

（2）中继重新选择之后在变压器处可以高速直抄到 3 号楼电能表，但是 1、5、40 号楼的电能表抄读直抄仍然失败，可以用 3 号楼电能表做中继抄读，说明此台区线路上信号衰减较大。

（3）在集中器上分别下发 45、40、1 号楼的电能表档案，并拆除 45 号楼一单元、40 号楼墙后、1 号楼三单元安装的集中器，测试抄读情况，抄表时间较快且稳定。

【案例 139】 某供电公司小区用户远程充值频繁失败

1. 故障描述

某小区居民用户远程充值频繁失败。

2. 原因分析

某小区居民用户远程充值频繁失败，采集运维人员对该电能表的采集情况进行排查，具体情况如下:

（1）通过主站抄收集中器对应电能表测量点参数，时间较快，10s 内能够完成，确保上行通信正常。

（2）通过掌机和台区测试仪现场核实台区正确，该电能表冻结数据完整，但通过主站点抄收该电能表，时间基本都在 30s 以上且大概率返回失败。

通过现场台区核实，确认该电能表台区正确，不存在串台区抄收的情况，但该终端关联用户多，造成一次采集成功率低，集中器实时抄表困难。

3. 处理办法

现场运行一台变压器造成单台集中器关联采集用户较多，经过现场梳理户变关系，重

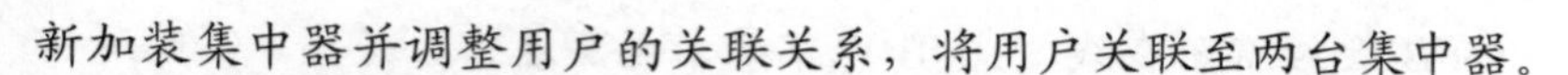

新加装集中器并调整用户的关联关系，将用户关联至两台集中器。

4. 实时抄收情况

调整后用户通过主站实时点抄该电能表，时间基本都在 30s 内。

【案例 140】 某小区居民用户远程充值超时

1. 故障描述

某小区居民用户远程充值超时。

2. 原因分析

采集运维人员对该电能表的采集情况进行排查，具体情况如下:

（1）通过主站抄收集中器对应电能表测量点参数，上行通信正常。

（2）通过掌机和台区测试仪现场核实台区正确，该电能表冻结数据完整，但通过主站点抄该电能表，有超时现象。

通过现场台区核实，确认该电能表台区正确，不存在串台区抄收的情况，但该集中器关联用户多，集中器与末端表计距离较远，造成实时采集数据有超时现象。

3. 处理办法

现场运行一台变压器造成单台集中器关联采集用户较多，并且集中器与末端表计距离较远。经过现场梳理变户关系，重新加装集中器并调整用户的关联关系，将用户关联至两台集中器，距离较远的表计可考虑加装信号中继设备解决。

4. 实时抄收情况

调整后用户通过主站实时点抄该电能表，时间基本都在 30s 内。

【案例 141】 主站抄收成功率为零或只通过 RS485 抄到智能电能表

1. 故障描述

主站抄收成功率为零或只通过 RS485 线抄到智能电能表。

2. 处理办法

一般集中器故障或集中器不在线，才会导致整个台区抄收成功率为零。当集中器下行通信，如低压载波通信、微功率无线通信等出现故障时，只抄到直接通过 RS485 线接入集中器的智能电能表。

（1）集中器不在线。当数据抄收成功率为零时，可通过主站菜单查询集中器当前是否在线。不仅要判断出集中器是否在线，还需要进一步查出该集中器是长期不在线还是运行一段时间后不在线，针对不同情况进行分类处理。

1）集中器长期不在线。集中器长期不在线，一般情况是集中器本身故障或施工失误造成。此类问题非常明了，通过眼观、简单测量或更换配件即可以排查问题:

a. 观察集中器电源灯是否正常。若集中器电源灯不亮，则用万用表检查集中器供电电源，正常情况其电源线电压为 380V，相电压为 220V 左右。若电压过高，可能导致集中器烧毁；电压过低，则不能给集中器提供正常工作电源。电源问题需请供电公司有关部门进行处理。若集中器电源灯指示正常，测量其供电电源也正常，则通过按键查看集中器信息，若集中器无反应或黑屏，可判断集中器死机，需更换集中器。

b. 通过按键查看集中器网络信号。集中器通信信号强度最大为 32dB，信号强度 20dB

以上通信效果较好，10～15dB 会经常不在线，10dB 以下基本无法通信。若集中器附近信号较差或根本没有信号，则需加装天线，或协调移动公司加装信号增益器。

c. 若集中器附近信号正常，但集中器菜单显示无信号，则可能是集中器上行通信的 GPRS 模块出现故障，需更换同型号的 GPRS 模块。

d. 集中器附近信号正常，并且集中器菜单显示信号正常，若集中器仍不能上线，从以下方面排查分析原因：

a）集中器 SIM 卡损坏、欠费停机、业务未开通等原因，都会造成集中器不上线，现场更换 SIM 卡进行测试。

b）SIM 卡接触不良也会导致集中器无法上线，在确定 SIM 卡正常的情况下，更换 GPRS 模块便可解决问题。

c）在确定 SIM 卡正常、GPRS 模块也正常的情况下，查询集中器菜单“集中器参数设置”的“通信通道设置”，查看集中器上行通信参数配置是否和目的主站一致，包括主站 IP 地址、端口号、APN 等。另外主站是否已投运该集中器也是影响其上线的因素，在主站被投运的集中器才能正常登录到主站。

2）集中器运行一段时间后不在线。当集中器运行一段时间后出现不在线的问题时，应从集中器设备本身、现场环境变化、人为更改设置或更换设备等方面进行分析。

a. 当发现集中器失电或电源不正常时，排查方法类似于集中器长期不在线的电源排查方法，采取同样的处理方法，此处不再赘述。当集中器运行一段时间后，不排除由于产品质量的原因导致设备的死机、损坏等现象，遇见这种情况只能更换集中器。

b. 集中器更换完毕，需重新设置集中器的通信参数（包括主站 IP 地址、端口号、APN 等），以保证集中器正常登录到主站。有的供电公司在主站改建时需要对现场集中器下发新的目的 IP 地址、端口号、APN 等，可能出现漏发、错发等现象，这也是造成集中器后来不能上线的一个原因。查询集中器菜单中“通信通道设置”，查看以上数据是否和当前运行的主站数据一致，若不一致，修改即可。

c. 集中器运行一段时间后，可能出现 SIM 卡欠费的现象；同样由于产品质量的差异，SIM 卡也有可能损坏，集中器的上行通信模块也有可能损坏。这些原因可能会导致集中器后续不能上线，处理此类问题时，可参照集中器长期不在线处理上行通道通信部分的方法。

d. 系统建设之初，对于个别集中器，为了增强信号而延长天线或需要移动公司加装增益器，这些辅助设备后续的不确定性（延长的天线接头脱落或松动，加装的增益器损坏或失电），也是直接导致集中器不能上线的原因。排查上述问题时，只需查看集中器菜单中通信信号的高低即可。对于延长天线的集中器，若无信号或信号很差，则意味着天线已受损，需进一步检查天线；对于加装增益器的，不仅集中器菜单中显示无信号或信号很差，集中器附近也很难使用手机接打电话或上网。

（2）集中器在线，但抄收成功率为零或只通过 RS485 线抄到智能电能表。此类情况一般是由于主站档案、参数配置错误或者现场集中器下行通信故障造成的，可以按集中器是否接有 RS485 线采集的智能电能表进行分类分析。

1）下行通信既有载波/微功率无线又有 RS485 线，抄表成功率为零。

a. 无法确定主站抄收成功率为零的原因时，先从主站查询抄表是定时召测的方式还是集中器主动上报的方式。若是集中器主动上报的方式，再召测集中器是否配置了该任务；若集中器没有配置该任务，则可从主站直接修改。

b. 若集中器任务配置均正常，则召测智能电能表参数配置。以下几种错误都有可能导致整个台区抄表率为零：

a）智能电能表通信规约配置错误，将97版规约配置为2007版或将2007版配置为97版。

b）智能电能表通信速率配置错误，将1200bit/s配置为2400bit/s，或将2400bit/s配置为1200bit/s。

c）通过RS485线接入集中器的智能电能表端口配置不是“2”，载波智能电能表的端口配置不是“31”。

上述错误配置，只能到现场通过实际比对智能电能表才能发现。

c. 在比对智能电能表信息时，还应比对智能电能表档案是否准确。从主站打印出该台区智能电能表档案信息（包含用户地址、电能表号等），到现场进行比对。比对时只需从每栋楼或每个单元挑出若干只智能电能表进行比对即可，若没有一栋楼或一个单元的智能电能表对应得上，则可以断定该台区档案整体错误。智能电能表在实际应用中，整个台区智能电能表档案下发错误的情况不多但确实存在，最直接的表现为至少两个以上台区抄收成功率为零。这种情况下，找出其他抄收成功率为零的台区，现场逐个排查，再重新正确下发即可。

2）下行通信既有载波/微功率无线又有RS485线，但只通过RS485线抄到电能表。能抄到RS485线采集的智能电能表，则可排除集中器本身及其上端通信的问题，因为如果集中器上端通信不稳，则不可能只抄回RS485线采集的智能电能表，还应该有其他智能电能表，且不应该固定。

另外可排除台区电能表档案下发错误的因素，因为一个台区只有RS485线采集的智能电能表下发正确，而其他智能电能表都下发错误的可能性很小，因此在排查该类问题时应从其他方面入手。

a. 一个台区的非RS485线采集的智能电能表的抄表端口和RS485线采集的智能电能表的抄表端口配置相同，规约配置错误，通信速率配置错误也是导致上述现象的原因。通过比对采集主站与现场智能电能表表号，发现错误后，需重新配置智能电能表参数并下发。

b. 若集中器中智能电能表参数配置与现场一致，则很有可能是集中器下端通信，即集中器载波/微功率无线模块出现故障。

a）通过集中器透明翻盖，查看集中器载波路由模块是否与现场智能电能表的通信模块匹配，若不匹配，需及时更换，更换时应注意安全。

b）确定集中器下端通信模块和现场智能电能表的通信模块一致的情况下，在集中器抄表或组网时（也可手动抄表），仔细观察载波/微功率无线模块，若TR指示灯无反应，说明集中器载波/微功率模块故障，需更换。对于载波模块，若只有TR指示灯闪烁，而“A”

"B""C"无反应，则集中器载波模块故障，需更换。

c）当集中器下端通信模块和现场智能电能表的通信模块一致，集中器载波模块各指示灯反应也正常时，应观察集中器是否告警，并测量各相电压以及零线与地线之间的电压是否正常。一般情况下，零线虚接或断线会造成零线与地线之间存在压差，当负荷不平衡时各相电压也被抬高，导致载波不能通信。这种情况属于台区计量故障，严重时会烧毁集中器，应及时与供电公司协调进行整改。

c. 下行通信只有载波/微功率无线，抄表成功率为零。对于下行通信只有载波或微功率无线的抄表方式，应从主站（档案、参数配置）和集中器下端通信进行分析。

从主站召测集中器信息，核查集中器任务、参数配置，以及智能电能表参数配置，仍无法确定问题所在时，应打印出智能电能表档案信息（包含用户地址、电能表号等）进行现场工作。

a）到达现场后先观察集中器运行状况。由于主站能正常对集中器召测和下发数据，且任务及参数配置正常，因此应直接检查集中器的下行通信模块是否正常。对于集中器下端通信故障，可参照排查载波/微功率无线模块故障的方法处理，此处不再赘述。

b）当确定集中器下行通信模块正常无故障时，再核查智能电能表档案是否和现场一致。智能电能表档案是否错误、智能电能表参数配置是否正常的分析方法和上述分析方法基本相同，此处不再赘述。

【案例142】 主站抄收成功率低

1. 故障描述

主站抄收智能电能表成功率低。

2. 处理办法

抄收成功率不高是指抄收成功率大于10%且低于90%。之所以如此界定，是由于导致抄收成功率不高和抄收成功率为零或极低的原因有着较明显的区别。以下将针对智能电能表档案及参数配置有误的原因进行分析。

（1）如果某个台区有部分比较集中（同一个单元或相邻的几个楼层）的智能电能表未抄到，则在排除特殊用电设备对电力环境干扰和线路过长的情况下，应考虑这部分智能电能表的归属或智能电能表参数配置问题。

1）现场比对智能电能表参数配置是否正确。

2）若智能电能表参数配置正确，则采用抄控器点抄的方法检查智能电能表档案是否正确。选择相邻的两个台区A、B档案里的一些智能电能表，如果在A台区能抄到B台区的智能电能表，则可以初步判断为档案错误，使用判相仪、台区考查仪进一步判断智能电能表的归属，或联系熟悉现场情况的台区抄表员来排查线路。

（2）个别智能电能表表号错误、智能电能表表号存在但智能电能表不存在、智能电能表存在但不是载波表，这些都是导致整个台区抄收成功率不高的原因。

1）主站显示某智能电能表一直缺抄。在主站查询档案发现该智能电能表安装地址和本台区其他智能电能表的安装地址明显不符，该智能电能表资产号和现场智能电能表实际资产号不一致。可能是施工时表号抄录错误或系统录入错误，也可能是智能电能表更换

之后未能及时同步到采集系统中，此时应及时更改表号并同步到采集系统。

2）主站显示某智能电能表一直缺抄或从某一天开始一直缺抄。从主站查询到该用户名下有两块智能电能表，原因可能是更换新的智能电能表之后未及时清除系统内记录的旧智能电能表信息；或者是由于用户销户或拆迁等原因拆除智能电能表，但又因为用户欠费或其他原因导致系统不能销户。处理方法为清除系统内不存在的智能电能表地址，并删除集中器内的该智能电能表地址。

3）部分智能电能表一直缺抄，智能电能表资产号不在载波智能电能表资产号段范围内。可能是由于施工不便或用户等原因导致智能电能表未更换成载波智能电能表，在采集系统同步时要注意拆卸这些智能电能表，建议定时检查采集系统中的智能电能表类型，及时发现错误类型的智能电能表并拆卸。

【案例143】 现场设备故障与施工缺陷

1. 故障描述

现场设备故障与施工缺陷。

2. 处理办法

低压电力用户用电信息采集系统现场设备主要由集中器、采集器、智能电能表组成，这些设备能否正常运行直接影响到整个系统，即抄收成功率。另外，由于施工人员的水平参差不齐，造成集中器安装位置不合理、采集器接线错误等现象，也是导致整个台区抄收成功率不高的原因。以下将针对现场设备故障或施工缺陷等造成抄收成功率不高的原因进行分析。

（1）设备故障。低压电力用户用电信息采集系统现场设备运行条件较恶劣，且不同厂家生产的设备存在差异性，长期运行后难免会出现问题，针对故障设备，只能进行更换。

1）集中器载波模块故障。集中器下行通信模块故障能直接导致整个台区抄收成功率为零或极低（只抄到集中器通过 RS485 线采集的智能电能表）。此外还有一种较为罕见的故障描述，即集中器载波模块只能单相或两相工作。

集中器载波模块是通过三相发出载波组网、抄收命令，并通过三相抄回智能电能表的数据，任何一相出现故障或接触不良都会导致该相数据不能抄回。仔细观察集中器载波模块的运行状况，在集中器抄表或组网（或手动抄表）时，若模块收发正常，而载波模块三相指示灯不全亮，很有可能是某一相或两相故障，这是导致抄收成功率不高的一个原因，针对此现象，只有更换集中器载波模块。

2）载波长发。载波长发的具体表现是，一些智能电能表以前能抄通，后来无法抄通。现场使用抄控器抄收缺抄智能电能表，有时能抄通，但并非每次都能抄通。停止集中器工作后使用载波监测设备依然能收到载波信号，越靠近某片区时信号越强。这类现象是由于采集器或智能电能表的载波模块在热插拔中，由于设计上的缺陷导致在运行工作中长发或陷入死循环的长发状态，影响周围的载波设备，造成包括自身在内的周围智能电能表数据无法抄回。在排查该现象时，只能按片逐步侦听载波信号，找到故障模块并更换。

3）采集器故障。采集器作为承接集中器与智能电能表之间数据通信的桥梁，其能否正常工作直接影响到一个单元或整个表箱的智能电能表数据能否正常抄回，若该采集器是作为中继的载波节点，则由于半载波的载波节点数量较少，载波子节点间的中继关系可能影响到互为中继的其他采集器的抄收效果。

a. 故障描述1：采集器下所有智能电能表均抄不通，采集器电源灯不亮。检查采集器的供电电源是否正常，采集器一般为单相交流220V供电，若电源正常，则采集器损坏，需更换；若电源不正常，则协调供电公司解决。

b. 故障描述2：采集器下所有智能电能表均抄不通，采集器电源指示灯正常。使用掌机或其他调试RS485线设备，测试采集器与智能电能表之间是否能正常通信，在保证采集器与智能电能表RS485线接线正确以及智能电能表运行正常的情况下来排查问题。针对I型载波采集器，使用抄控器从采集器接线端子处取电，抄收该采集器下所接智能电能表，同时观察采集器各指示灯状态。

若载波模块RXD指示灯不亮，采集器通信状态指示灯闪烁，则载波模块有故障，需更换；若载波模块RXD指示灯闪烁，采集器通信状态指示灯不亮，则采集器有故障，需更换。

针对微功率无线采集器，使用微功率无线调试设备，抄收该采集器下所接智能电能表，同时观察采集器各指示灯状态。若微功率无线模块RXD指示灯不亮，采集器通信指示灯闪烁，则微功率无线模块有故障，需更换；若微功率无线模块RXD指示灯闪烁，采集器通信状态指示灯不亮，则采集器有故障，需更换。

针对Ⅱ型采集器，若掌机或RS485线调试设备能正常抄回智能电能表数据，则Ⅱ型采集器有故障，需更换。或使用抄控器从采集器接线端子处取电，抄收该采集器下所接智能电能表，同时观察采集器各指示灯状态。若状态灯双色交替闪烁，但不能抄回智能电能表，则说明采集器下行通信可能有故障；若状态灯无反应，则说明采集器上行通信可能有故障。无论属于哪种情况，解决办法只能是更换采集器。

c. 故障描述3：载波采集器下的智能电能表全部无法抄通，或只有部分智能电能表可以抄通，但在采集器使用抄控器时全部可以抄通。此类情况可能是由于采集器载波模块通信灵敏度低或通信功率不够，解决办法是更换采集器或尝试采用中继技术。

4）智能电能表故障。排查智能电能表故障，只需找到该表进行简单测试即可查出问题，较为简单。首先确定智能电能表的供电是否正常，在保证其供电正常的情况下排查故障。

a. 对于通过RS485线通信的智能电能表，使用掌机或RS485线调试设备按该智能电能表通信地址进行抄收，若不能正常通信，需更换智能电能表。

b. 对于载波通信的智能电能表，使用抄控器，从该智能电能表表尾处取电，按该智能电能表通信地址进行抄收，同时观察载波模块TXD/RXD指示灯和智能电能表显示屏：①若载波模块RXD灯无反应，则载波模块有故障，需更换；②若载波模块RXD灯闪烁，智能电能表显示屏无载波曲线显示，则智能电能表有故障，需更换；③若载波模块RXD灯闪烁，智能电能表显示屏有载波曲线显示，但载波模块TXD灯不亮，则载波模块有故障，需更换。

c. 对于微功率无线通信的智能电能表，使用微功率无线调试设备，按该智能电能表通

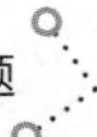

信地址进行抄收，若微功率无线模块TXD/RXD指示灯不能交替闪烁，需更换通信模块；若指示灯能交替闪烁但不能抄通智能电能表，需协调供电公司更换智能电能表。

（2）施工缺陷。在低压电力用户用电信息采集系统现场建设中，除了智能电能表由供电公司安装外，其他采集设备一般由厂家或施工队等第三方安装。如果是施工队安装前的培训不到位，可能造成施工缺陷，导致后续的数据采集不理想。

1）设备接线。设备接线问题较为普遍，例如设备电源线的接线不牢、脱落等现象。较为常见的是RS485线的接线，除了接线不牢、脱落外，还存在错接现象，包括A、B线的错接，设备RS485端口的错接。检查此类问题，只能仔细检查故障设备。另外，选择设备电源应遵循现场施工要求，尽量避免将设备接在受控电源或用户表尾处。

2）集中器位置不合理。施工队在安装集中器时只考虑尽量选择台区的中央位置，而忽略了台区实际供电走线。有时甚至为了方便和节约成本，在楼道里就近找一处三相电源安装集中器，而该三相电源可能是整个台区的末端或某栋楼的末端，抄收效果可想而知。解决此类问题只能根据台区的实际供电线路，将集中器挪到供电线路中央的位置。对于台区变压器呈单方向供电的情况，为了照顾台区总表，不得不将集中器安装在台区变压器下面，导致集中器不能抄到供电线路末端的智能电能表。这类问题的解决方法和上述问题一样，将集中器挪到供电线路中央的位置，另外，需要在台区考核表处加装一只Ⅱ型采集器，用以抄收台区表。

3）采集器的安装问题。如果一个单元、一只表箱或其他RS485线抄表设备，现场抄收时通时不通，多半是因为这些设备和采集器共用了RS485线。排查此类问题时，应检查RS485线除了接入采集器外是否有外接现象，或者在采集器抄表空闲时测量该采集器下RS485线上是否有电位变化，存在波动，说明有其他抄表设备在共用RS485线抄读电能表，需整改RS485线接线。

【案例144】 台区容量配置过大

1. 故障描述

台区容量配置过大。

2. 处理办法

用户智能电能表安装数量应与公配变变压器容量相匹配，供电半径较合理，但在实际情况中，往往会超出其智能电能表容量和供电线路半径，由于信号的衰减和线路上噪声的干扰，造成“信息孤岛”，影响电能表采集功率。

由于采集器的载波通信能力稍强于智能电能表载波模块的通信能力，可以用采集器做中继，在靠近“信息孤岛”又能与集中器直接通信的地方加装采集器，或者加装中继器，两者原理相同。

【案例145】 现场存在干扰信号

1. 故障描述

现场存在干扰信号。

2. 处理办法

一个台区中的用电设备各不相同，对载波抄收存在一定的干扰，尤其是变频设备，如变频水泵等。干扰源附近的智能电能表一般都很难抄通，解决方法是仔细排查现场或使用示波器逐步寻找干扰源，在干扰源处加装阻波器或滤波器。

【案例 146】 附近台区串扰

1. 故障描述

附近台区串扰。

2. 处理办法

由于台区变压器的零线是接入大地的，相邻台区在载波工作时会出现互相串扰的现象，导致相邻台区抄收成功率不高，并且每天的抄收效果不固定。界定一个台区是否存在干扰，可以将该台区集中器的载波模块拔掉，然后观察该台区下智能电能表载波模块的 RXD 指示灯是否闪烁，则存在干扰现象。同时使用载波监测设备监测到其他集中器发的载波报文，通过分析报文即可判断干扰源。对于台区串扰问题，需将互相干扰的集中器采取分时工作的方法。

【案例 147】 通信参数核查

1. 故障描述

采集主站通信参数核查。

2. 处理办法

（1）集中器不在线

查看集中器上行通信参数，采用 GPRS 方式通信的集中器上行参数设置，若主站 IP、主站端口、APN 其中任一参数错误，直接导致的故障就是集中器无法上线。

（2）集中器在线

查看集中器电能表档案是否正确下发的操作步骤：

选中集中器终端地址→关联电能表→选中要核实的电能表→设置电能表参数，如图 11-6 所示。

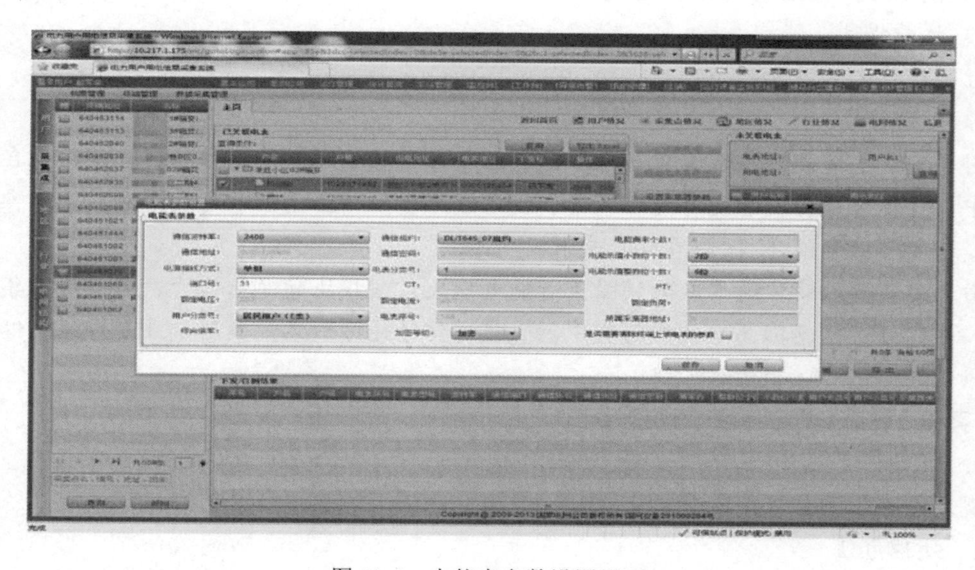

图 11-6　电能表参数设置界面

在运维人员下发智能电能表采集档案前，一般需要设置智能表的通信地址、通信速率、通信规约、测量点、端口号、用户分类号、电能表分类号等参数，如：通过RS485线采集的考核总表及只有RS485端口的电能表端口号是2，通过载波采集端口号是31，规约视实际安装的考核总表的规约而定，如DL/T 645—2007（2007版规约）通信波特率2400bit/s，1997版规约通信波特率1200bit/s；用户分类按表计实际属性设置，如：公用配电变压器考核、三相一般工商业、单相一般工商业、居民用户等。

【案例148】 表计时钟错误影响采集表码冻结

1. 故障描述

某市供电公司在用电信息采集系统中查询日数据，发现某一台区时常会出现零星的表计某天停走的现象（经核实有负荷），发现某块表计现象如下：通过主站查询27日、28日底码均为6332.5和6332.5，29日底码为6353.8，主站召测集中器中的日冻结与主站查询一致，通过主站透抄发现27日的底码为6332.5，28日的底码为6343.4，29日底码为6353.8。经过运维人员通过主站排查原因，发现该表计的时钟偏慢 30min，集中器时钟无偏差，主站查询到集中器在27日、28日及29日抄读该表计冻结的时间分别为00:45、00:15及00:38，说明该表计具备日冻结能力，且冻结有时标。

2. 原因分析

（1）用电信息采集系统中查询的日冻结数据是从报表中提取的，召测是抄读终端存储的冻结数据，两者查询的结果一样，渠道不同；透抄是提取电能表里的冻结数据。

（2）从案例中可以分析出表计出现28日停走的现象，用电信息采集系统中该表27日与28日冻结表码相同，经过透抄表计的冻结表码可以看出28日该表表码与27日表码不一致，出现采集系统与表真实冻结数据不一致的情况，可以判断该表不属于计量故障，属于采集故障。经过现场核实发现电能表时钟比集中器时钟慢 30min，对比可以发现，27、28日及29日抄读该表计冻结的时间分别为00:45、00:15及00:38，而电能表时钟比集中器时钟慢 30min，正常情况下，集中器在零点时刻开始抄表，一般先抄考核表后抄户表，对于表计来说27、28日及29日抄读该表计冻结的时间分别为00:15、上一日 23:45及00:13，可以发现28日集中器抄表的时候，表计时间还在27日23:45，此时未生成28日零点冻结，然而集中器存在未判断时标直接抄上一日冻结的问题。

3. 处理办法

（1）该表计的时钟偏慢30min，对表计现场校时。

（2）对时钟偏差大于 5min 的电能表，用现场维护终端对其现场校时前，应先用标准时钟源对现场维护终端校时，再对电能表校时。

（3）校时应避开每日零点、整点时刻，避免影响电能表数据冻结。

【案例149】 某台区集中器路由模块针脚弯曲无法召测表计数据

1. 故障描述

某供电公司按照现场勘查进行了施工组织设计，并按照设计对台区进行载波表配置、安装，安装人员在进行集中器路由模块安装时发现路由模块针脚弯曲，但未及时处理就进行安装，在送电环节也未出现异常，因此，安装人员认为已经安装完成，并且对此异常未做记录也未告知其他人。但在调试时发现大约 1/3 的电能表无法召测到数据。

2. 原因分析

（1）载波模块在运输过程中未采取保护措施，导致模块针脚受外力弯曲；

（2）采集运维人员安装载波模块时安装方法错误，造成模块针脚弯曲；

（3）模块针脚弯曲后，无法与集中器完全接触和正常通信。

3. 处理办法

调试人员针对台区载波方式采集的电能表召测失败应从以下几方面进行排查：

（1）检查载波表是否安装，是否带电运行。

（2）检查载波表地址设置是否正确。

（3）检查集中器每相供电是否都正常。

（4）检查载波表是否距离集中器过远或距离干扰源较近。

（5）检查集中器的抄表参数是否正常。

（6）检查集中器载波路由模块是否运行正常。

（7）检查集中器路由模块与电能表载波模块方案是否匹配。

更换合格的集中器模块后，按照调试步骤完成采集调试，上电后调试时要观察状态指示灯是否正常。此外，还要防范集中器操作时发生路由模块针脚短路爆炸的风险。

【案例 150】 电能表时钟电池电量耗尽造成采集不稳定

1. 故障描述

某供电公司采集运维人员根据采集运维闭环管理系统中采集异常工单前往电能表抄表不稳定异常现场，发现电能表故障现象为时钟失准，电能表在不加电情况下按轮显键，液晶无显示，电能表在加电情况下出现电池欠压报警显示、电能表屏幕常亮。

2. 原因分析

导致电池短期内耗尽电量的因素可能有以下几个方面：

（1）电池质量问题，电池质量一致性较差，存在一定的失效概率。

（2）元器件损伤：电能表在生产过程中表内个别元器件，如相关电路中的电容、二极管等，因加工问题出现隐性损伤，在现场运行后损伤加剧，导致电池放电电流变大。

（3）时钟电路设计存在缺陷，导致电能表在运行或存储过程中时钟电路放电电流过大。

（4）外部因素导致电能表无法进入低功耗状态，电池持续放电维持 MCU 工作。

3. 处理办法

更换电池。

【案例 151】 终端地址重复造成另一台地址相同的终端无法正常登录主站

1. 故障描述

作业人员在现场工作发现，终端能够拨号成功上线，并与主站建立通信连接，但是在十几秒甚至几秒后便会快速掉线并重新拨号，并且每次都能拨号成功，自动重复此过程。

2. 原因分析

终端上线后与主站建立 TCP 连接后马上被系统关闭 TCP 连接，可能是终端 IP 不在系统路由表中；或者系统对于同一地址只允许一台终端上线，另一台地址相同的终端登录上线后系统自动踢出之前上线的终端；或终端软件异常，造成终端软件自动重启。

3. 处理办法

关闭终端电源，请系统操作人员召测终端数据，若系统仍显示终端通信正常，则表明系统内该终端地址被重复使用，需要同步更改终端地址和系统档案中对应的终端地址，并且设法确认另一台终端地址是否正确。

【案例152】 谐波干扰导致集中器抄表不稳定

1. 故障描述

某台区采用低压载波方式采集，前期一直采集正常。近期该台区有抄表不稳定现象发生。

2. 原因分析

受到台区内谐波干扰，导致无法正常采集。一直正常采集的台区采集成功率下降，主要可能有以下几个方面：

（1）一种是表计、采集器运行时间较长，载波模块因质量问题损坏。

（2）另一种是表计和采集设备在运行过程中，受外界开关电源和变频设备的影响导致采集失败。

（3）外界谐波干扰信号影响传输距离。

将故障载波电能表（或采集器）拆除并进行检测，试看载波模块是否由于瞬间高压导致烧毁。

3. 处理办法

加装中继器以加强通信信号或加装滤波电容以加强抗干扰能力。

【案例153】 线路老化且电能表距离集中器较远导致采集率低

1. 故障描述

××市供电公司某台区位于郊区，该台区采用全载波采集模式，在用电采集系统建设时仅轮换了表计，未进行线路改造，线路比较老化，另外部分表计离集中器较远，导致采集成功率只有85%左右，其他失败用户均提示“终端有回码但数据无效”。

2. 原因分析

（1）现场更换表计后未在采集系统重新下发测量点参数，导致采集主站与现场集中器中电能表通信参数不一致；

（2）该变压器供电半径过大，造成载波信号衰减严重；

（3）采集失败电能表附近有强干扰源，导致载波信号衰减。

3. 处理办法

“终端有回码但数据无效”问题的处理步骤是：

（1）检查测量点参数等信息是否正确；

（2）召测终端的参数是否正确，若不一致应重新下发；

（3）现场核查是否出现接线错误或模块松动等问题，对于离变压器较远的应适当加装载波放大器；电能表载波模块故障或集中器载波模块与电能表载波模块不匹配；现场环境干扰，在电能表安装位置附近有强干扰源，导致载波信号衰减，可安装滤波器或者拆除干扰源；电能表侧停电，需要排查后送电再进行调试；电能表时钟偏差，或电能表电池欠压，需要更换电能表；线路老化，信号衰减严重，可适当加装载波信号放大器。

经现场检查参数设置正确，接线正确，模块无松动现场，改造线路后，情况明显好转，加装载波放大器，采集成功率保持在99%以上。

【案例154】 台区集中器故障拆除维修后部分表计注册到相邻台区集中器

1. 故障描述

××供电公司家属院共620只电能表由两个相邻的变压器分别供电，1号变压器下带320只，2号变压器下带300只，2017年1月10日进行载波表改造，并分别进行了档案建立，参数下发，抄表正常，2017年1月20日1号变集中器因黑屏被拆除维修，但是2017年1月23日通过2号变集中器查到了1号变所关联载波电能表的数据（采集主站未对2号变集中器下发1号变所关联电能表信息）。

2. 原因分析

使用低压电力线载波通信时，如果存在载波信号的窜扰，采集器和电能表宜优先注册到同台区的集中器下；除此之外，采集器和电能表宜注册到通信情况较好的集中器下，具体情况为：采集器和电能表与所属的电能表最后一次通信的24h内，该采集器和电能表不注册到另外一个集中器上；若连续超过24h与原属集中器通信不成功，如果有集中器可供注册，则注册到新的集中器上。

3. 处理办法

1号变集中器维修完毕并正确安装后，对1号变和2号变集中器表计档案初始化后重新下发测量点参数，现场对集中器进行采集调试。

【案例155】 集中器安装内置天线金属箱体关闭后屏蔽信号影响召测数据

1. 故障描述

××供电公司文化路100号院5号箱变（金属箱体）在进行集中器数据召测时，有时能召测到完整数据，有时会召测到一部分数据，另一部分用户提示“终端无回码”，无法抄到数据，运维人员到现场按要求打开箱变门进行检查：参数设置正确、内置天线已安装、信号基本符合要求，电话联系主站人员进行数据召测，能召测到完整数据，于是按要求关闭箱变门，此工作结束。但是刚离开该小区就接到主站人员电话：问题依旧。经过这样多次反复运维，一直没有解决问题。

2. 原因分析

用电信息采集系统数据召测时提示“终端无回码”说明此时主站与终端通信信号微弱。本案例中运维人员在现场时箱变门是打开状态，此时信号基本满足，离开后箱变门是关闭状态，金属箱体屏蔽了GPRS信号，所以问题就会复现。其次，还应该重点检查SIM卡运行状况、天线。

3. 处理办法

根据现场实际情况准备按以下步骤进行处理：

（1）更换大增益天线按要求工艺施工，并使天线放置金属箱体外部；

（2）按要求关闭箱变门并联系主站进行测试。

【案例156】 远程调整电价后部分09版预付费智能表发生电价叠加，造成现场电能表按照叠加后的电价扣除电费，发生电能表多计电费的情况。

1. 故障描述

用户09版电能表电价叠加后，表计实际电价高出营销系统应执行电价，发生营销系统用户非正常欠费。

2. 原因分析

省计量中心通过用电信息采集系统远程调整安装09版预付费电能表用户电价后，发生部分09版预付费电能表电价叠加（叠加是当前电价为指费率电价与阶梯电价相加）造成电能表实际电价与营销系统用户应执行电价不符，从而发生电能表多计电费的情况。

以单相预付费一般工商业用户为例，电价值应设置费率电价，阶梯电价应统一设置为0。由于此类电能表在安装前，设置当前电价为阶梯电价，所以在调整为费率电价时，造成两种电价叠加执行。

3. 处理办法

采用掌机现场关闭阶梯电价或者通过用电信息采集系统远程将电能表阶梯电价设置为0，仅执行费率电价，电能表在实际运行中不允许阶梯电价与费率电价叠加执行。

11.2 练　习　题

11.2.1 判断题

1．宽带载波通信芯片应具备唯一的、不可更改的芯片ID号。（　　）

2．终端接收到主站下发的剔除投入命令后，对其他任何广播命令或终端组地址控制命令均不响应。（　　）

3．Ⅲ型专变采集终端RS485端口通信状态指示红灯闪烁，表示模块接收数据，绿灯闪烁表示模块发送数据。（　　）

4．采集主站可以对终端进行远程配置和参数设置，支持新上线终端自动上报的配置信息。（　　）

5．在电能表RS485端口工作时不需验电。（　　）

6．终端数据初始化时将终端参数与数据全部清除，恢复默认出厂设置。（　　）

7．终端能按主站命令的要求，定时或随机向主站发送终端采集和存储的功率、最大需量、电能示值、状态量等各种信息。（　　）

8．电能表由于电池欠压，导致时钟偏差严重，若在抄日冻结电能示值时不要求判时标，将不影响主站的日冻结数据采集。（　　）

9．无论电能表通信参数自动维护功能开启与否，采集设备均应正确接受主站下发的测量点参数设置命令。（　　）

11.2.2 不定项选择题

1．采集系统的运行维护管理遵循（　　）的原则。

A．集中管控　　B．分级监控

C．集中维护　　D．分级维护

2．远程通信信道运维对象包括含（　　）等通信通道及相关设备。

A．光纤　　B．无线公网

C．有线公网　　D．230MHz 无线

3．采集系统运行维护闭环管理流程包括（　　）。

A．故障分析　　B．派工

C．处理　　D．评价

4．根据《国家电网公司用电信息采集终端质量监督管理办法》，（　　）负责采集终端质量问题定级。

A．国网营销部　　B．国网计量中心

C．省公司营销部　　D．省计量中心

5．采集系统同一时间收到采集终端上电后报送的停、上电事件，可能原因是（　　）。

A．采集终端电池失效　　B．电能表电池欠压

C．信号强度弱　　D．采集终端通信模块故障

6．以下（　　）情况会造成II型集中器不在线。

A．终端掉电　　B．通信卡损坏

C．远程通信模块故障　　D．RS485 端口故障

7．集中抄表终端的竣工验收时，工作班成员的作业内容包含（　　）。

A．检查终端安装资料应正确、完备

B．确认安装工艺质量应符合有关标准要求

C．检查集中器是否满足送电要求

D．检查接线应与竣工图一致

8．用电信息采集系统操作人员在对采集终端进行电能表参数下发时，有一用户参数无法下发，不可能的原因为（　　）。

A．RS485 线未正确连接或虚接

B．该用户电能表地址与现场表地址不一致

C．终端脉冲参数设置错误

D．以上三项皆是

9．GPRS 通信相较与传统 230MHz 通信具有（　　）的特点。

A．传输速度快　　B．流量小

C．体积小　　D．安装方便

10．用电信息采集系统采集方式包括（　　）。

A．定时自动采集　　B．典型日数据采集

C．人工召测数据　　　　　　　　　　　　D．主动上报数据

11.2.3 简答题

某小水电站安装有 CDMA 采集终端，但由于该采集点所处位置 CDMA 信号仅一格，采集终端上线不稳定，请列举出至少四种解决方案提高该采集终端数据采集的完整性。

附录A 智能电能表故障异常提示及其处理办法

智能电能表故障异常提示及其处理办法见表A-1。

表A-1 智能电能表故障异常提示及其处理办法

<table>
<tr><th>异常名称</th><th>异常代码</th><th>原因分析</th><th>处理办法</th></tr>
<tr><td rowspan="2">控制回路错误</td><td rowspan="2">Err—01</td><td>（1）控制程序与运行状态不符合</td><td rowspan="2">更换电能表</td></tr>
<tr><td>（2）继电器故障</td></tr>
<tr><td rowspan="2">ESAM错误</td><td rowspan="2">Err—02</td><td>（1）ESAM芯片损坏</td><td rowspan="2">一般情况下电能表重新上电后即可恢复正常。如重新上电仍显示Err—02，则需要更换电能表</td></tr>
<tr><td>（2）ESAM模块程序未复位</td></tr>
<tr><td>内卡初始化错误</td><td>Err—03</td><td>电能表内卡初始化错误</td><td>更换电能表</td></tr>
<tr><td rowspan="3">时钟电池电压低</td><td rowspan="3">Err—04</td><td>（1）电能表时钟芯片功耗较大</td><td rowspan="3">更换电能表</td></tr>
<tr><td>（2）电能表存储环境温度、湿度长期超标</td></tr>
<tr><td>（3）电池故障</td></tr>
<tr><td>内部程序错误</td><td>Err—05</td><td>电能表内部程序错误</td><td>更换电能表</td></tr>
<tr><td>存储器故障或损坏</td><td>Err—6</td><td>电网谐波或外电（磁）场引起存储器损坏（存储器故障或损坏）</td><td>在电能表失电前，立即记录电能表的数据，以防电能表数据丢失，然后更换电能表</td></tr>
<tr><td>时钟故障</td><td>Err—07</td><td>电能表时钟故障</td><td>更换电能表</td></tr>
<tr><td rowspan="2">时钟失准</td><td rowspan="2">Err—08</td><td>（1）晶振频率误差大或晶振损坏</td><td rowspan="2">更换电能表</td></tr>
<tr><td>（2）时钟芯片虚焊</td></tr>
</table>

附录B　本地费控表插卡错误代码的含义及对应解决措施

本地费控表插卡错误代码的含义及对应解决措施见表B-1。

表B-1　　本地费控表插卡错误代码的含义及对应解决措施

序号	错误代码	错误含义	原因分析	对应解决方法
1	Err-10	密钥认证错误	卡的密钥状态与表计的密钥状态不相符	先确认卡的密钥状态，然后使用密钥下装卡或密钥恢复卡插表计，使表计密钥类型切换到私钥状态或公钥状态，即与卡密钥状态相同，再插原来的卡即可
2	Err-11	数据MAC校验错误	用户卡数据写到ESAM里时，其安全性校验发生错误	（1）请确认卡与ESAM是否为同一个售电系统下所发的卡或ESAM，即其安全传输规范是否匹配。 （2）用户卡如之前已成功购过电，则可能卡片已损坏，可重新补卡
3	Err-12	表号错误 用户号错误	(1)用户卡里的表号与表里的表号不一致。 (2)用户卡里的用户号与表里的用户号不一致	请确认用户卡是否插错表计
4	Err-13	购电次数错误	卡里的购电次数与表里的购电次数相差值大于1	请确认所使用的是否为正确的用户卡
5	Err-14	购电金额发生囤积	用户卡里的新购电金额与表里的剩余金额相加值超过表计的囤积金额限值	暂不插卡，表计继续使用电量，待表里的剩余金额与用户卡的新购电金额相加值小于表计的囤积金额限值时，此时插卡便可购电成功
6	Err-15	现场参数卡的设置版本号小于表计的设置版本号		重新发现场参数卡，使其设置版本号大于表计里的设置版本号
7	Err-16	密钥修改错误	插密钥下装卡或密钥恢复卡时，密钥相关安全性认证发生错误	请确定密钥下装卡或密钥恢复卡与表计里的ESAM是否为同一系统
8	Err-17	编程键未打开	相关卡设置数据时需编程键打开	打开编程键即可
9	Err-18	提前拔卡	卡相关操作未完毕就已拔卡	重新插卡，并等待至少20s以上
10	Err-19	修改表号卡所允许设置的表号范围已使用	修改表号卡所允许设置的表号范围已使用完毕	重新发修改表号卡，并注意修改表号的截止范围
11	Err-20	（1）现场参数允许的使用次数已使用完毕。 （2）密钥下装卡或密钥恢复卡所允许的使用次数已使完毕		（1）重新发现场参数卡，并注意允许使用次数的设置。 （2）重新发密钥下装卡或密钥恢复卡，并注意允许使用次数的设置
12	Err-21	开户卡插入已开过户的电能表	开户卡里的购电次数为1，但表里的购电次数大于1	（1）请确认是否插错电能表，即插入别人已开过户的电能表。 （2）如电能表未开过户，且表号也对应，则应查看插参数预置卡时，其预置的购电次数是否为0次（正确的参数预制卡购电次数必须为0次）

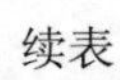
续表

序号	错误代码	错误含义	原因分析	对应解决方法
13	Err-22	用户卡插入未开户的电能表	用户卡为购电卡，其购电次数大于等于2。但表为新表，其购电次数为0	（1）请确认是否插错电能表。 （2）请确认该表开户后，是否有重新插过预置卡的动作。
14	Err-23	卡操作失败	表计对卡进行复位操作不成功	（1）请确认卡片与卡座是否接触充分。 （2）请确认卡片是否损坏。 （3）请确认表计卡座是否损坏。 （4）可重复插卡进行试验
15	Err-25	卡文件的格式不符合要求	卡里的文件结构规范不符合技术规范文件的要求	（1）请确认卡是否从正确的发卡系统或售电系统发出。 （2）重新发卡
16	Err-26	卡类型错误	（1）开户卡其购电次数不为1次。 （2）购电卡其购电次数为1次。 （3）技术规范中未定义过的卡类型	（1）请确认售电系统所发的卡其参数是否匹配错误。 （2）重新发卡
17	Err-27	已使用过的开户卡	对于插入的未开户的电能表，该开户卡已经使用过	请确认用户卡是否插错表计
18	Err-28	其他错误	(1)表计选择卡文件或读卡文件时发生错误。 (2)该购电卡的卡序号与上一次购电所使用购电卡的卡序号不相同	（1）对于第一种情况，请确认卡片与卡座是否接触充分；请确认卡片是否损坏；请确认表计卡座是否损坏：请确认卡是否从正确的发卡系统或售电系统发出；可重复插卡进行试验，如果还是不成功，则可以重新写卡（即将相同的数据重新写一遍）。 （2）如为第2种情况可能为用户的原来用户卡丢失，在售电系统补卡并且插补卡成功后：用户可能找到原丢失卡，并插该卡时而出现该错误报警

附录C ERC 事件代码

ERC 事件代码见表 C-1。

表 C-1 **ERC 事件代码**

事件代码 ERC	事件项目
ERC1	数据初始化和版本变更
ERC2	参数丢失
ERC3	参数变更
ERC4	状态量变位
ERC5	遥控跳闸
ERC6	功控跳闸
ERC7	电控跳闸
ERC8	电能表参数变更
ERC9	电流回路异常
ERC10	电压回路异常
ERC11	相序异常
ERC12	电能表时间超差
ERC13	电能表故障信息
ERC14	终端停/上电
ERC15	谐波越限告警
ERC16	直流模拟量越限
ERC17	电压/电流不平衡越限
ERC18	电容器投切自锁
ERC19	购电参数设置
ERC20	消息认证错误
ERC21	终端故障
ERC22	有功总电能量差动越限
ERC23	电控告警事件
ERC24	电压越限
ERC25	电流越限
ERC26	视在功率越限
ERC27	电能表示度下降
ERC28	电能量超差
ERC29	电能表飞走

续表

事件代码 ERC	事　件　项　目
ERC30	电能表停走
ERC31	终端 RS485 抄表失败
ERC32	终端与主站通信流量超门限
ERC33	电能表运行状态字变位
ERC34	TA 异常
ERC35	发现未知电能表（指终端的电能表参数中未配置该电能表）
ERC36	控制输出回路开关接入状态量变位记录
ERC37	电能表开表盖事件记录
ERC38	电能表开端钮盒事件记录
ERC39	补抄失败事件记录
ERC40	从节点主动上报事件记录
ERC41	对时事件记录

附录D 远程充值终端反馈主站错误代码

远程充值终端反馈主站错误代码见表D-1。

表D-1 **远程充值终端反馈主站错误代码**

序号	错误代码	含义	序号	错误代码	含义
1	101	电能表用户对应错误	7	108	充值次数错误
2	102	等待返回超时	8	109	电能表否认无数据
3	103	其他错误	9	110	电能表返回其他错误
4	105	充值重复	10	111	终端否认
5	106	ESAM/身份认证失败	11	113	电能表报文头部/尾部错误
6	107	电能表无户号	12	115	电能表不对应

附录E 常用仪器仪表

E.1 数字万用表

万用表是电工使用较为广泛的仪表，如图 E-1 所示，万用表的三个基本功能是测量电阻、电压、电流，原理图如图 E-2 所示。现阶段数字式万用表，增加了许多功能，如测量电容值，三极管放大倍数，二极管压降等。部分万用表具有语音播报功能，能把测量结果直接语音播报，其测量档位量程图如表 E-1 所示。

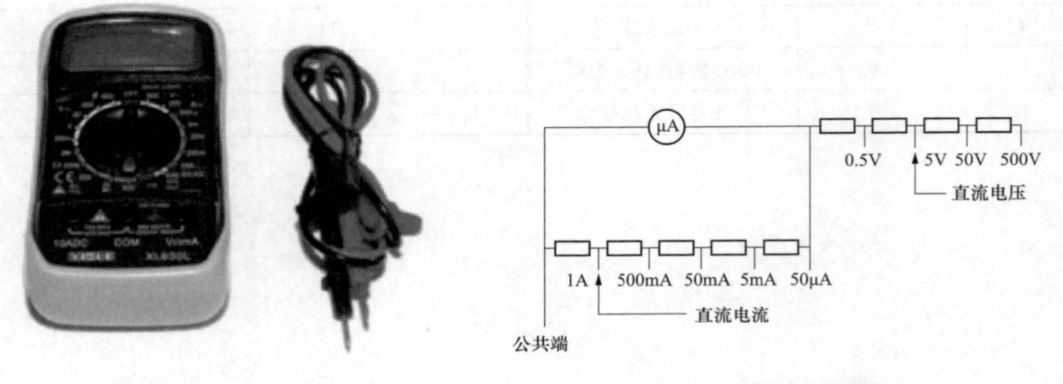

图 E-1　万用表　　　　图 E-2　万用表原理图

表 E-1　　万用表测量的档位和量程

功能参数	电阻	电压	电流	通/断	其他
档位	欧姆档	交流档位 直流档位	交流档位 直流档位	测试通/断档位	电容、频率、温度
量程	Ω	AC（V） DC（V）	AC（mA、A） DC（mA、A）	/	μF、℃

E.1.1 功能及使用方法

E.1.1.1 测量电压

（1）将黑表笔插入 COM 端口，红表笔插入 VΩ 端口；

（2）功能旋转开关打至 $V^{\sim}$（交流），V^{-}（直流），并选择合适的量程；

（3）红表笔探针接触被测电路正端，黑表笔探针接地或接负端，即与被测线路并联；

（4）读出 LCD 显示屏数字。

E.1.1.2 测量电流

（1）断开电路；

（2）黑表笔插入 COM 端口，红表笔插入 mA 或者 20A 端口；

（3）功能旋转开关打至 $A^{\sim}$（交流），A^{-}（直流），并选择合适的量程；

（4）断开被测线路，将数字万用表串联入被测线路中，被测线路中电流从一端流入红表笔，经万用表黑表笔流出，再流入被测线路中；

（5）接通电路；

（6）读出 LCD 显示屏数字。

E.1.1.3 测量电阻

（1）关掉电路电源；

（2）选择电阻档（Ω）；

（3）将黑色测试探头插入 COM 输入插口，红色测试探头插入 Ω 输入插口；

（4）将探头前端跨接在器件两端，或拟测电阻的电路两端；

（5）查看读数，确认测量单位－欧姆（Ω），千欧（kΩ）或兆欧（MΩ）。

电阻测量注意事项：

（1）选择合适的倍率。在欧姆表测量电阻时，应选适当的倍率，使指针指示在中值附近。最好不使用刻度左边 1/3 的部分，因为这部分刻度密集不够。使用前要调零。

（2）不能带电测量。

（3）被测电阻不能有并联支路。

（4）测量晶体管、电解电容等有极性元件的等效电阻时，必须注意两支笔的极性。

（5）用万用表不同倍率的欧姆档测量非线性元件的等效电阻时，测出电阻值是不相同的。这是由于各档位的中值电阻和满度电流各不相同所造成的，机械表中，一般倍率越小，测出的阻值越小。

E.1.1.4 二极管蜂鸣档的作用

二极管好坏的判断：转盘打在（—▶|—）档，红表笔插在右一孔内，黑表笔插在右二孔内，两支表笔的前端分别接二极管的两极，如图 E-3 所示，然后颠倒表笔再测一次。测量结果如下：如果两次测量的结果是：一次显示“1”字样，另一次显示零点几的数字，那么此二极管就是一个正常的二极管，假如两次显示都相同的话，那么此二极管已经损坏，LCD 上显示的一个数字即是二极管的正向压降：硅材料为 0.6V 左右；锗材料为 0.2V 左右，根据二极管的特性，可以判断此时红表笔接的是二极管的正极，而黑表笔接的是二极管的负极。

图 E-3 单向导通性

二极管最重要的一个特性是单向导通性。

E.1.1.5 短路检查（判断线路通断）

将转盘打在短路（—▶|—）档，红表笔插在右一孔内，黑表笔插在右二孔内。用两表笔的另一端分别接被测两点，若此两点确实短路，则万用表中的蜂鸣器发出声响。

E.1.1.6 测量电容

（1）将电容两端短接，对电容进行放电，确保数字万用表的安全。

（2）将功能旋转开关打至电容测量档，并选择合适的量程。

（3）将电容插入万用表 C-X 插孔。

（4）读出 LCD 显示屏上数字。

E.1.2 使用注意事项

E.1.2.1 在万用表使用中，为保证人身安全和测量的准确性，不能用手去接触表笔的金属部分。

E.1.2.2 在使用万用表之前，应先进行“机械调零”，即在未测量时，使万用表指针指在零电压或零电流的位置上。

如果无法预先估计被测电压或电流的大小，则应先拨至最高量程档测量一次，再视情况逐渐把量程减小到合适位置。测量完毕，应将量程开关拨到最高电压档，并关闭电源。

（1）不能在测量的同时换档，尤其是在测量高电压或大电流时更应注意。否则，会使万用表毁坏。如需换档，应先断开表笔，换档后再去测量。

（2）满量程时，仪表仅在最高位显示数字“1”，其他位均消失，这时应选择更高的量程。

（3）测量电压时，应将数字万用表与被测电路并联。测电流时应与被测电路串联，测直流量时不必考虑正、负极性。

（4）当误用交流电压档去测量直流电压，或者误用直流电压档去测量交流电时，显示屏将显示“000”，或低位上的数字出现跳动。

（5）禁止在测量时换量程，以防止产生电弧，烧毁开关触点。

（6）万用表使用时，必须水平放置，以免造成误差。

（7）万用表使用时，应避免外界磁场对万用表的影响。

（8）万用表使用完毕，应将转换开关置于交流电压的最大档。如果长期不使用，还应将万用表内部的电池取出来，以免电池腐蚀表内其他器件。

E.2 钳 形 电 流 表

钳形电流表又称为钳表，如图 E-4 所示，示意图如图 E-5 所示，它是测量交流电流的专用电工仪表。一般用于不断开电路测量电流的场合。钳形电流表按结构形式不同分为互感器式钳形电流表和电磁式钳形电流表；按显示方式不同可分为指针式钳形电流表和数字式钳形电流表。现在常用的是多功能数字显示或指针显示的仪表。

图 E-4 钳形电流表

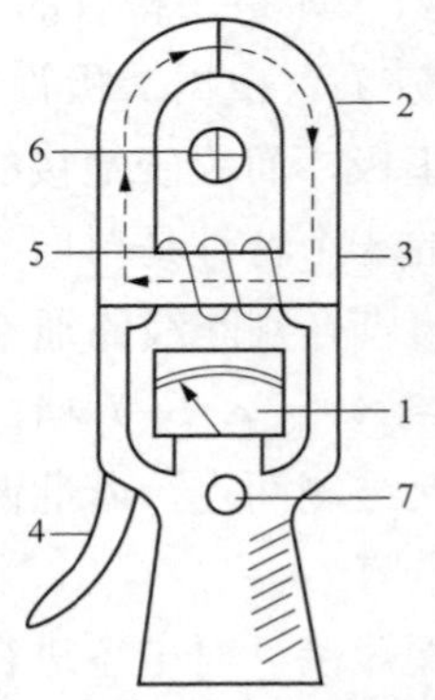

图 E-5 交流钳形电流表结构示意图

1—电流表；2—电流互感器；3—铁芯；4—手柄；5—二次绕组；6—被测导线；7—量程开关

E.2.1 功能及使用方法

钳形电流表测量电流时将正在运行的待测导线夹入钳形电流表的钳形铁芯内，然后读取数显屏或指示盘上的读数即可。现阶段数字钳形电流表的广泛使用，给钳形表增加了很多万用表的功能，比如电压、温度、电阻等，可通过旋钮选择不同功能，使用方法与一般数字万用表类似。对于一些特有功能按钮的含义，则应参考对应的说明书。

（1）测量前要机械调零。

（2）选择合适的量程，先选大，后选小量程或看铭牌值估算。

（3）当使用最小量程测量，其读数还不明显时，可将被测导线绕几匝，匝数要以钳口中央的匝数为准，则读数＝指示值×量程/满偏×匝数。

（4）测量完毕，要将转换开关放在最大量程处。

（5）测量时，应使被测导线处在钳口的中央，并使钳口闭合紧密，以减少误差。

E.2.1.1 测交流电流

选交流电流档，预估负载电流大小，选择合适量程，按动扳手，打开钳口，将被测载流导线置于穿心式电流互感器的中间，当被测导线中有交变电流通过时，交流电流的磁通在互感器副边绕组中感应出电流。如果是自动量程直接测量。

E.2.1.2 测交流电压

选交流电压档，表笔并联到要测的位置。

E.2.1.3 测直流电流

选直流电流档，红笔接正，黑笔接负，表笔串联到电路里。

注意：

（1）不要用钳口，钳口是测交流电流。

（2）测量直流注意正负极。

E.2.1.4 测直流电压

选直流电压档，表笔并联到要测的位置。直流的注意正、负极别接错。

E.2.2 使用注意事项

（1）测量时，钳形电流表钳口要闭合紧密。闭合后如有杂音，可打开钳口重合一次，若杂音仍不能消除时，应检查磁路上各接合面是否光洁，有尘污时要擦拭干净。

（2）被测线路的电压要低于钳表的额定电压。

（3）选择量程，要先估计被测电流的大小，如果无法估计应把量程打到最大，然后再逐步缩小量程，进行精确测量。

（4）测高压线路电流时，要戴绝缘手套，穿绝缘鞋，站在绝缘垫上。在高压回路上使用钳形电流表的测量工作应由两人进行。

（5）测量时应注意身体各部分与带电体保持安全距离，低压系统安全距离为0.1～0.3m。测量高压电缆各相电流时，电缆头线间距离大于300mm以上，且绝缘良好。

（6）观测表计时，要特别注意保持头部与带电部分的安全距离。

（7）测量低压可熔保险器或水平排列低压母线电流时，应在测量前将各相可熔保险或母线用绝缘材料加以保护隔离，以免引起相间短路。

（8）当电缆有一相接地时严禁测量，防止出现因电缆头的绝缘水平低发生对地击穿爆炸而危及人身安全。

（9）钳形电流表不能测量裸导体的电流，不可同时钳住两根导线。

（10）单相线路中两根线，不能同时进入钳口。

（11）严禁带电切换量程。因为它本身电流互感器在测量时副边是不允许断路的。否则容易造成仪表损坏，产生的高压甚至危及操作者的人身安全。

（12）测量完毕后要把调节开关放在最大量程，以防下次使用未正确选择量程造成仪表损坏。

E.3 相位伏安表

相位伏安表（见图 E-6）能够直接测量交流电压值、交流电流值、电压之间、电流之间及电压、电流之间的相位。通过测量分析，可判别感性电路和容性电路；检测变压器、互感器的接线组别；测量三相电压的相序；确定电能表、保护装置接线正确与否。

图 E-6 相位伏安表

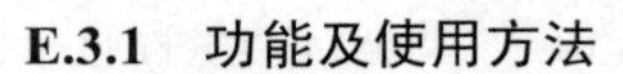

E.3.1 功能及使用方法

E.3.1.1 电压测量

（1）将测量线插入 U_1 或 U_2 输入端口内。

（2）将量程开关置于 U_1 或 U_2 功能位置及相应量程档位上。

（3）将测试线另一端并接在被测负载或信号源上，仪表显示值即为被测电压值。

注意：测量高压时注意安全，身体严禁触及带电设备，测量时间不宜太长。

E.3.1.2 电流测量

（1）将钳型夹插头插入 I_1 或 I_2 相应孔内。

（2）将量程开关置于 I_1 或 I_2 功能位置及相应量程位置。

（3）将钳型夹夹于被测电流导线，仪表显示值即为被测电流值。

E.3.1.3 相位角测量

E.3.1.3.1 电压^电压

（1）将两副电压测量线按颜色之分，分别插入 U_1、U_2 端口内；

（2）将量程开关置于“Φ”，功能 U_1—U_2 功能位置；

（3）依所测电压矢量方向及仪表参考方向，将测试线另一头分别并接于被测电压 U_1、U_2 上，仪表显示值即为被测两电压相位差值，参考量为 U_1，测量结果单位为“度”。测量时注意保持两电压参考方向一致。

E.3.1.3.2 电压^电流

（1）将一副电压测量线按颜色之分插入 U_1 端口内，I_2 对应钳夹插头插入 I_2 孔内；

（2）将量程开关置于“Φ”，功能 U_1—I_2 功能位置；

（3）依所测电压、电流矢量方向及仪表参考方向，将电压测试线并接于被测电压上，钳型夹夹于被测电流导线上，仪表显示值即为被测电压 U_1 与电流 I_2 相位差值，参考量为 U_1，测量结果单位为“度”。测量时注意 U_1、I_2 参考方向。

E.3.1.3.3 电流^电流

（1）将 I_1、I_2 钳夹插头分别插入 I_1、I_2 孔内；

（2）将量程开关置于 Φ，功能 I_1—I_2 功能位置；

（3）依所测两电流矢量方向及钳子参考方向，将两钳型夹分别夹于对应被测电流导线上，仪表显示值即为被测两电流 I_1 与 I_2 相位差值，参考量为 I_1，测量结果单位为“度”。测量时注意保持两电流参考方向一致。

E.3.1.4 感性电路、容性电路的判定

将被测电路的电压从 U_1 端输入，电流经卡钳从 I_2 插孔输入，测量其相位，若测得相位小于 90°，则电路为感性；若测得的相位角度大于 270°，则电路为容性。

E.3.1.5 三相电压相序的测量

三相四线制，将 U_{A0} 电压从 U_1 端输入，U_{B0} 电压从 U_2 端输入，测量其相位角，若等于 120°则为正向序，若等于 240°则为逆相序。

三相三线制，将 U_{AB} 电压从 U_1 端输入，U_{CB} 电压从 U_2 端输入，测量其相位角，若等于 300°则为正向序，若等于 60°则为逆相序。

E.3.2 使用注意事项

（1）仪表使用前要转动量程开关若干圈，以消除长期不使用时接触不良的影响。

（2）测量前转动开关应可靠转到测量位置，在不知被测信号大小时，应先将开关置于高档量程，然后逐步降低。

（3）电流信号输入通过钳形互感器，为保证精确度，两把钳子应对号插入测量孔，不要随意更换。为可靠测量，夹线后用力开合两三次，并将测量电流线放入钳口中间位置。

（4）插拔测试线小心，上下垂直，勿歪斜，勿用力直接拉拽测试线，以免插孔开裂、断线等。

（5）测量相位时，应注意电流钳的夹入方向，避免电流反极性流入，造成测量差错。

（6）测量中应做好数据记录，测量完毕后，将量程开关切换至电压最高档位，拔出测试线，关闭仪表电源。

（7）严禁带电切换量程开关。

E.3.3 日常维护事项

（1）使用完毕后，应将仪表及其附件按厂方设计的位置整齐、有序地摆放在专用仪表箱包内。长期不用时，应取下电池。

（2）保持电流钳的接触良好。若长期不用时，最好在钳口张合处涂上硅脂，以免生锈。

（3）注意防潮、防尘、防锈，保持测试线与仪表插孔的接触良好。

（4）经常擦拭，保持整套仪器洁净，不留污垢。

练 习 题 答 案

第5章　练习题答案

5.2.1　判断题

1．错	2．对	3．对	4．错	5．对	6．对
7．对	8．错	9．错	10．对		

5.2.2　不定项选择题

1．ABC	2．ABC	3．A	4．ABDE	5．C	6．ABCD
7．ABC	8．D	9．ABCD	10．ABCD		

5.2.3　简答题

答：（1）抄表参数设置错误：主站召测表计规约、通信地址、端口号等抄表参数的设置情况，确认抄表参数错误后重新下发参数。

（2）换表未重新设置参数：查相关档案或现场核查后重新下发参数。

（3）终端软件问题：尝试用穿透抄表方式，若可以抄表，则可能终端软件问题，需向相关部门反馈以完善终端软件。

（4）表计 RS485 端口故障：在规约支持的情况下利用终端现场测试仪抄读表计，无法抄读。确认后应更换表计。

（5）终端 RS485 端口故障：利用终端抄读终端现场测试仪数据，无法抄读。确认后更换接口板。

（6）接线故障：排除终端、表计接口问题，参数设置问题，软件问题后，若确认接线故障应重新接线。

第6章　练习题答案

6.2.1　判断题

1．对	2．错	3．对	4．错	5．错	6．对

6.2.2　不定项选择题

1．ABCD	2．C	3．ABDF	4．ABCD	5．BCD	6．C
7．D	8．C	9．BCD	10．B		

6.2.3　简答题

答：（1）主站、集中器参数设置错误；

（2）集中器、电能表时钟错误；

（3）集中器、电能表故障；

（4）主站档案与现场实际情况不一致。

第7章　练习题答案

7.2.1　判断题

1．对　2．错　3．对　4．对　5．对　6．错
7．错　8．错　9．对　10．对

7.2.2　不定项选择题

1．A　2．B　3．C　4．AD　5．ABCD　6．BCD
7．A　8．C　9．ABD

7.2.3　简答题

答：信道安全防护机制包含三种防护模式，分别是数据机密性保护模式、数据完整性保护模式和数据全面保护模式。

第8章　练习题答案

8.2.1　判断题

1．对　2．对　3．错　4．对　5．错　6．对
7．错　8．错　9．对

8.2.2　不定项选择题

1．D　2．B　3．AB　4．A　5．D　6．D
7．D　8．D　9．CE　10．AD

8.2.3　简答题

答：现场设备巡视工作应做好巡视记录，巡视内容主要包括以下内容：

（1）设备封印是否完好，计量箱、箱门及锁具是否有损坏。

（2）现场设备接线是否正常，接线端子是否松动或有灼烧痕迹。

（3）集中器、回路状态巡检仪外置天线是否损坏，无线信道信号强度是否满足要求。

（4）现场设备环境是否满足现场安全工作要求，有无安全隐患。

（5）电能表、采集设备液晶显示屏是否清晰或正常，是否有报警、异常等情况发生。

第9章　练习题答案

9.2.1　判断题

1．错　2．错　3．对　4．对　5．错　6．错
7．错　8．错　9．对　10．错

9.2.2　不定项选择题

1．ABC　2．BCE　3．A　4．BC　5．ABCD　6．ABCD
7．A　8．A　9．C

9.2.3　简答题

答：（1）遇到个别故障无法在现场迅速查明并解决的，选择直接换装新表。

（2）遇到少量表计参数设置原因引起的故障，由厂家配合对电能表进行现场参数调整。

（3）遇到整批由于元器件质量、软件或硬件设计问题，选择批量换装新表，并将未安装的电能表进行退换货处理。

（4）在实验室检测中发现电能表问题，省电力公司一般要求厂家整改或批量退货。

第10章　练习题答案

10.2.1　判断题

1．对　2．错　3．对　4．错　5．错　6．对
7．错　8．错

10.2.2　不定项选择题

1．A　2．ABCD　3．BCD　4．C　5．C　6．AD
7．AC　8．C　9．BD

10.2.3　简答题

答：本地预付费指由现场安装的终端、电能表进行预付费电量计算和控制命令执行，远程预付费指由采集主站或其他系统进行预付费电量计算和控制命令下发。

第11章　练习题答案

11.2.1　判断题

1．对　2．错　3．对　4．对　5．错　6．错
7．对　8．错　9．对

11.2.2　不定项选择题

1．AD　2．ABCD　3．ABCD　4．C　5．A　6．ABC
7．ABD　8．C　9．ACD　10．ACD

11.2.3　简答题

答：（1）测试该采集点处是否有GPRS信号，若有则换装GPRS模块。

（2）与CDMA电信运营商沟通，协调运营商提高信号覆盖质量，确保终端稳定上线。

（3）加装高增益天线，提高CDMA信号质量。

（4）安装分体式终端，将天线引至有信号处。

（5）安装北斗通信终端。

参 考 文 献

[1] 康丽雁，赵宇东，马婉忠，刘馨然．电力用户用电信息采集系统统一接口建设探讨［J］．东北电力技术，2017，38（07）：52-54．

[2] 宋阳．电力用户用电信息采集系统设计［D］．华北电力大学，2015．

[3] 袁大鹏．低压电力用户用电信息采集系统设计与应用［D］．吉林大学，2014．

[4] 张晶，徐新华，崔仁涛．智能电网：用电信息采集系统技术与应用［M］．北京：中国电力出版社，2013．

[5] 邵淮岭，徐二强，杨乃贵，等．探索采集及计量现场运维工单闭环方式［J］．科学家，2016，4（9）：49-49．

[6] 谢峰．浅析电力用户用电信息采集系统及应用［J］．科技创新与应用，2015．

[7] 胡江溢，祝恩国，杜新纲，杜蜀薇．用电信息采集系统应用现状及发展趋势［J］．电力系统自动化，2014．

[8] 刘利成，梁后乐，任民．提高用户用电信息采集系统采集成功率的措施［J］．安徽电力，2012，65（21）：37-41．

[9] 邓桂平，李帆，夏水斌．用电信息采集系统的故障分析与处理［J］．仪表技术，2014．

[10] 史永梅．专变采集终端故障分析及处理［J］．科技创新与生产力，2014．

[11] 朱生军．电能信息采集中数据通信部分的实现［J］．青海电力，2009，28（4）：56-59．

[12] 张春明．影响电力用户用电信息采集系统采集成功率原因分析［J］．吉林省教育学院学报，2012，28（11）：153-154．

[13] 刘继东．用电信息采集技术及应用［M］．北京：中国电力出版社，2013．

[14] 殷树刚．用电信息采集系统调试维护常见问题分析［M］．北京：中国电力出版社，2014．

[15] 王志斌，关艳．用电信息采集系统运维典型故障分析与处理［M］．北京：中国电力出版社，2017．